Unterrichtsmethoden für den Informatikunterricht

Andreas Zendler
Hrsg.

Unterrichtsmethoden für den Informatikunterricht

Mit praktischen Beispielen für prozess- und ergebnisorientiertes Lehren

Springer Vieweg

Herausgeber
Andreas Zendler
University of Education Ludwigsburg
Ludwigsburg, Deutschland

ISBN 978-3-658-20674-1 ISBN 978-3-658-20675-8 (eBook)
https://doi.org/10.1007/978-3-658-20675-8

Die Deutsche Nationalbibliothek verzeichnet diese Publikation in der Deutschen Nationalbibliografie; detaillierte bibliografische Daten sind im Internet über http://dnb.d-nb.de abrufbar.

Springer Vieweg

Gedruckt auf säurefreiem und chlorfrei gebleichtem Papier

Springer Vieweg ist ein Imprint der eingetragenen Gesellschaft Springer Fachmedien Wiesbaden GmbH und ist ein Teil von Springer Nature.
Die Anschrift der Gesellschaft ist: Abraham-Lincoln-Str. 46, 65189 Wiesbaden, Germany

Vorwort

Das vorliegende Buch stellt wesentliche Ergebnisse zusammen, die an der Pädagogischen Hochschule Ludwigsburg in den Jahren 2015 bis 2018 in Projekten zu Unterrichtsmethoden für den Informatikunterricht im Rahmen von Forschungen zur empirischen Informatikdidaktik erarbeitet wurden.

Für den Erfolg dieser Projekte waren ganz wesentlich Kollegen des Instituts für Mathematik und Informatik mit verantwortlich: Dieter Klaudt, Cornelia Seitz und Andreas Fest.

Großer Dank gilt Bernhard Bosch vom Rechenzentrum für die technische Unterstützung sowie Jasmin Pfaff von der Hochschulbibliothek für die schnelle Bereitstellung von Fachliteratur.

Besonders zu erwähnen sind die Informatikstudenten der Pädagogischen Hochschule Ludwigsburg, die bei den Beispielen zu den Unterrichtsmethoden und den Vergleichen zur Lernwirksamkeit von Unterrichtsmethoden im Informatikunterricht sehr großen Einsatz zeigten.

Ludwigsburg
Januar 2018

Andreas Zendler

Mitarbeiterverzeichnis

Rouven Eschenbacher	Abschn. 3.17
Andreas Fest	Kap. 5, Abschn. 6.1
Franziska Fuchs	Abschn. 3.16
Lucas Grimm	Abschn. 3.7, 3.14
Manuel Haas	Abschn. 3.20
Michelle Herder	Abschn. 3.19
Sarah Heumann	Abschn. 3.5
Dieter Klaudt	Kap. 2, 4, 5, Abschn. 6.2, 6.3
Katrin Klein	Abschn. 3.6, 6.3
Robert Lee	Abschn. 3.10
Sebastian Mahlberg	Abschn. 3.11, 3.12
Meltem Öztürk	Abschn. 3.8, 3.18
Irina Paczko	Abschn. 3.4
Swetlana Beile	Abschn. 6.1
Cornelia Seitz	Kap. 5

Einleitung

Für die meisten Unterrichtsfächer existieren umfangreiche Standardwerke zum Thema Unterrichtsmethoden. Ein solches Werk, das Unterrichtsmethoden für den Informatikunterricht ausführlich behandelt, fehlt hingegen in der Informatikdidaktik. Das vorliegende Buch liefert Beiträge zur Schließung dieser Lücke.

Der Begriff Unterrichtsmethode hat eine besondere Bedeutung für dieses Buch. Er wird verstanden als ein klar umrissener, begrifflich herauslösbarer, selbstständiger, wenn auch integrierter Bestandteil des Unterrichts. Unterrichtsmethoden in diesem Sinne sind etwa problemorientierter Unterricht, entdeckendes Lernen, Computersimulation, Frontalunterricht sowie die Modellmethode.

Kap. 1 liefert eine Übersicht der Unterrichtsmethoden, die im Unterrichtsfach Informatik verwendet werden. Dazu wird auf nationale und internationale Zeitschriften, Tagungsberichte und Curricula zur Informatikdidaktik zurückgegriffen, außerdem auf die Zeitschrift LOG IN sowie auf neurodidaktische Spezialliteratur der Informatikdidaktik.

Für das Unterrichtsfach Informatik fehlt bisher eine systematische Beschreibung der für dieses Fach wichtigen Unterrichtsmethoden. Kap. 2 enthält 20 Unterrichtsmethoden für den Informatikunterricht, die steckbriefartig beschrieben sind. Die Methoden wurden zum einen ausgewählt vor dem Hintergrund, dass sie tatsächlich im Informatikunterricht eingesetzt wurden. Zum anderen wurde die Auswahl beeinflusst von der Verwendung der Methoden in anderen MINT-Fächern (Mathematik, Biologie, Chemie, Physik, Technik). Drittens war die Auswahl beeinflusst von empirischen Ergebnissen zu Effektstärken von Unterrichtsmethoden. Die Darstellung der Methoden erfolgt nach einem einheitlichen Schema, das aus neun Abschnitten besteht. Im ersten Abschnitt gibt die Kurzbeschreibung eine prägnante Erklärung für die Unterrichtsmethode. Es folgen Ausführungen zu Sozialform, Dauer, Medien und Klassenstufen. Unter dem Punkt Medien werden spezielle Medien angeführt, die für den Informatikunterricht wichtig sind. Der nächste Abschnitt stellt Informationen bereit zur Durchführung der Unterrichtsmethode. Weitere Abschnitte geben zusätzliche Hinweise, etwa über die Herkunft der Methode, sowie zum Einsatz der Methode im Informatikunterricht mit Beispielen aus der Literatur. Der letzte Abschnitt führt verwandte Begriffe in deutscher und englischer Sprache an.

Kap. 3 enthält Unterrichtsbeispiele zum Schulfach Informatik für 20 Unterrichtsmethoden. Die Darstellung der Beispiele zum Informatikunterricht erfolgt nach einem einheitlichen Schema, das aus zwei Abschnitten besteht. Der erste Abschnitt *Charakterisierung* gibt Erklärungen für die Unterrichtsmethode, informiert über ihr didaktisches Potenzial, nennt notwendige Bedingungen zur Durchführung, stellt die einzelnen Schritte zur Durchführung als Prozessmodell dar und betont wichtige Aspekte der Unterrichtsmethode aus Sicht der Lehrperson. Der zweite Abschnitt *Unterrichtsbeispiel* exemplifiziert die Durchführungsschritte an einem Inhaltsgegenstand der Informatik in Bezug zu den Bildungsstandards der Gesellschaft für Informatik.

Herausfordernde Aufgaben der allgemeinen Didaktik wie auch der Fachdidaktik sind Antworten auf die Fragen, welche Methoden für den Schulunterricht geeignet sind, welche Unterrichtsmethoden im Fachunterricht eingesetzt werden sollen und wie Unterrichtsmethoden den Lernvorgang unterstützen. Kap. 4 legt den Schwerpunkt auf die empirische Untersuchung von Unterrichtsmethoden in Bezug zu Wissensprozessen beim Lernvorgang. In einer Fragebogenaktion bewerten Informatiklehrer 20 Unterrichtsmethoden hinsichtlich der folgenden Wissensprozesse: *Aufbauen, Durcharbeiten, Anwenden, Übertragen, Bewerten* und *Integrieren*. Das Ergebnis der Untersuchung zeigt, dass bestimmte Unterrichtsmethoden besonders für den Informatikunterricht prädestiniert sind: problemorientierter Unterricht, Lernaufgaben, entdeckendes Lernen, Computersimulation, Projektmethode und direkte Instruktion.

Unterrichtsmethoden spielen für erfolgreiches Lernen eine zentrale Rolle. Begründungen, warum Lernen mit unterschiedlichen Unterrichtsmethoden besser funktioniert, liefern die Kognitionspsychologie, zunehmend die Neurowissenschaft und neuerdings die Neurodidaktik. Traditionell stellen Lerntheorien Empfehlungen zur Verfügung, aus deren Befunden bestimmte Unterrichtsmethoden entstanden sind. Kap. 5 legt den Schwerpunkt auf die Einbindung von Unterrichtsmethoden für den Informatikunterricht in den Kontext bedeutsamer Lerntheorien. In einer Befragung bewerten Experten die Bedeutung der behavioristischen, kognitivistischen und konstruktivistischen Lerntheorien für 20 Unterrichtsmethoden. Das Ergebnis der Untersuchung macht deutlich, dass die Gewichtung von Lerntheorien für bestimmte Unterrichtsmethoden zum Informatikunterricht unterschiedlich ist. Überdies stellt das Ergebnis einen wichtigen Beitrag dar für die Entwicklung einer Theorie der Unterrichtsmethoden für den Informatikunterricht, welche bisher noch fehlt.

Kap. 6 stellt drei Studien vor, die den Lernerfolg von Schülern im Informatikunterricht untersuchen, wenn diese mit konkreten Unterrichtsmethoden unterrichtet werden. Die erste Studie untersucht den Lernerfolg von Schülern zum Unterrichtsthema *Suchanfragen* unter Einsatz des Leitprogramms bzw. des reziproken Lehrens. Die zweite Studie untersucht den Lernerfolg von Schülern im Unterricht mit Computersimulation bzw. Planspiel zum Thema *Algorithmus*. Die dritte Studie hat den Lernerfolg von Schülern zum Inhalt, wenn diese zum Unterrichtsthema *QR-Code* mit direkter Instruktion bzw. WebQuest unterrichtet werden. Die Studien wurden an Realschulen in Zusammenarbeit mit der Pädagogischen Hochschule Ludwigsburg in den Jahren 2014 bis 2017 durchgeführt. Allen Studien gemeinsam ist, dass sie Antworten geben auf die Fragen, (1) ob Unterrichtsmethoden lernwirksam sind, und (2) ob sich Unterrichtsmethoden im Informatikunterricht hinsichtlich des Lernerfolgs unterscheiden.

In Kap. 7 wird auf der Grundlage der eigenen und aus der Literatur bekannter Ergebnisse eine erste vorläufige Theorie zu Unterrichtsmethoden für den Informatikunterricht entwickelt, aus der Fragestellungen für weiterführende Arbeiten abgeleitet werden.

Inhaltsverzeichnis

1 Unterrichtsmethoden für den Informatikunterricht: Überblick

Andreas Zendler

Herausfordernde Aufgaben der allgemeinen Didaktik wie auch der Fachdidaktik sind Antworten auf die Fragen, welche Methoden für die Schule geeignet sind, welche Unterrichtsmethoden im Fachunterricht eingesetzt werden sollen, und wie Unterrichtsmethoden den Lernvorgang unterstützen.

In der Literatur wird ein breites Spektrum an Unterrichtsmethoden beschrieben: von Methoden der Wissensvermittlung und -aneignung, über Methoden des Spiel-, Bewegungs-, Gefühls- und Gruppenmanagements bis hin zu Methoden des Gesundheits-, Gewalt- und Konfliktmanagements.

Empirische Ergebnisse zur Effektivität von Unterrichtsmethoden sind zahlreich und stehen seit der Hattie-Studie (2009) besonders im Fokus des Interesses. Hohe Effektstärken haben Unterrichtsmethoden wie Problemlösen, direkte Instruktion und reziprokes Lehren.

Während für die meisten Unterrichtsfächer umfangreiche Standardwerke mit Methodenübersichten vorliegen, gibt es für die Informatikdidaktik kein solches Werk, das ausführlich den Einsatz von Unterrichtsmethoden für die Schule behandelt, weder in der deutsch- noch in der englischsprachigen Literatur.

Die wenigen veröffentlichten Artikel zu Unterrichtsmethoden für den Informatikunterricht konzentrieren sich zum einen auf Unterrichtsbeispiele mit methodischen Hinweisen, etwa zur direkten Instruktion, zum induktiven Vorgehen, zum forschenden Lernen und zum Experiment. Zum anderen werden unter empirischen Gesichtspunkten mit Bezug zur Informatikdidaktik ganz unterschiedliche Themen des Lernens und Lehrens behandelt, z. B. konstruktivistische Lehraktivitäten, „*eXtreme teaching*", Effektivität der Zweierteam-Programmierung.

A. Zendler (✉)
University of Education Ludwigsburg, Ludwigsburg, Deutschland
E-Mail: zendler@ph-ludwigsburg.de

A. Zendler (Hrsg.), *Unterrichtsmethoden für den Informatikunterricht*,
https://doi.org/10.1007/978-3-658-20675-8_1

Um einen Überblick über Unterrichtsmethoden für den Informatikunterricht zu erhalten, wurde systematisch nach Literaturreferenzen gesucht. Dazu wurde ein dreistufiges Verfahren verwendet: (1) Zunächst wurden die wichtigen nationalen und internationalen Zeitschriften für die Recherche identifiziert: LOG IN, Computer Science Education, ACM Transactions on Computing Education (vormals ACM Journal on Educational Resources in Computing), ACM SIGCSE Bulletin, International Journal of Research Studies in Computing und Journal of Educational Computing Research. (2) In einem zweiten Schritt wurden die identifizierten Zeitschriften ab Erscheinungsjahr 2000 mit den beiden Suchbegriffen *teaching methods* und *teaching tool* online durchsucht. (3) Relevante Treffer wurden schließlich in einem dritten Schritt nach relevanter Sekundarliteratur durchsucht.

1.1 Unterrichtsmethoden: Einteilung und Begriffsklärung

Von Meyer (2002) stammt die sehr allgemeine Definition, dass Unterrichtsmethoden die Formen und Verfahren seien, mit denen sich die Lehrer und Schüler die sie umgebende natürliche und gesellschaftliche Wirklichkeit unter Beachtung der institutionellen Rahmenbedingungen der Schule aneignen.

Je nach Umfang und Reichweite erfolgt bei Meyer (2002) die Zuordnung von Unterrichtsmethoden zur Makro-, Meso- und Mikromethodik. Zur Makromethodik gehören sogenannte Großformen/Grundformen des Unterrichts wie gemeinsamer Unterricht, Freiarbeit, Projektarbeit. Zur Mesomethodik werden Sozialformen (Einzelarbeit, Gruppenunterricht, Tandemarbeit, u. a.), Handlungsmuster (Vortrag, Textarbeit, Tafelarbeit, u. v. a.) und Verlaufsformen (Einstieg, Erarbeitung, Ergebnissicherung, u. a.) gerechnet. Zur Mikromethodik gehören Inszenierungstechniken wie Zeigen, Verfremden, Vorsprechen.

Für die Handlungsmuster auf der Ebene der Mesomethodik liegt ein breites Spektrum an Unterrichtsmethoden vor (siehe Meyer 1987; Thal und Ebert 2004; Roschitsch und Müller 2004; Bönsch und Kaiser 2006; Mattes 2011; Klippert 2012): von Methoden der Wissensvermittlung und -aneignung, über Methoden des Spiel-, Bewegungs-, Gefühls- und Gruppenmanagements bis hin zu Methoden des Gesundheits-, Gewalt- und Konfliktmanagements. Kritisch setzt sich Franzke (2017) mit diesem breiten Spektrum auseinander.

Die Anzahl an Unterrichtsmethoden ist fast unüberschaubar. Gugel (2011) nennt 2000 Methoden einschließlich ihrer Varianten. Im Internet sind gut aufbereitete Sammlungen zu Unterrichtsmethoden verfügbar, etwa vom Schulministerium von Nordrhein-Westfalen (2017) oder von Reich (2017).

Entsprechend der allgemeinen Definition von Unterrichtsmethode (siehe oben) ist die Vorstellung, was mit Unterrichtemethoden gemeint ist, sehr uneinheitlich, wenn Unterrichtsmethoden in der Literatur behandelt werden. Zudem existiert eine Vielzahl von Synonymen, je nachdem ob Unterrichtsmethoden im Kontext von Lernformen, Lehrformen oder Unterrichtsansätzen und -prinzipien behandelt werden.

Um Ordnung in die Vielfalt der Begriffe zu bekommen, ist die Monografie von Schröder (2002) hilfreich. Für naturwissenschaftliche Fächer haben Treagust (2007) sowie Treagust und Tsui (2014) eine grobe Einteilung mit Unterrichtsmethoden aufgestellt. Die Einteilung enthält sieben Unterrichtsansätze: Demonstration, Erklärung, Fragen, Repräsentation, Analogie und Metaphern, Gruppenunterricht, induktives/deduktives Vorgehen.

Eine engere Definition von Methode (als die oben formulierte) stammt von Huber und Hader-Popp (2007), die auch den begrifflichen Ausgangspunkt für diesen Beitrag darstellt: „unter Methode (wird) ein klar umrissener, begrifflich herauslösbarer, selbstständiger, wenn auch integrierter Bestandteil des Unterrichts verstanden“ (Huber und Hader-Popp 2007, S. 3). Wegen der konsistenten Begrifflichkeiten sind in diesem Zusammenhang im deutschsprachigen Bereich von besonderem Interesse die Monografien von Peterßen (2009) sowie die von Brenner und Brenner (2011) wegen des guten Beschreibungsschemas.

Im englischsprachigen Bereich ist auffallend, dass oft nicht von Unterrichtsmethoden (*teaching methods*) sondern eher – aus technischer Sicht – von Werkzeugen für das Lehren (*tools for teaching*) gesprochen wird. Gute „Werkzeugübersichten“ für das Lehren stellen unter anderem Ginnis (2001), Davis (2009) und Petty (2009) bereit. Aus dieser technischen Sicht begründen Methoden dann den zielgerichteten Einsatz von Techniken in einem Lehr-Lern-Kontext, wobei eine Technik die Art des Einsatzes eines oder mehrerer Instrumente umfasst (vgl. Bundesministerium für Unterricht, Kunst und Kultur 2017).

1.2 Unterrichtsmethoden im Kontext didaktischer Theorien

In vielen lern-lehrtheoretischen Ansätzen – einen Überblick gibt Kron (2008) – werden Lernphasen/-prozesse/-zyklen unterschieden, für die auch unterrichtsmethodische Hilfestellungen formuliert sind.

Roth (1971), dessen Ansatz „Pädagogische Psychologie des Lernens“ sechs Lernphasen (*Motivation, Schwierigkeit, Lösung, Tun und Ausführen, Behalten und Einüben* sowie *Bereitstellen, Übertragung und Integration* des Gelernten) umfasst, macht etwa für seine erste Lernphase Motivation den Vorschlag: „an den Interessen der Lernenden anknüpfen, neue Interessen wecken, Kinder zum Handeln bringen“.

Bruner (1966) hebt in seiner Theorie des Entdeckungslernens die drei Lernprozesse *acquisition of new information, transformation, evaluation* (dt. Wissenserwerb, -transformation, -bewertung, siehe Straka und Macke 2006, S. 109) beim Lernvorgang hervor, für die Eigler et al. (1973) prozessorientierte (z. B. Analyse des Problems, Produzieren von Hypothesen, Überprüfen von Hypothesen) und ergebnisorientierte Lernhilfen formulieren (z. B. Lenkung der Aufmerksamkeit, Geben von Hinweisen und Teillösungen).

Im Ansatz „Cognitive Apprenticeship“ von Collins et al. (1989), dessen Kern das situierte Lernen ist, werden sechs sogenannte Lehrmethoden herausgestellt: *modelling, coaching, scaffolding and fading, articulation, reflection* und *exploration*.

In der lerntheoretischen Position um Mandl (Reinmann-Rothmeier und Mandl 2001) besitzt das problemorientierte Lernen in Lernzyklen eine wichtige Rolle. Die

Lernzyklen sind: *Vorausschauen und Reflexion, Konfrontation mit dem Einstiegsproblem, Ideenproduktion, multiple Perspektiven, Recherche und Verbesserung, Selbsttest und Selbstevaluation, öffentliche Darstellung, Fortschreitende Vertiefung, Reflexion und Rückblick.*

1.3 Lernphasen und didaktische Funktionen

„In der didaktischen Literatur ist eine Vielzahl von Varianten zu finden, Lehren auf Lernen als zeitlich erstrecktes Handeln und auf Phasen, die im Verlauf des Lernens unterschieden werden können, zu beziehen" (Straka und Macke 2006, S. 210). Allen Varianten gemeinsam ist, dass Lernen (1) einen Ausgangspunkt, (2) eine Verlaufsform und (3) einen (meist vorläufigen) Endpunkt besitzt.

In der didaktischen Literatur wird dieses dreischrittige Muster als *Klassischer Dreischritt* bezeichnet mit den Schritten *Einstieg*, *Arbeitsphase* und *Abschluss.* Die drei Schritte unterscheiden sich in besonderem Maße in ihren didaktischen Funktionen. Für den Einstieg lassen sich sechs didaktische Funktionen nennen: *Ermitteln der Lernvoraussetzungen*, *Aktivieren von Vorwissen*, *Informieren über Lehrziele* und *Motivieren, Begründen, Legitimieren, Anbahnen.* Sechs didaktische Funktionen können für den Abschluss unterschieden werden: *Abschließen, Sichern, Überprüfen, Rückmelden, Bewerten* und *Öffnen.*

Die Arbeitsphase umfasst drei didaktische Funktionen: *Lernhandeln anregen, Lernhandeln unterstützen, Lernhandeln lenken.* Insbesondere ist diese Phase für drei Prozesse beim Lernvorgang von zentralem Interesse. Gemeint sind die Prozesse beim Wissenserwerb (Aufbauen, Durcharbeiten), bei der Wissenstransformation (Anwenden, Übertragen) und bei der Wissensbewertung (Bewerten, Integrieren).

1.4 Empirische Ergebnisse zu Unterrichtsmethoden

Empirische Ergebnisse zur Effektivität des *Lernens* sind zahlreich. Hattie (2009, dt. Hattie et al. 2013) informiert in seiner Zusammenstellung unter Berücksichtigung von 800 Metaanalysen, in die über 50.000 Studien eingingen, über die Einflüsse auf das Lernen mit Bezug zu sechs Domänen: Beiträge der Lernenden, des Elternhauses, der Schule, der Lehrperson, der Curricula und des Unterrichtens. Insbesondere die Domäne des Unterrichtens (Hattie 2009, Kap. 9 und 10) gibt Auskunft über die Effektivität von Unterrichtsmethoden/-ansätzen. Hohe Effektstärken ($d > 0{,}50$) haben reziprokes Lehren ($d = 0{,}74$), Feedback ($d = 0{,}73$), Problemlösen ($d = 0{,}61$), direkte Instruktion ($d = 0{,}59$), Mastery-Learning ($d = 0{,}58$), Fallbeispiele ($d = 0{,}57$), Concept Mapping ($d = 0{,}57$), Peer-Tutoring ($d = 0{,}55$), Kooperatives (vs. Kompetitives) Lernen ($d = 0{,}54$) und interaktive Lernvideos ($d = 0{,}52$).

Im deutschsprachigen Bereich fasst Wellenreuther (2013) wichtige Forschungsarbeiten zur Effektivität von Unterrichtsmethoden zusammen, zumal zur direkten Instruktion, zum handlungsorientierten Unterricht, zum offenen Unterricht und zu Methoden kooperativen Lernens.

1.5 Einsatz von Unterrichtsmethoden im Fachunterricht

Zur Beantwortung der Frage, welche Unterrichtsmethoden im Fachunterricht einzusetzen sind, gibt die fachdidaktische Literatur spezifische Auskunft für die meisten Fächer,z. B. für die Biologie (Spörhase und Ruppert 2010), die Physik (Rabe und Mikelskis-Seifert (2010), die Mathematik (Barzel et al. 2011). Der Fachbuchverlag Cornelsen (2017) hat in seiner Reihe *Methodik* für 14 Unterrichtsfächer Methodenhandbücher zur Sekundarstufe I und II herausgegeben, allerdings nicht für das Fach Informatik.

Für die Informatikdidaktik gibt es noch kein Standardwerk, das ausführlich den Einsatz von Unterrichtsmethoden für die Schule behandelt.

1.6 Unterrichtsmethoden für das Schulfach Informatik

Obwohl es für die Schulinformatik noch kein Standardwerk gibt mit Übersichten und Beispielen für Methoden im Unterrichtseinsatz, gibt es doch eine Reihe unterschiedlicher Quellen, die vielversprechende Möglichkeiten aufzeigen. Diese Möglichkeiten werden im Folgenden in sechs Abschnitten zusammengefasst und durch die Angabe von Sekundärliteratur in Fußnoten nachvollziehbar gemacht.

1.6.1 Übersichten in der Informatikdidaktik

In der deutschsprachigen Literatur informieren kurz gehaltene Kapitel in Büchern zur Informatikdidaktik über den Einsatz von Lernaufgaben, Gruppenarbeit, Lernprogramme, entdeckendes Lernen und Projektunterricht (Hartmann et al. 2006), Problemlösen und Projektunterricht (Humbert 2006), Problemorientierung sowie Modellbildung und Simulation (Hubwieser 2007), Problemlösen, Experimente und Projektunterricht (Schubert und Schwill 2012), offene Aufgaben und Teamarbeit (Modrow und Strecker 2016).

In der englischsprachigen Literatur findet man Beschreibungen zum Einsatz von „solving problems“ (Koffmann und Brinda 2003), „groupwork“ (Irons et al. 2004), „rich tasks“ und „concept maps“ (Hazzan et al. 2011), „visualisations“ (Fincher und Petre 2004; Agneli et al. 2013).

1.6.2 Unterrichtsmethodische Anregungen

Die Informatik hat ihre Wurzeln zum einen in der Mathematik, zum anderen in den Ingenieurwissenschaften/Technikwissenschaften (Becher und Trowler 2001). Weil es für die Schulinformatik noch kein Methodikhandbuch gibt, liegt es nahe, nach unterrichtsmethodischen

Anregungen in den Unterrichtsfächern Mathematik und Technik zu suchen. Unterrichtsmethoden, die in der Mathematik einen besonderen Stellenwert haben, sind Ansätze zum Problemlössen und zur Modellbildung (Leuders 2003; Zech 1998). Wichtige methodische Ansätze im Technikunterricht sind Experiment, leittextgestütztes Lernen, Fallstudie und Planspiel (Hüttner 2009; Schmayl 2013).

1.6.3 Beiträge aus der Zeitschrift LOG IN

Unter unterrichtsmethodischen und -praktischen Gesichtspunkten sind mehrere Artikel in der informatikdidaktischen Zeitschrift LOG IN von Interesse. LOG IN hat schon vor 15 Jahren auf die Notwendigkeit neuer Methoden im Informatikunterricht aufmerksam gemacht (Seiffert und Koerber 2003).

In der Rubrik „Praxis & Methodik" von LOG IN liegen Ausarbeitungen zu folgenden Unterrichtsmethoden vor: direkte Instruktion (Tiburski 2010) induktives Vorgehen (Müller 2008), forschendes Lernen und Experiment (Müller 2006a, b; Schulz und Witten 2010), Concept-Mapping (Ertl und Mok 2010), entdeckendes Lernen (Hromkovic et al. 2011), Problemlösen (Baumann 2007; Thiele 2008) selbstgesteuertes Lernen (Homberg 2006), Projektunterricht (Ambros 1992; Müller 2011), Simulation und Modellbildung (Steinkamp 2004; Bierschneider-Jakobs 2005; Wiesner 2008; Vollmer 2011), Rollenspiel (Fothe 2006; Tiburski 2010; Baumann 2010; Link 2011).

Im Zusammenhang mit der Zeitschrift LOG IN ist noch auf einen anderen Aspekt aufmerksam zu machen, nämlich auf die Kontextorientierung im Informatikunterricht, ein Konzept zur Planung und Ausrichtung von Informatikunterricht, das an der Lebenswelt von Schülern ausgerichtet ist (Diethelm et al. 2011).

1.6.4 Zeitschriften und Tagungsberichte zur Informatikdidaktik

Die Durchsicht der englischsprachigen Zeitschriften und Tagungsberichte zur Informatikdidaktik (Journal of Educational Computing Research, Computer Science Education, ACM Transaction on Computing Education, Special Interest Group Computer Science Education Bulletin) lieferte Befunde für den Informatikunterricht zu konstruktivistischen Lehraktivitäten (van Gorp und Grissom 2001), zum Ansatz des „eXtreme teaching" (Andersson und Bendix 2006), zum ganzheitlichen Lehren und Lernen (Thota und Whitfield 2010), zum Einfluss von Lehrmethoden auf das Design von Computerprogrammen (Hung 2012), zur Auswirkung von Spielen auf die Motivation im Unterricht (de Freitas und de Freitas 2013), zur Reduktion von Lerninhalten (Kilpeläinen 2010), zum Einsatz formaler Modellierung (Carro et al. 2013), zur Effektivität der Zweierteam-Programmierung (Braught et al. 2011), zum Einsatz des Experimentes (Schulte 2012).

1.6.5 Curricula zur Informatikdidaktik

Während in den Curricula von ACM (2003, 2008, 2013) keine Aussagen zu Unterrichtsmethoden enthalten sind, empfehlen die *Bildungsstandards Informatik für die Sekundarstufe* (GI 2008, 2016) – mit Forderung nach kontextorientiertem Informatikunterricht – unterschiedliche Lehrmethoden (z. B. direkte Instruktion, Projekt-, Gruppen- und Freiarbeit) sowie verschiedene Lernformen (z. B. fachliches, überfachliches, selbstgesteuertes Lernen).

1.6.6 Neurodidaktik in der Informatikdidaktik

Die Neurodidaktik kann als interdisziplinärer Ansatz verstanden werden mit Vorschlägen für gehirngerechtes Lehren und Lernen (Herrmann 2009; Howard-Jones 2010, 2012; Cozolino 2013; Grein 2013; Carraway 2014) auf der Grundlage neurobiologischer Erkenntnisse (Thompson 2010). Vor dem Hintergrund zwölf didaktischer Lehr-Lern-Prinzipien (z. B. das Gehirn ist ein lebendiges System) und neurodidaktischer Prinzipien (z. B. Schüler sollten zu lernendes Material selbst strukturieren) stellt Sabitzer (2010) drei Unterrichtseinheiten für den Informatikunterricht vor (Hardware-Komponenten, Datenbank und Tabellenkalkulation, EDV in einem Kleinbetrieb) mit methodischen Begründungen und expliziten neurodidaktischen Hinweisen wie z. B. Priming, Lernen durch Lehren, *Re*-Enkodierung.

Literatur

ACM. Association for Computing Machinery (2003). *A model curriculum for K-12* ACM Computer Science. New York: ACM.

ACM. Association for Computing Machinery (2008). *Computer science curriculum 2008.* New York: ACM.

ACM. Association for Computing Machinery (2013). *Computer science curriculum 2013.* New York: ACM.

Agneli, C., Kadijevich, D. & Schulte, C. (2013). *Improving computer science education.* London: Routledge Chapman & Hall.

Ambros, W. (1992). Das Informatikprojekt als fachtypische Arbeitsmethode. *LOG IN, 92*(5–6), 28–32.

Andersson, R. & Bendix, L. (2006). eXtreme teaching: a framework for continuous improvement. *Computer Science Education, 16*(3), 175–184.

Barzel, B., Büchter, A. & Leuders, T. (2011). *Mathematik. Methodik. Handbuch für die Sekundarstufe I und II.* Berlin: Cornelsen Scriptor.

Baumann, R. (2007). Informatisches Problemlösen. *LOG IN, 146*, 45–52.

Baumann, R. (2010). Objektorientiertes Modellieren mit SMALLTALK/SQUEAK – Beispiele für den Anfangsunterricht. *LOG IN, 162*, 53–58.

Becher, T. & Trowler, P. R. (2001). *Academic tribes and territories: Intellectual enquiry and the culture of disciplines.* Philadelphia, Buckingham: Society for Research into Higher Education, Open University Press.

Bierschneider-Jakobs, A. (2005). Zustandsorientierte Modellierung und Programmierung – Das Thema „Beschreibung von Abläufen" im Informatikunterricht der 9./10. Klassenstufe. *LOG IN, 134,* 53–60.

Bönsch, M. & Kaiser, A. (2006). *Basiswissen Pädagogik. Bd. 1 Unterrichtsmethoden*. Baltmannsweiler: Schneider.

Braught, G., Wahlks, T. & Eby, L. M. (2011). The case for pair programming in the Computer Science Classroom. *ACM Transactions on Computing Education, 11*(1), Article No 2.

Brenner, G. & Brenner, K. (2011). *Lernen lehren: Methoden für alle Fächer: Sekundarstufe I und II.* Berlin: Cornelsen Scriptor.

Bruner, J. S. (1966). *The process of education*. Cambridge: Harvard University Press.

Bundesministerium für Unterricht, Kunst und Kultur (2017). *Methoden-Techniken Instrumente. Bundesministerium für Unterricht, Kunst und Kultur.* http://erwachsenenbildung.at/themen/lernwerkstatt/meth_tech_instr.php. Zugegriffen am 01.10.2017

Carraway, K. (2014). *Transforming your teaching. Practical classroom strategies informed by cognitive neuroscience*. New York: Horton.

Carro, M., Herranz, A. & Mariño, J. (2013). A model-driven approach to teaching concurrency. ACM *Transactions on Computing Education, 13*(1), Article No 5.

Collins, A., Brown, C. & Newman, S. E. (1989). Cognitive apprenticeship. Teaching the crafts of reading, writing, and mathematics. In L. B. Resnick (Hrsg.), *Knowing, learning and instruction* (S. 453–494). Hillsdale: Erlbaum.

Cornelsen (2017). *Methodik.* http://www.cornelsen.de/home/portalsuche?such_quelle=service-box&freitext=Methodik. Zugegriffen am 01.10.2017

Cozolino, L. (2013). *The social neuroscience of education*. New York: Norton.

Davis, Gross B. (2009). *Tools for teaching*. San Francisco: Jossey-Bass.

Diethelm, I., Koubek, K. & Witten, H. (2011). IniK – Informatik im Kontext – Entwicklungen, Merkmale und Perspektiven. *LOG IN, 169*, 97–105.

Eigler, G., Judith, H., Künzel, M. & Schönwäldler, A. (1973). *Grundkurs lehren und lernen*. Weinheim: Beltz.

Ertl, B. & Mok, S. M. (2010). Concept-Mapping im Informatikunterricht. *LOG IN, 166*, 63–68.

Fincher, S. & Petre, M. S. (2004). *Computer science education research*. London: RoutledgeFalmer.

Fothe, M. (2006). Ein Rollenspiel zum Verschlüsseln. *LOG IN*, 138, 82–85.

Franzke, R. (2017). *Neue Unterrichtsmethoden auf dem Prüfstand*. http://www.didaktikreport.de/Methodengruppen.pdf. Zugegriffen am 01.10.2017

Freitas de, A. & de Freitas, M. M. (2013). Classroom live: a software-assisted gamification tool. *Computer Science Education, 23*(2), 186–206.

GI (Gesellschaft für Informatik). (2008). Bildungsstandards Informatik für die Sekundarstufe I. *LOG IN, 28* (150/151), Beilage.

GI (Gesellschaft für Informatik). (2016). Bildungsstandards Informatik für die Sekundarstufe II. *LOG IN, 36* (183/184), Beilage.

Ginnis, P. (2001). *The teacher's toolkit. Classroom achievement*. Carmarthen: Crown House Publishing.

Gorp van, M. J. & Grissom, S. (2001). An empirical evaluation of using constructive classroom activities to teach introductory programming. *Computer Science Education, 11*(3), 247–260.

Grein, M. (2013). *Neurodidaktik. Ismaning*: Hueber.

Gugel, G. (2011). 2000 *Methoden für Schule und Lehrebildung*. Weinheim: Beltz.

Hartmann, W., Näf, M. & Reichert, R. (2006). *Informatikunterricht planen und durchführen.* Berlin: Springer.

Hattie, J. (2009). *Visible learning*. New York: Routledge.

Hattie, J., Beywl, W. & Zierer, K. (2013). *Lernen sichtbar machen*. München: Schneider.

Hazzan, O., Lapidot, T. & Ragonis, N. (2011). *Guide to teaching computer science: an activity-based approach.* New York: Springer.

Herrmann, U. (2009). *Neurodidaktik: Grundlagen und Vorschläge für gehirngerechtes Lehren und Lernen* Weinheim, Basel: Beltz.

Homberg, G. (2006). Selbstgesteuertes Lernen als kooperativer Prozess. Selbstgesteuertes Lernen über eineLernplattform gestalten – Ein Unterrichtsvorhaben in einer Jahrgangsstufe 10 an zwei Beispielen zur Urteilsbildung. *LOG IN, 138*, 94–102.

Howard-Jones, P. (2010). *Introducing neuroeducational research.* London: Routledge.

Howard-Jones, P. (2012). The good, the bad, and the ugly. In S. Della Sala & M. Anderson (Hrsg.), *Neuroscience in Education* (S. 337–355). Oxford: University Press.

Hromkovic, J., Keller, I., Komm, D., Serafini, G. & Stefen, B. (2011). Fehlerkorrigierende Codes – Ein Unterrichtsbeispiel zum gelenkten entdeckenden Lernen. *LOG IN, 168*, 50–55.

Huber, S. G. & Hader-Popp, S. (2007). Unterrichtsentwicklung durch Methodenvielfalt im Unterricht fördern: das Methodenatelier als schulinterne Fortbildung. In A. Bartz, J. Fabian, S. G. Huber, C. Kloft, H. Rosenbusch, H. Sassenscheidt (Hrsg.), *PraxisWissen Schulleitung (30.31).* München: Wolters Kluwer.

Hubwieser, P. (2007). *Didaktik der Informatik: Grundlagen, Konzepte, Beispiele.* Berlin: Springer.

Humbert, L. (2006). *Didaktik der Informatik.* Wiesbaden: Teubner.

Hung, Y.-C. (2012). The effect of teaching methods and learning style on learning program design in webbased education systems. *Journal of Educational Computing Research, 47*(4), 409–427.

Hüttner, A. (2009). *Technik unterrichten.* Haan-Gruiten: Europa-Lehrmittel.

Irons, A., Alexander, S. & Alexander, S. (2004). *Improving computer science education.* London: Routledge Chapman & Hall.

Kilpeläinen, P. (2010). Do all roads lead to Rome? (Or reductions for dummy travelers). *Computer Science Education, 20*(3), 181–199.

Klippert, H. (2012). *Methoden-Training.* Weinheim: Beltz.

Koffmann, E. & Brinda, T. (2003). Teaching programming and problems solving. In L. Cassel & R. A. Reis (2003). *Informatics curricula and teaching methods.* (S. 125–130). Amsterdam: Kluwer Academic Publishers.

Kron, F. W. (2008). *Grundwissen Didaktik.* Stuttgart: UTB.

Leuders, T. (2003). *Fachdidaktik: Mathematik-Didaktik: Praxishandbuch für die Sekundarstufe I und II.* Berlin: Cornelsen.

Link, C. (2011). Datenschutz für alle – Ein Rollenspiel zur informatischen Bildung. *LOG IN, 150*, 78–81.

Mattes, W. (2011). *Methoden für den Unterricht.* Würzburg: Schöningh.

Meyer, H. (1987). *Unterrichtsmethoden (Band I und II).* Berlin: Cornelsen.

Meyer, H. (2002). Unterrichtsmethoden. In H. Kiper, H. Meyer & W. Topsch (Hrsg.), *Einführung in die Schulpädagogik* (S. 109-121). Berlin: Cornelsen.

Modrow, E. & Strecker, K. (2016). *Didaktik der Informatik.* Berlin: de Gruyter.

Müller, H. D. (2006a). Experimente und Modelle in der informatischen Bildung. *LOG IN, 138*, 103–112.

Müller, H. D. (2006b). Beobachtungen an CRT- und TFT-Bildschirmen. *LOG IN*, 141, 87–90.

Müller, H. D. (2008). Binärzahlen verstehen. *LOG IN, 150*, 74–79.

Müller, H. D. (2011). Einwegfunktionen. *LOG IN, 169/170*, 106–111.

Peterßen, W. H. (2009). *Kleines Methoden-Lexikon.* München: Oldenbourg.

Petty, G. (2009). *Teaching today: a practical guide.* Cheltenham: Nelson Thornes.

Rabe, T. & Mikelskis-Seifert, S. (2010). *Fachmethodik: Physik-Methodik: Handbuch für die Sekundarstufe I und II.* Berlin: Cornelsen Scriptor.

Reich, K. (2017). *Unterrichtsmethoden im konstruktiven und systemischen Methodenpool.* http://methodenpool.uni-koeln.de/index.html. Zugegriffen am 01.10.2017

Reinmann-Rothmeier, G. & Mandl, H. (2001). Unterrichten und Lernumgebungen gestalten. Forschungsbericht. In A. Krapp & B. Weidenmann (Hrsg.), *Pädagogische Psychologie* (S. 613–658). Weinheim: Beltz.

Roschitsch, U. & Müller, A. (2004). *Praxisbuch Methodentraining.* Hamburg: Auer.

Roth, G. (1971). *Pädagogische Psychologie des Lehrens und Lernens* Hannover. Schrödel.

Sabitzer, B. (2010). Neurodidaktik – Neue Impulse für den Informatikunterricht. In G. Brandhofer, G. Futschek, P. Micheuz, A. Reiter & K. Schoder (Hrsg.), *25 Jahre Schulinformatik in Österreich. Zukunft mit Herkunft* (S. 305–320). Wien: Österreichische Computer Gesellschaft.

Schmayl, W. (2013). *Didaktik allgemeinbildenden Technikunterrichts.* Baltmannsweiler Schneider.

Schröder, H. (2002). *Lernen, lehren, Unterricht.* München: Oldenbourg.

Schubert, S. & Schwill, A. (2012). *Didaktik der Informatik.* Heidelberg: Spektrum.

Schulministerium von Nordrhein-Westfalen (2017). *Methodensammlung.* http://www.standardsicherung.schulministerium.nrw.de/methodensammlung/. Zugegriffen am 01.10.2017

Schulte, C. (2012). Uncovering structure behind function: the experiment as teaching method in computer science education. In *WiPSCE '12 Proceedings of the 7th Workshop in Primary and Secondary Computing Education.* (S 40–47). New York: Wiley.

Schulz, R. H. & Witten, H. (2010). Zeit-Experimente zur Faktorisierung – Ein Beitrag zur Didaktik der Kryptologie. *LOG IN, 166/167,* 107–114.

Seiffert, M. & Koerber, B. (2003). Neue Methoden braucht der Unterricht. *LOG IN, 138,* 3–3.

Spörhase, U. & Ruppert, W. (2010). *Fachmethodik: Biologie-Methodik: Handbuch für die Sekundarstufe I* und II. Berlin: Cornelsen Scriptor.

Steinkamp, V. (2004). Entwicklung eines Simulationsprogramms – Vermittlung systematischer Gestaltungskompetenz von Softwaresystemen. *LOG IN, 127,* 46–49.

Straka, G. A. & Macke, G. (2006). *Lern-lehr-theoretische Didaktik.* Münster. Waxmann.

Thal, J. & Ebert, W. (2004). *Methodenvielfalt.* Berlin: Luchterhand.

Thiele, O. (2008). Objektorientierte Programmierung von Schachproblemen. *LOG IN, 166,* 66–68.

Thompson, R. F. (2010). *Das Gehirn: Von der Nervenzelle zur Verhaltenssteuerung.* Frankfurt: Spektrum.

Thota, N. & Whitfield, R. (2010). Holistic approach to learning and teaching introductory object-oriented programming. *Computer Science Education, 20*(2), 103–127.

Tiburski, J. (2010). Die Erfindung des Computers – Zuses Z3. *LOG IN, 163,* 104–107.

Treagust, D. (2007). General Instructional Methods and Strategies. In S. K. Abell & N. G. Lederman (Eds.), *Handbook of research on science rducation* S. 373–441). Mahwah, NJ: Lawrence Erlbaum Associates.

Treagust, D., & Tsui, C.-Y. (2014). *General Instructional Methods and Strategies.* In N. G. Lederman & S. K. Abell (Eds.), *Handbook of research on science education II* (S. 303–320). Mahwah, NJ: Lawrence Erlbaum Associates.

Vollmer, P. (2011). Simulation eines Kugelroboters – Modellieren mit SMALLTALK und Scilab. *LOG IN, 169,* 91–96.

Wellenreuther, M. (2013). *Lehren und Lernen – aber wie?* (6. Auflage). Baltmannsweiler: Schneider.

Wiesner, B. (2008). Zustandsbasierte Modellierung eines Robotersystems. *LOG IN, 150,* 29–36.

Zech, F. (1998). *Grundkurs Mathematikdidaktik: Theoretische und praktische Anleitungen für das Lehren und Lernen von Mathematik.* Weinheim: Beltz.

2 Konkrete Methoden für den Informatikunterricht

Andreas Zendler und Dieter Klaudt

Dieses Kapitel enthält 20 Unterrichtsmethoden für den Informatikunterricht, die steckbriefartig beschrieben sind. Die Methoden wurden ausgewählt vor dem Hintergrund, dass diese tatsächlich im Informatikunterricht eingesetzt wurden. Zum anderen wurde die Auswahl beeinflusst von der Verwendung der Methoden in anderen MINT-Fächern (Mathematik, Biologie, Physik, Technik). Drittens war die Auswahl beeinflusst von empirischen Ergebnissen zu Effektstärken von Unterrichtsmethoden, die bei Hattie (2013, Kap. 9 und 10) dokumentiert sind.

Die Darstellung der Unterrichtsmethoden für den Informatikunterricht erfolgt nach einem einheitlichen Schema, das aus neun Abschnitten besteht. Im ersten Abschnitt gibt die Kurzbeschreibung eine prägnante Erklärung für die Unterrichtsmethode. Es folgen Ausführungen zu Sozialform, Dauer, Medien und Klassenstufen. Unter dem Punkt Medien werden spezielle Medien angeführt, die die für den Informatikunterricht wichtig sind. Der nächste Abschnitt stellt Informationen bereit zur Durchführung der Unterrichtsmethode. Weitere Abschnitte geben zusätzliche Hinweise, etwa über die Herkunft der Methode, sowie zum Einsatz der Methode im Informatikunterricht mit Beispielen aus der Literatur. Der letzte Abschnitt führt verwandte Begriffe an in deutscher und englischer Sprache.

A. Zendler (✉) • D. Klaudt
University of Education Ludwigsburg, Ludwigsburg, Deutschland
E-Mail: zendler@ph-ludwigsburg.de

A. Zendler (Hrsg.), *Unterrichtsmethoden für den Informatikunterricht*,
https://doi.org/10.1007/978-3-658-20675-8_2

2.1 Computersimulation

Kurzbeschreibung. Computersimulation umfasst den Einsatz von Simulationssoftware zur virtuellen Lösung von (zeitbezogenen) Problemen in einem Themenbereich.

***Sozialform*:** Einzel-, Partnerarbeit

***Dauer*:** mehrere Stunden

***Medien*:** PC, unterschiedliche Simulationssoftware

Klassenstufen: ab Klasse 7

Durchführung. In dieser Unterrichtsmethode lassen sich die folgenden Schritte unterscheiden: (1) *Einführung*. Die Schüler bekommen von der Lehrperson eine problemorientierte Einführung zu einem Unterrichtsthema. (2) *Problemdefinition*. Die Schüler stellen mit Unterstützung der Lehrperson Hypothesen zur Problemlösung bezüglich des Themas auf. (3) *Planung*. Die Schüler legen fest, welche Eingriffe sie in der Simulationssoftware vornehmen wollen, um das Problem zu lösen (oder es besser zu verstehen). (4) *Durchführung und Protokoll*. Die Schüler führen ihre geplanten Eingriffe in der Simulationssoftware aus und protokollieren, welche Informationen sie erhalten haben. (5) *Erweiterung der Wissensbasis*. Die Schüler erweitern und dokumentieren ihre eigene Wissensbasis aufgrund der Informationen, die sie aus der Simulationssoftware entnommen haben. (6) *Neue Hypothesen*. Die Schüler stellen neue Hypothesen auf und wiederholen die Schritte 3 bis 6.

Hinweise. Fachunabhängig wurde die Unterrichtsmethode etwa von Brenner und Brenner (2011) beschrieben.

Beispiele aus der Literatur. Unterrichtsbeispiele, welche die Computersimulation unterrichtsmethodisch verwenden, haben zum Lerninhalt: Programmiersprachen (z. B. Kara, Karol the Robot, Java-Hamster-Modell), zentrale Konzepte der Informatik (z. B. Informaticus), endliche Automaten (z. B. JFLAP), Simulationen von Anwendungssystemen (z. B. Ampelsteuerung, Patientensimulation, Beleuchtungssimulation). Sie sind dokumentiert in Informatikschulbüchern (z. B. Brichzin et al. 2008), in Lehrbüchern zur Didaktik der Informatik (z. B. Hubwieser 2007), auf den Internetseiten von JFLAP (2014) sowie in der informatikdidaktischen Zeitschrift LOG IN (z. B. Heescher und Danninger 1995; Huber et al. 1996; Schöffel 2001; Lösler und Ebner 2004).

Verwandte Begriffe. engl. computer simulation, simulation game, sim.

2.2 Concept-Mapping

Kurzbeschreibung. Concept-Mapping ist eine Unterrichtsmethode zur Strukturierung und Visualisierung von Begriffen (Konzepten) und deren Beziehungen.

***Sozialform*:** Einzel-, Partner-, Gruppenarbeit

***Dauer*:** 15′–30′

***Medien*:** Tafel, Whiteboard, (PC, Zeicheneditor)

Klassenstufen: ab Klasse 6

Durchführung. Concept-Mapping besteht aus den folgenden sechs Schritten: (1) *Fragenkonstruktion (focus question)*. Die Lehrperson konstruiert eine Frage, die ein Problem spezifiziert, das mit einer Concept-Map aufgelöst werden kann. (2) *Identifikation von Schlüsselkonzepten (key concepts)*. Die Schüler identifizieren unter Hilfestellung der Lehrperson Schlüsselkonzepte und stellen sie als geordnete Liste – *parking lot* – zusammen. (3) *Erstellung einer vorläufigen Concept-Map (preliminary concept map)*. Die Schüler erstellen zusammen mit der Lehrperson eine vorläufige Concept-Map. Dazu werden die Schlüsselkonzepte auf Post-Its™ zur Verfügung gestellt, so dass sie auf einem Whiteboard (re-)positioniert werden können. (4) *Revision*. Die Schüler überarbeiten mit der Lehrperson die vorläufige Concept-Maps mindestens 3-mal. (5) *Suche nach Konzeptbeziehungen (cross-links)*. Die Schüler suchen zusammen mit der Lehrperson nach Beziehungen zwischen den Konzepten und dokumentieren diese mit Verben; Lehrperson sichert, dass die Schüler die Beziehungen nicht mit Sätzen dokumentieren. (6) *Qualitätssicherung (clarity/over-all structure)*. Die Schüler überarbeiten zusammen mit der Lehrperson die Concept-Map mit Bezug auf Klarheit und hierarchische Struktur.

Hinweise. Concept-Mapping kann zur Bewertung von Schülerleistungen als auch zur Unterrichtsplanung eingesetzt werden. Die Unterrichtsmethode geht auf J. D. Novak zurück und ist beispielsweise bei Novak (1990) beschrieben.

Beispiele aus der Literatur. Ein Unterrichtsbeispiel, das den praktischen Einsatz des Concept-Mapping im Informatikunterricht verwendet, hat als Lerninhalt die Darstellung von Inhaltskonzepten der Informatik und wurde beschrieben von Ertl und Mok (2010) in der informatikdidaktischen Zeitschrift LOG IN.

Verwandte Begriffe. dt. Begriffshierarchie, Begriffsgraph

2.3 Direkte Instruktion

Kurzbeschreibung. Direkte Instruktion ist eine lehrerzentrierte Unterrichtsmethode, in der die Lehrperson die zentrale Rolle in der Lenkung des Unterrichtgeschehens übernimmt und diese bis zum Ende des Lernprozesses auch nicht wieder abgibt.

***Sozialform*:** Plenum

***Dauer*:** ganze Unterrichtsstunde

***Medien*:** Tafel, Whiteboard, Beamer, (PC)

Klassenstufen: alle

Durchführung. Im Unterricht gemäß Direkter Instruktion werden fünf Schritte unterschieden: (1) *Einstieg*. Die Lehrperson teilt den Schülern mit, was sie bis zum Ende der Stunde lernen werden (Lernziel und Lerninhalt). (2) *Präsentation/Demonstration*. Die Lehrperson präsentiert/demonstriert das Thema in kleinen Schritten, bis das gesamte Thema dargestellt ist. (3) *Gemeinsames Üben*. Die Lehrperson übt gemeinsam mit den Schülern vor dem Hintergrund der Kernregel der Direkten Instruktion: viele und kurzschrittige Fragen stellen, um die aktive Nutzung des neuen Wissens heraus zu fordern. (4) *Individuelles Üben*. Die Schüler üben individuell, um das neu erworbene Wissen zu automatisieren, auch ohne unmittelbares Feedback durch die Lehrperson.

(5) *Bilanz.* Am Ende des Unterrichts wird kurz mit Bezug zum Einstieg Bilanz gezogen, was gelernt wurde.

Hinweise. Unterricht mit direkter Instruktion umfasst einige Regeln, wie hohes Tempo, kleine Lernschritte, kurzschritte Rückmeldung, unterstützendes Korrigieren, viele Wiederholungen, Lernfortschritt auf sicherer Grundlage. Fachunabhängig wurde die Unterrichtsmethode etwa von Wiechmann (2011) beschrieben.

Beispiele aus der Literatur. Unterrichtsbeispiele zur Direkten Instruktion mit Informatikinhalten sind zahlreich und stehen in umfangreichen Materialsammlungen für den Informatikunterricht zur Verfügung, z. B. von Informatik-Schule (2017), GI DdlWiki (2017), SwissEduc (2017).

Verwandte Begriffe. dt. Frontalunterricht; engl. direct instruction, teacher talk

2.4 Entdeckendes Lernen

Kurzbeschreibung. Entdeckendes Lernen ist eine schülerzentrierte Unterrichtsmethode, in der Lernanregungen im Mittelpunkt stehen, um eigenaktives Lernen zu motivieren.

Sozialform: Einzel-, Gruppenarbeit

Dauer: je nach Aufgabe

Medien: unterschiedliche Medien, (PC, unterschiedliche Software, Internet)

Klassenstufen: ab Klasse 5

Durchführung. Die Unterrichtsmethode des Entdeckenden Lernens unterscheidet drei Schritte: (1) *Konfrontationsphase.* Die Lehrperson lässt die Lernsituation mit einem „echten Problem" beginnen. Ausgangspunkt ist, dass die Schüler Ideen und Fragen rund um das Problem generieren können. (2) *Entdeckungsphase.* Die Schüler und die Lehrperson greifen bestimmte Fragen auf, um eine Frage zu fokussieren. Diese Frage ist Ausgangspunkt für die Ableitung prinzipieller Aussagen und weitergehender Fragestellungen, die von den Schülern zusammen mit der Lehrperson systematisiert werden. Zudem erhalten die Schüler von der Lehrperson Hilfestellungen, ihren eigenen Lernprozess zu analysieren. (3) *Präsentationsphase.* Die Schüler präsentieren die unterschiedlichen Fragestellungen, Lösungswege und erkannte Prinzipien.

Hinweise. Fachunabhängig wurde die Unterrichtsmethode etwa von Hameyer und Rößer (2011) beschrieben.

Beispiele aus der Literatur. Unterrichtsbeispiele, welche die Unterrichtsmethode des Entdeckenden Lernens benutzen, haben zum Lerngegenstand: Datenschutz, Internet und Urheberrecht (Diethelm 2011), fehlerkorrigierende Codes (Hromkovic et al. 2011), Programmierung von Robotern (Leonhardt und Westram 2011), Grenzen der Berechenbarkeit (Steinert 2011). Weitere Beispiele finden sich auf den Internetseiten von SwissEduc (2017).

Verwandte Begriffe. engl. discovery learning

2.5 Experimentmethode

Kurzbeschreibung. Das Experiment als Unterrichtsmethode dient zur Wissensvermittlung, indem durch planmäßige Variation von Faktoren (unabhängigen Variablen) die Auswirkungen auf abhängige Variablen beobachtbar gemacht werden.

***Sozialform*:** Partner-, Gruppenarbeit

***Dauer*:** eine bis mehrere Unterrichtsstunden

***Medien*:** unterschiedliche Materialien, (PC, Peripheriegeräte, Tabellenkalkulationssoftware)

Klassenstufen: ab Klasse 7

Durchführung. Für die Experimentmethode lassen sich folgende Schritte unterscheiden: (1) *Erschließbares Phänomen.* Die Lehrperson konfrontiert die Schüler mit einem wissenschaftlich erschließbaren Phänomen. (2) *Hypothesenbildung.* Die Schüler bilden unter Beratung mit der Lehrperson Ursachen- und Ablaufhypothesen zu dem Phänomen vor dem Hintergrund bisherigen Wissens. (3) *Isolierung von Variablen.* Die Schüler definieren unter Beratung mit der Lehrperson die Faktoren, deren Auswirkungen auf die abhängigen Variablen untersucht werden sollen – unter Ausschaltung von Störeinflüssen. (4) *Durchführung.* Die Schüler führen unter Hilfestellung der Lehrperson das Experiment durch, sammeln Daten und dokumentieren den Ablauf. (5) *Auswertung.* Unter Beratung der Lehrperson werten die Schüler das Experiment aus und überprüfen die Hypothesen auf Gültigkeit. (6) *Diskussion.* Die Lehrperson diskutiert mit den Schülern die Ergebnisse mit Ausblick auf nachfolgende Experimente.

Hinweise. Fachunabhängig wurde die Unterrichtsmethode etwa von Brenner und Brenner (2011) beschrieben.

Beispiele aus der Literatur. Unterrichtsbeispiele, welche die Experimentmethode einsetzen, sind zahlreich in der informatikdidaktischen Zeitschrift LOG IN beschrieben. Beispiele sind Experimente zu Beobachtungen an CRT- und TFT-Bildschirmen (Müller 2006a), zur Eigenwärme eines PC (2006b), zur Fehlererkennung und Fehlerkorrektur (2007).

Verwandte Begriffe. engl. learning by experiments, experimental method

2.6 Fallstudie

Kurzbeschreibung. Die Fallstudie ist eine Unterrichtsmethode zur Entwicklung der eigenständigen Problemlösefähigkeit, indem realitätsgerechte Fälle und Aufgaben in den Unterricht einbezogen werden.

***Sozialform*:** Partner-, Gruppenarbeit, Plenum

***Dauer*:** eine bis mehrere Unterrichtsstunden

***Medien*:** unterschiedliche Materialien, (PC, Peripheriegeräte, Officesystem)

Klassenstufen: ab Klasse 5

Durchführung. Für diese Unterrichtsmethode ergeben sich die nachfolgenden Schritte: (1) *Konfrontation.* Die Schüler werden zunächst mit dem Fall konfrontiert. (2) *Information.* Die Schüler erhalten Informationen, die über die Fallschilderung hinausgehen. (3) *Exploration.* Die Schüler untersuchen den Fall und stellen verschiedene Lösungen dar. (4) *Resolution.* Die Schüler diskutieren die verschiedenen Lösungen und entscheiden sich für die „beste Lösung“. (5) *Disputation.* Die Schüler verteidigen ihre Lösung im Plenum. (6) *Kollation.* Die Schüler vergleichen ihre erarbeitete Lösung mit einer Lösung, die in der Praxis/Realität vorliegt.

Hinweise. Für die Fallstudie als Unterrichtsmethode gibt es unterschiedliche Formen: illustrative Fallstudie, explorative Fallstudie. Die Fallstudie steht im englischen Sprachraum in direkter Verbindung zum problem-based learning. Fachunabhängig wurde die Unterrichtsmethode etwa von Kaiser und Brettschneider (2011) beschrieben

Beispiele aus der Literatur. Unterrichtsbeispiele, welche die Fallstudie benutzen, sind etwa: relationale Datenbanksysteme (Penon und Spolwig 1994) oder das Knotenüberdeckungsproblem (Niedermaier et al. 2007a, b).

Verwandte Begriffe. engl. case study, case problem method

2.7 Gruppenpuzzle

Kurzbeschreibung. Das Gruppenpuzzle ist eine Unterrichtsmethode des kooperativen Lernens, in der Schüler ihre Mitschüler unterweisen, indem sie Experten für einen Themenbereich werden und als Wissensvermittler tätig werden.

Sozialform: Einzelarbeit, Gruppenarbeit, Plenum

Dauer: ganze Unterrichtsstunde

Medien: unterschiedliche Materialien

Klassenstufen: ab Klasse 5

Durchführung. Im Gruppenpuzzle werden sechs Schritte unterschieden: (1) *Arbeitsorganisation.* Zu Beginn wird jeder Schüler (per Losverfahren) einer Stammgruppe zugeteilt. Innerhalb jeder Stammgruppe werden Teilaufgaben so verteilt, dass jedes Gruppenmitglied eine andere Teilaufgabe bearbeitet. (2) *Individuelle Erarbeitung der Teilaufgaben.* Die Schüler bearbeiten ihre Teilaufgaben individuell. (3) *Fachliche Vorbereitung in der Expertenrunde.* Diejenigen Schüler, welche dieselbe Teilaufgabe haben, treffen sich in einer Expertengruppe und vertiefen das individuell Gelernte gegenseitig und unterstützen sich auf dem Weg zum Experten. (4) *Didaktische Vorbereitung in der Expertenrunde.* Die Schüler bereiten in der Expertenrunde das Gelernte didaktisch so auf, dass sie ihr Wissen den Mitschülern in ihrer Stammgruppe vermitteln können. (5) *Unterrichtsrunde.* Die Schüler kehren in ihre ursprüngliche Stammgruppe zurück und vermitteln reihum den anderen Gruppenmitglieder, was sie gelernt haben. (6) *Prüfung.* Bei nachfolgenden Prüfungen werden die Schüler zu allen Teilaufgaben von der Lehrperson geprüft.

Hinweise. Die Unterrichtsmethode geht auf Aronson (1978) zurück, der die Methode konzipiert hat, um komplexere Themenbereiche in einer Lerngruppe arbeitsteilig einzuführen. Im deutschsprachigen Raum wurde die Methode von Frey-Eiling und Frey (2011) fachunabhängig beschrieben.

Beispiele aus der Literatur. Unterrichtsbeispiele, welche das Gruppenpuzzle im Informatikunterricht einsetzen, sind selten. Pow-Seng und Campos (2009) beschreiben einen Unterricht, dessen Lerninhalt die objekt-orientierte Softwareentwicklung ist.

Verwandte Begriffe. dt. Gruppenrallye, Gruppenturnier; engl. jigsaw method

2.8 Leitprogramm

Kurzbeschreibung. Das Leitprogramm ist eine Unterrichtsmethode, die individualisierende, auf Lernende zentrierte Selbststudienmaterialien in den Mittelpunkt des Unterrichts stellt.

***Sozialform*:** Einzel-, Partnerarbeit

***Dauer*:** 2–10 Lektionen, je 30′–90′

***Medien*:** Selbststudienmaterialien, (PC, Lernsoftware)

Klassenstufen: ab Klasse 5

Durchführung. Diese Unterrichtsmethode umfasst sechs Schritte: (1) *Lernpakete*. Aufteilung des Unterrichtsstoffes in einzelne Lernpakete mit Anleitungen zum Selbststudium. (2) *Bereitstellung*. Bereitstellung der Lernpakete durch die Lehrperson (3) *Erstes Lernpaket*. Auswahl des ersten Lernpaketes durch die Lehrperson für die Schüler. (4) *Selbststudium*. Die Schüler arbeiten das Lernpaket selbstständig durch, üben den Stoff und prüfen, ob sie den Stoff verstanden haben. (5) *Erfolgskontrolle*. Die Schüler absolvieren bei der Lehrperson einen Test. (6) *Nächstes Lernpaket*. Bei erfolgreichem Test lässt die Lehrperson die Schüler die Schritte 4 und 5 in Bezug auf das nächste Lernpaket wiederholen, andernfalls muss das nicht verstandene Lernpaket wiederholt werden.

Hinweise. Die Idee dieser Unterrichtsmethode hat Keller bereits 1968 beschrieben und auf Effizienz untersucht. Heute stehen Leitprogramme als Lernsoftware für fast alle Fächer zur Verfügung. Der intensive Kontakt mit dem Lehrer grenzt diese Unterrichtsmethode von anderen Formen des Selbststudiums ab. Leitprogramme basieren auf dem Mastery-Learning-Konzept: Der Schüler muss ein Thema wirklich verstehen, bevor er sich dem nächsten zuwendet.

Beispiele aus der Literatur. Unterrichtsbeispiele, die das Leitprogramm einsetzen, haben Hartmann et al. (2006) beschrieben und sind auf den Internetseiten von SwissEduc (2017) verfüg bar. Darunter sind Leitprogramme zur Einführung in das Betriebssystem Unix, zur rekursiven Programmierung, über das richtige Verhalten im Internet, u. a.

Verwandte Begriffe. dt. Programmierter Unterricht; engl. programmed instruction

2.9 Leittextmethode

Kurzbeschreibung. Die Leittextmethode ist eine Unterrichtsmethode, mit der Lernende inhaltlich und methodisch so geführt werden, dass sie sich mit vorbereiteten Materialien Wissen aneignen können.

***Sozialform*:** Einzel-, Partner-, Gruppenarbeit

Dauer: eine bis mehrere Unterrichtsstunden

Medien: Texte, (PC, Adobe Authorware)

Klassenstufen: ab Klasse 5

Durchführung. Die Leittextmethode besteht aus sechs Schritten: (1) *Information.* Schüler bearbeiten Leitfragen. (2) *Planung.* Schüler erstellen schriftliche Arbeitspläne. (3) *Entscheidung.* Die Lehrperson bespricht in einem (ersten) Fachgespräch mit den Schülern die schriftlichen Arbeitspläne und die bearbeiteten Leitfragen. (4) *Ausführung.* Die Schüler bearbeiten eine praktische Aufgabe. (5) *Kontrolle.* Die Schüler füllen einen Kontrollbogen aus, der eine Selbst- und Fremdkontrolle durch Schüler und Lehrperson erlaubt. (6) *Bewertung.* Die Lehrperson kontrolliert in einem (zweiten) Fachgespräch die Ergebnisse der Schüler und informiert über zukünftige Fehlervermeidungen.

Hinweise. Die Leittextmethode stammt aus der betrieblichen Praxis. An die Stelle unmittelbarer Unterweisung (Vormachen, Zeigen) treten mittelbare Formen (zwischengeschaltete Texte). Die Unterrichtsmethode wurde von Rottluff (1989) und von Höpfner et al. (1997) beschrieben.

Beispiele aus der Literatur. Unterrichtsbeispiele, die explizit auf die Leittextmethode abheben, ließen sich nicht recherchieren. Allerdings stehen umfangreiche Materialsammlungen zum Selbststudium zur Verfügung, die sich leicht mit der Leittextmethode kombinieren lassen, z. B. die von GI DdlWiki (2017), Informatik-Schule (2017), Informatikboard (2017), SwissEduc (2017), EducETH (2017).

Verwandte Begriffe. dt. Selbststudium; engl. Leittext method

2.10 Lernen durch Lehren

Kurzbeschreibung. Lernen durch Lehren ist eine handlungsorientierte Unterrichtsmethode, bei der Schüler lernen, indem sie sich den Stoff gegenseitig vermitteln.

***Sozialform*:** Einzelarbeit, Partnerarbeit, Plenum

***Dauer*:** mehrere Tage

***Medien*:** unterschiedliches Informationsmaterialien, (PC, Präsentationssoftware, Internet)

Klassenstufen: ab Klasse 7

Durchführung. Diese Unterrichtsmethode unterscheidet sieben Schritte: (1) *Vorbereitung und Nachbereitung zu Hause.* Alle Schüler bereiten sich zu Hause vor. (2) *Gesamter Unterrichtsdiskurs.* Die Schüler sitzen im Kreis, jeder Schüler hört konzentriert seinen Mitschülern zu und stellt Fragen, wenn etwas in der Darstellung nicht klar ist. (3) *Einstieg.* Die den Unterricht leitenden Schüler stellen kurz das neue Thema vor und lassen die Mitschüler in Partnerarbeit sammeln, was sie bereits zu diesem Thema wissen. (4) *Erste Vertiefung.* Unter Moderation der leitenden Schüler wird in der Klasse solange interagiert, bis alle themenbezogenen Fragen gestellt und geklärt wurden. (5) *Einführung des neuen Stoffes im Plenum.* Die leitenden Schüler führen neues Wissen im Plenum ein, in kleine Portionen aufgeteilt und mit ständiger Rückfrage, damit sicher ist, dass alles verstanden wird. (6) *Zweite Vertiefung.* Unter Anleitung der leitenden Schüler werden in Partnerarbeit Portionen des Stoffes durchgespielt. (7) *Dritte Vertiefung.* Alle Schüler fertigen einen schriftlichen Hausaufsatz an.

Hinweise. Lernen durch Lehren wird im Klassenverband durchgeführt. Die Lehrerfunktion wird durch die Schüler Schritt für Schritt übernommen. Die Unterrichtsmethode ist im deutschsprachigen Raum mit dem Namen Jean-Pol Martin verknüpft, geht aber bis auf Lucius Annaeus Seneca (1–65 n. Chr.) zurück, der erkannte: „Docendo discimus" (dt. durch Lehren lernen wir). Eine gute Einführung gibt es in Wikipedia (2017).

Beispiele aus der Literatur. Unterrichtsbeispiele für den Informatikunterricht sind selten. Sabitzer (2010) exemplifiziert diese Unterrichtsmethode in ihren drei neurodidaktisch motivierten Unterrichtseinheiten. Biswas et al. (2005) setzen die Unterrichtsmethode beim Unterricht in der Softwareentwicklung ein.

Verwandte Begriffe. engl. learning by teaching

2.11 Lernaufgaben

Kurzbeschreibung. Lernaufgaben als Unterrichtsmethode dienen zur Initiierung und Steuerung von Lern- und Denkprozessen.

Sozialform: Einzel-, Partnerarbeit

Dauer: 10′–30′

Medien: Tafel, Beamer, Whiteboard, (PC, Präsentationssoftware, Internet)

Klassenstufen: ab Klasse 5

Durchführung. Im Unterricht mit Lernaufgaben werden drei Schritte unterschieden: (1) *Gestaltung von Lernaufgaben.* Die Lehrperson hat Lernaufgaben gestaltet, insbesondere mit Blick auf selbstgesteuertes Lernen durch die Schüler. (2) *Erklärung des Unterrichtsstoffes.* Die Lehrperson erklärt den Stoff nur soweit, dass die Schüler ihn anschließend vertiefen und selbst erarbeiten können. (3) *Stofferarbeitung.* Die Schüler können sich selbstständig über die Aufgabe informieren, ihre Lösung selbstständig planen, deren Ausführung selbstständig vollziehen und die Kontrolle selbstständig vornehmen.

Hinweise. Lernaufgaben sind von Schul- und Hausaufgaben zu unterscheiden, deren Ziel die Wiederholung und Übung von Ersterlerntem ist.

Beispiele aus der Literatur. Beispiele zum Informatikunterricht mit Lernaufgaben sind z. B. auf den Internetseiten von SwissEduc (2017) verfügbar. Bei Hartmann et al. lassen sich Beispiele finden zur Indexierung von Textdokumenten durch Suchmaschinen und zur Datenkompression.

Verwandte Begriffe. engl. independent study, learning tasks

2.12 Modellmethode

Kurzbeschreibung. Die Modellmethode ist eine Unterrichtsmethode, welche die Bildung von Modellen und den Einsatz von Modellen in einem Sachgebiet umfasst.

Sozialform: Partner-, Gruppenarbeit

Dauer: mehrere Unterrichtsstunden

***Medien*:** vielschichtige Materialien, (PC, Zeicheneditor, Programmierumgebung)
Klassenstufen: ab Klasse 5

Durchführung. In dieser Unterrichtsmethode lassen sich die folgenden Schritte unterscheiden: (1) *Hypothesen zum Realitätsausschnitt.* Mit Bezug zu einem von der Lehrperson vorgegebenen Realitätsausschnitt stellen die Schüler Hypothesen über Inhalte und Abläufe in diesem Realitätsausschnitt auf. (2) *Überarbeitung.* Die Schüler recherchieren weitere Informationen zum Realitätsausschnitt und überarbeiten ihre Hypothesen. (3) *Modellbildung.* Auf der Basis ihrer erweiterten Erkenntnisse zum Realitätsausschnitt bilden sie unter Beratung der Lehrperson Diagramm- oder Nachbildungsmodelle, wobei kognitive Prozesse wie Abgrenzung, Reduktion und Abstraktion eine zentrale Rolle einnehmen. (4) *Umgang mit den Modellen.* Anhand der Modelle können die Schüler dann Gedankenexperimente am Modell durchführen, oder die Modelle unter Anleitung der Lehrperson weiter entwickeln (oder sogar als Produkte realisieren).

Hinweise. Fachunabhängig wurde die Unterrichtsmethode von Brenner und Brenner (2011) beschrieben.

Beispiele aus der Literatur. Beispiele für den Einsatz der Unterrichtsmethode im Informatikunterricht sind die Entwicklung von Datenmodellen, Objektmodellen, Zustandsmodellen, u. a. Sie sind in Informatikschulbüchern (z. B. Brichzin et al. 2008), in Lehrbüchern zur Didaktik der Informatik (z. B. Hubwieser 2007) und in der informatikdidaktischen Zeitschrift LOG IN (z. B. Bierschneider-Jakobs 2005; Wiesner 2008; Baumann 2007) dokumentiert.

Verwandte Begriffe. engl. learning by modelling

2.13 Planspiel

Kurzbeschreibung. Das Planspiel ist eine handlungsorientierte Unterrichtsmethode zur Förderung des Verständnisses einfacher und komplexer Handlungsabläufe mit Bezug zur Technik.

***Sozialform*:** Gruppenarbeit, Plenum
***Dauer*:** mehrere Unterrichtsstunden
***Medien*:** Informationsblätter, Rollenkarten
Klassenstufen: ab Klasse 9

Durchführung. In dieser Unterrichtsmethode können sechs Schritte unterschieden werden: (1) *Vorbereitungsphase.* Die Lehrperson wählt die Planspielaufgabe aus, erarbeitet die Konzeption, reaktiviert bereits bekannte Lerninhalte, legt das Lernziel fest, schafft die Bedingungen für die Durchführung des Planspiels und stellt die Unterrichtsmedien bereit. (2) *Einführungsphase.* Die Lehrperson gibt die Planspielabsicht bekannt, erläutert die Aufgabenstellung und charakterisiert die handelnden Personen. Die Schüler dringen in die Thematik ein und entscheiden sich für die Übernahme einer Rolle. (3) *Erste Spielphase.* Die Lehrperson stellt eine Teilaufgabe, die Schüler agieren in Ausfüllung der übernommenen Rolle, stellen Fragen, erklären Sachverhalte, treffen Entscheidungen, verteidigen

Standpunkte. (4) *Konsultationsphase.* Diese Phase dient der Besinnung und einer ersten Analyse des Planspiels. Die Lehrperson kann zusätzliche Materialien für die zweite Spielphase bereitstellen. (5) *Zweite Spielphase.* Die zweite Phase knüpft an den Ergebnissen der ersten Spielphase an und beginnt typischerweise mit einem kurzgefassten Rückblick auf das bisherige Geschehen. (6) *Auswertungs- und Evaluierungsphase.* Die Ergebnisse werden diskutiert und bewertet, wobei die Selbstbewertung der Rollenspieler besonders wichtig ist.

Hinweise. Das Planspiel steht in Bezug zum Rollenspiel. Bei Planspielen dominiert der Bezug zur Technik (Hüttner 2009), die Inhalte von Rollenspielen sind Aufgaben aus dem Sozialbereich.

Beispiele aus der Literatur. Unterrichtsbeispiele, welche das Planspiel im Informatikunterricht einsetzen, sind relativ häufig und in der informatikdidaktischen Zeitschrift LOG IN dokumentiert (Dietz und Oppermann 2011; Hermes 2008).

Verwandte Begriffe. dt. Planspiel; engl. planning game

2.14 Portfoliomethode

Kurzbeschreibung. Die Portfoliomethode ist eine Unterrichtsmethode, die Lernenden erlaubt auf den eigenen Lernfortschritt (mit Hilfe einer Sammelmappe) aufmerksam zu machen, wobei sie individuelles Qualitätsbewusstsein und Verantwortung für den eigenen Lernprozess entwickeln.

***Sozialform*:** Einzelarbeit

***Dauer*:** über längeren Zeitraum

***Medien*:** Ordner, Sammelmappe, (PC, Officesystem, Ordnersystem)

Klassenstufen: ab Klasse 5

Durchführung. Diese Unterrichtsmethode umfasst die folgenden Schritte: (1) *Anlegen einer Sammelmappe.* Die Schüler legen eine Mappe an, um unterrichtsbezogene Materialien sammeln zu können, die sie selbst erstellen bzw. beschaffen werden. (2) *Dokumente anfertigen.* Die Schüler fertigen unterrichtsbezogene Dokumente an und sammeln diese in den angelegten Mappen (Portfolios). Dokumente sind: selbst geschriebene Texte, selbst geschriebene Computerprogramme, Grafiken, recherchierte Dokumente, gelöste Aufgaben, Reflexionen zum Lernstand. Für die Gestaltung der Portfolios sind die Schüler selbst verantwortlich. (3) *Reflexion.* Auf Basis von Portfolios reflektieren die Schüler zusammen mit der Lehrperson den Lernfortschritt.

Hinweise. Sammelmappen (Portfolios) werden entweder zu einem vereinbarten Thema oder für eine bestimme Lernphase angelegt. Es wird unterschieden zwischen Portfolios, die nur die besten Materialien enthalten und solchen, die den gesamten Lernprozess mit Dokumenten unterschiedlicher Güte dokumentieren. Fachunabhängig wurde die Unterrichtsmethode von Brenner und Brenner (2011) beschrieben.

Beispiele aus der Literatur. Unterrichtsbeispiele, welche die Portfoliomethode im Informatikunterricht verwenden, sind in der Literatur selten, aber vorhanden (siehe z. B. Gramm

2013). Cain und Woodward (2012) beschreiben ein Unterrichtsbeispiel zur Einführung in die Programmierung.

Verwandte Begriffe. engl. course portfolio, portfolio method

2.15 Problemorientierter Unterricht

Kurzbeschreibung. Problemorientierter Unterricht ist eine Unterrichtsmethode, die Lernenden bei der Lösung eines exemplarischen Problemfalls Kompetenzen erwerben lässt, die in übertragbare Problemfelder transferiert werden können.

***Sozialform*:** Einzel-, Gruppenarbeit

***Dauer*:** Schritt 1–5: 60′, Schritt 6: mehrere Tage, Schritt 7: 45′

***Medien*:** vielschichtige Medien, (PC, unterschiedliche Software)

Klassenstufen: ab Klasse 9

Durchführung. In dieser Unterrichtsmethode lassen sich sieben Schritte unterscheiden: (1) *Konfrontieren.* Die Schüler werden in einer Lerngruppe mit einem Problemfall konfrontiert. (2) *Fragen stellen.* Die Schüler definieren, was das Problem ist und formulieren ein bis drei Fragen. (3) *Problem analysieren.* Die Schüler generieren auf Basis ihres Vorwissens individuell Erklärungen und Hypothesen. (4) *Hypothesen vergleichen.* Hypothesen werden in der Lerngruppe abgeglichen. (5) *Lernfragen stellen.* Die Schüler formulieren in der Lerngruppe offene Fragen (Lernfragen), die beantwortet werden müssten, um das Ausgangsproblem zu lösen. (6) *Selbst Wissen aneignen.* Die Schüler beschaffen sich im Selbststudium Informationen, mit denen die Lernfragen beantwortet werden können. (7) *Ergebnisse austauschen.* Die Ergebnisse zu den Lernfragen werden in der Lerngruppe ausgetauscht und abgeglichen.

Hinweise. Die Schüler erwerben Wissen selbstgesteuert. Die Lehrperson begleitet die Schüler beratend. Fachunabhängig wurde die Unterrichtsmethode von Brenner und Brenner (2011) beschrieben.

Beispiele aus der Literatur. Die Unterrichtsmethode des Problemorientierten Unterrichts, die ausführlich bei Rankin (1998) beschrieben ist, hat Hubwieser (2007) für den Informatikunterricht aufgegriffen. Rauhut (2001) gibt allgemeine Hinweise für einen problem- und handlungsorientierten Unterricht am PC.

Verwandte Begriffe. engl. problem-based learning

2.16 Projektmethode

Kurzbeschreibung. Die Projektmethode ist eine handlungsorientierte Unterrichtsmethode, die Lernenden die planvolle, selbstgesteuerte Arbeit an einem definierten Vorhaben erlaubt.

***Sozialform*:** Projektgruppen, Plenum

***Dauer*:** mehrere Tage bis Wochen

***Medien*:** je nach Art des Projektes, (PC, unterschiedliche Software)

Klassenstufen: ab Klasse 5

Durchführung. Diese Unterrichtsmethode umfasst die folgenden Schritte: (1) *Projekt initiieren.* Lehrperson und Schüler äußern eine Aufgabe oder eine Themenstellung, die in einem Projekt bearbeitet werden soll. (2) *Projekt skizzieren.* Die Schüler erkunden zusammen mit der Lehrperson, was machbar ist; sie entwickeln eine Projektskizze. (3) *Projekt planen.* Die Schüler bilden Projektgruppen und planen Arbeitsprozesse inhaltlich und zeitlich. (4) *Projekt durchführen.* Die Schüler tauschen Erfahrungen aus und erarbeiten Ergebnisse zum Thema; Projektgruppen stimmen sich regelmäßig ab. (5) *Projektergebnis präsentieren.* Die Schüler erarbeiten ihre Ergebnisse bis zur Präsentationsreife. (6) *Projekt auswerten.* Die Schüler schätzen ihre Ergebnisse und die Arbeitsprozesse selbstkritisch ein.

Hinweise. Die Schüler können ihre Methodenkompetenz erfahren und verbessern. In Schulen finden Projekte außer im Klassen- und Kursverbund auch in Form von Projekttagen oder Projektwochen statt. Fachunabhängig wurde die Unterrichtsmethode etwa von Frey und Frey-Eiling (2011) beschrieben.

Beispiele aus der Literatur. Unterrichtsbeispiele, welche die Projektmethode im Informatikunterricht verwenden, sind dokumentiert in Lehrbüchern zur Didaktik der Informatik (z. B. Hartmann et al. 2006) und insbesondere in der informatikdidaktischen Zeitschrift LOG IN (2006). Kührt (2003) berichtet über ein Projekt zum Interneteinsatz im handlungsorientierten Projektunterricht, Arnold (2011) beschreibt ein Ganzjahresprojekt zum Themenbereich Video, Vektorgrafik und Animation. Leonhardt und Westram (2011) geben Tipps für erfolgreiche MINT-Projekte.

Verwandte Begriffe. engl. project work

2.17 Referat

Kurzbeschreibung. Das Referat als Unterrichtsmethode dient zum Nachweis, dass Lernende Informationen sammeln, verarbeiten und organisiert präsentieren können.

***Sozialform*:** Einzelarbeit, Plenum

***Dauer*:** Kurzreferat 5′–10′, Langreferat ab 15′

***Medien*:** Tafel, Whiteboard, Beamer, (PC, Präsentationssoftware)

Klassenstufen: ab Klasse 8

Durchführung. Diese Unterrichtsmethode umfasst folgende Schritte: (1) *Recherchieren.* Der Schüler sammelt Informationen mit verschiedenen Verfahren (z. B. Bibliotheks-/Internetrecherche, Befragung, Beobachtung) zu einem Thema, das von der Lehrperson vorgegeben wurde. (2) *Ordnen.* Der Schüler ordnet die Informationen nach Relevanz. (3) *Gliedern.* Der Schüler gliedert das Referat mit Bezug zu Einleitung, Hauptteil und Schluss; der Schüler strukturiert das Referat mit Bezug zum Spannungsbogen. (4) *Ausarbeiten.* Der Schüler arbeitet das Referat ganz oder teilweise schriftlich aus, insbesondere mit Blick auf das Layout des Referates. (5) *Proben.* Der Schüler probt das Referat und verbessert es. (6) *Präsentieren.* Der Schüler trägt das Referat im Plenum vor. (7) *Fragen.* Der Schüler gibt den Mitschülern die Möglichkeit, Fragen zu stellen und beantwortet diese.

Hinweise. Alternativen zum klassischen Referat sind: Impulsreferat, Sandwichvortrag, Thesenvortrag, u. a. Fachunabhängig wurde die Unterrichtsmethode von Brenner und Brenner (2011) beschrieben.

Beispiele aus der Literatur. Informatikunterricht, der das Referat als Unterrichtsmethode einsetzt, ist in der täglichen unterrichtlichen Praxis häufig. In der Literatur ist die Unterrichtsmethode für den Informatikunterricht bei Bornemann et al. (2001) skizziert, der zudem den multimedialen Einsatz von Schülerreferaten beschreibt.

Verwandte Begriffe. engl. presentation, seminar paper

2.18 Reziprokes Lehren

Kurzbeschreibung. Reziprokes Lehren ist eine dialogische Unterrichtsmethode zwischen Lehrer und Lernenden, die der Bedeutungserfassung von Texten dient.

***Sozialform*:** Plenum

***Dauer*:** abhängig vom Text

***Medien*:** Text, (PC, Adobe Authorware)

Klassenstufen: ab Klasse 5

Durchführung. Die Grundstruktur dieser Unterrichtsmethode ist Folgende: Die Lehrperson und jeweils ein Schüler aus einer Kleingruppe wechseln sich darin ab, die Diskussion über einen Textabschnitt zu leiten, der gemeinsam zu verstehen versucht wird. Dazu werden vier Schritte iterativ durchlaufen: (1) *Zusammenfassen.* Die Schüler sind aufgefordert, einen Textabschnitt zusammen zu fassen. (2) *Fragen stellen.* Die Schüler sind aufgefordert, Fragen zum Text zu stellen. (3) *Klarstellen.* Die Schüler sind aufgefordert, den Text zu werten. (4) *Vorhersagen.* Die Schüler sind aufgefordert, Vorhersagen zu nachfolgenden Textpassagen zu machen.

Hinweise. Zu Beginn des Einsatzes der Unterrichtsmethode dient die Lehrperson als Modell, wie man Diskussionen über einen Textabschnitt leitet. Die Lehrperson macht die Aktivitäten explizit und konkretisiert sie. Wenn die Schüler die Lehrrolle übernehmen, kann die Lehrperson Hinweise oder Rückmeldungen geben. Die Unterrichtsmethode geht auf Palinscar und Brown (1984). Im deutschsprachigen Raum ist sie bei Renkl (1997) beschrieben.

Beispiele aus der Literatur. Unterrichtsbeispiele, welche die Unterrichtsmethode des Reziproken Lernens verwenden, sind in der Literatur wenig beschrieben. Sims-Knight und Upchurch (1993) haben eine Unterrichtseinheit zum objekt-orientierten Design dokumentiert.

Verwandte Begriffe. dt. wechselseitiges Lernen; engl. reciprocal teaching

2.19 Stationenarbeit

Kurzbeschreibung. Stationenarbeit ist eine schülerzentrierte Unterrichtsmethode, in der Schüler eigentätig anhand vorbereiteter Materialien lernen, die an Stationen bereitgestellt sind.

Sozialform**:** Einzel- oder Partnerarbeit
Dauer**:** eine bis mehrere Stunden
Medien**:** vielschichtige Medien, (PC, unterschiedliche Software)
Klassenstufen: ab Klasse 5

Durchführung. Für den Ablauf dieser Unterrichtsmethode lassen sich folgende Schritte unterscheiden: (1) *Hinführung.* Die Schüler sind von der Lehrperson mit einem Unterrichtsthema konfrontiert. (2) *Rundgang.* Die Lehrperson gibt den Schülern an den einzelnen Stationen, die in einem oder mehreren Räumen verteilt sind, Informationen, die sie sich nicht selbst aus den Arbeitsaufträgen erschließen können. (3) *Arbeit an Stationen.* Die Schüler durchlaufen die Stationen selbstständig in einer vorgegebenen Zeit. Sind die Stationen vom Einfachen zum Komplexen gestaltet, steuern die Schüler die Stationen in einer bestimmten Reihenfolge an. (4) *Präsentation.* Die Schüler präsentieren ihre Ergebnisse.

Hinweise. Lernen an Stationen ist eine Form themenbezogener Freiarbeit. Weil das Lernen räumlich verteilt ist, vermittelt sie Schülern eine räumliche Vertiefung vom Lernfortschritt. Fachunabhängig wurde die Unterrichtsmethode von Hegele (2011) beschrieben.

Beispiele aus der Literatur. Unterrichtsbeispiele, welche die Stationenarbeit im Informatikunterricht einsetzen, wurden von Müller (2014) zur Kryptografie und von Willgerodt (2014) zu Datenstrukturen beschrieben.

Verwandte Begriffe. dt. Lernen an Stationen, Arbeit im Lernzirkel; engl. station work

2.20 WebQuest

Kurzbeschreibung. WebQuest ist eine rechercheorientierte Unterrichtsmethode, die Internet-basierte Dienste (z. B. Wikipedia, Portale, Literaturdatenbanken) und Internettechnologien (z. B. E-Learning-Plattformen, Cloud-Computing, E-Communication) in den Lernprozess einbezieht.

Sozialform**:** Einzel-, Partner-, Gruppenarbeit, Plenum
Dauer**:** eine bis mehrere Stunden
Medien**:** PC, Internet
Klassenstufen: ab Klasse 5

Durchführung. Diese Unterrichtsmethode umfasst die folgenden Schritte: (1) *Vorbereitung.* Die Lehrperson bereitet ein Suchkonzept vor. Dazu stellt sie aufgrund eigener Recherchen eine Sammlung interessanter Internetlinks zusammen. (2) *Einführung.* Die Schüler erhalten von der Lehrperson eine thematische Orientierung (z. B. eine Frage oder kurze Problemdarstellung). (3) *Aufgabenstellung.* Die Schüler erhalten eine Aufgabenstellung, die auch in Teilgruppen gelöst werden können. (4) *Materialsammlung.* Die Lehrperson stellt den Schülern Materialien zur Verfügung, die Internetlinks (auf Web-Seiten, Portale, Datenbanken), Verweise auf CD-ROMs oder Printmaterialien umfassen. (5) *Recherche.* Die *Schüler* recherchieren mit Bezug zu erschließenden Fragen, die sie zu ihrem Material erhalten haben. Die Lehrperson berät die Schüler als Recherchecoach. (6) *Evaluation.* Die Schüler erhalten die Möglichkeit, ihren Lernprozess zu reflektieren und zu bewerten. (7) *Präsentation.* Die Schüler präsentieren ihre Ergebnisse einzeln oder in Gruppen als Internet- oder Powerpoint-Präsentation.

Hinweise. Fachunabhängig wurde die Unterrichtsmethode von Brenner und Brenner (2011) beschrieben.

Beispiele aus der Literatur. Praktische Unterrichtsbeispiele, die WebQuests als Unterrichtsmethode im Informatikunterricht verwenden, liegen vor von Baumann (2003), der das Internet als Informationsquelle im Fachunterricht einsetzt, und von Staiger (2003), der Vorschläge zum Unterrichtseinsatz für WebQuests und MediaQuest macht.

Verwandte Begriffe. engl. web based learning

Literatur

Arnold, W. (2011). Einfach nur ein Strichmännchen laufen lassen … – Ein Ganzjahresprojekt zu den Themen Video, Vektorgrafik und Animation. *LOG IN, 169*, 82–90.

Aronson, E. (1978). *The jigsaw classroom.* Beverly Hills: Sage Publications.

Baumann, R. (2003). Das Internet als Informationsquelle im Fachunterricht – Beispiele zur Methode Webquest bzw. Mediaquest. *LOG IN, 121*, 51–58.

Baumann, R. (2007). Modellierung von Zuständen, Objekten und Suchbäumen – Mit Unterrichtsbeispielen in JAVA. *LOG IN, 148*, 73–80.

Bierschneider-Jakobs, A. (2005). Zustandsorientierte Modellierung und Programmierung – Das Thema „Beschreibung von Abläufen" im Informatikunterricht der 9./10. Klassenstufe. *LOG IN, 134*, 53–60.

Biswas, G., Leelawong, K., Schwartz, D., Vye, N. & the Teachable Agents Group at Vanderbilt (2005). Learning by teaching: a new agent paradigm for educational software. *Applied Artificial Intelligence, 18*, 365–392.

Bornemann, J., Hannemann, Ch. T., Haß, R. & Neumann, U. (2001). Multimediale Präsentation von Schülerreferaten. *LOG IN, 5/6*, 94–102.

Brenner, G. & Brenner, K. (2011). *Methoden für alle Fälle*. Berlin: Cornelsen.

Brichzin, P., Freiberger, U. & Reinold, K. (2008). *Informatik I: Funktionale Modellierung, Datenmodellierung*. München: Oldenbourg.

Cain, A. & Woodward, C. J. (2012). Toward constructive alignment with portfolio assessment for introductory programming. In *Proceedings of the 1st EEE International Conference on Teaching, Assessment and Learning for Engineering*. New York: IEEE.

Diethelm, I. (2011). Wie forschend-entdeckendes Lernen gelingen kann – Forschendes und entdeckendes Lernen in Kontexten zu Datenschutz, Internet und Urheberrecht. *LOG IN, 168*, 28–34.

Dietz, A. & Oppermann, F. (2011). Planspiel „Datenschutz 2.0". *LOG IN, 171* (Beilage), 1–26.

EducETH (2017). *Unterrichtsmaterial Informatik.* http://www.educ.ethz.ch/unt/um/inf. Zugegriffen am 01.10.2017

Ertl, B. & Mok, S. T. (2010). Concept-Mapping im Informatikunterricht. *LOG IN, 166*, 63–68.

Frey, K. & Frey-Eiling, A. (2011). Die Projektmethode In J. Wiechmann (Hrsg.), *Zwölf Unterrichtsmethoden* (S. 172–179). Weinheim: Beltz.

Frey-Eiling, A. & Frey, K. (2011). Das Gruppenpuzzle. In J. Wiechmann (Ed), *Zwölf Unterrichtsmethoden* (S. 52–59). Weinheim: Beltz.

GI DdlWiki (2017). *Hauptseite GI Fachgruppe Didaktik der Informatik.* http://wiki.informatikdidaktik.de/index.php/Hauptseite. Zugegriffen am 01.10.2017

Gramm, A. (2013). Portfolioarbeit im Informatikunterricht. *LOG IN, 176/177*, 138–144.

Hameyer, U. & Rößer, B. (2011). Entdeckendes Lernen. In J. Wiechmann (Hrsg.), *Zwölf Unterrichtsmethoden* (S. 129–142). Weinheim: Beltz.

Hartmann, W., Näf, M. & Reichert, R. (2006). *Informatikunterricht planen und durchführen*. Berlin: Springer.

Hattie, J. A. C. (2013). *Lernen sichtbar machen*. Baltmannsweiler: Schneider.

Heescher, H. & Danninger, T. (1995). Verkehrsdichteabhängige Ampelsteuerungen – Funktionsmodell und Computersimulation als Beitrag zur informatischen Grundbildung. *LOG IN, 1,* 83–88.

Hegele, I. (2011). Stationenarbeit – Ein Einstieg in den offenen Unterricht. In J. Wiechmann (Ed), *Zwölf Unterrichtsmethoden* (S. 61–74). Weinheim: Beltz.

Hermes, A. (2008). Reflektierte Planspiele im Informatikunterricht. *LOG IN, 153*, 46–52.

Höpfner, H.-D., Koch, J., Meerten, E., Rottluff, J., Schneider, P. J. & Selka, R. (1997). *Leittext – the self-reliant way of learning*. Bielefeld: Bertelsmann.

Hromkovic, J., Keller, L. Komm, D. Serafini, G. & Steffen, B. (2011). Fehlerkorrigierende Codes – Ein Unterrichtsbeispiel zum gelenkten entdeckenden Lernen. *LOG IN, 168*, 50–55.

Huber, P., Huber, R. & Lincoln, M. (1996). Multimediale Patientensimulationen – Ergänzung der Medizin-Ausbildung am Beispiel eines medizinischen Expertensystems. *LOG IN, 2,* 15–20.

Hubwieser, P. (2007). Didaktik der Informatik: Grundlagen, Konzepte, Beispiele. Berlin: Springer.

Hüttner, A. (2009). *Technik unterrichten*. Haan-Gruiten: Nourney.

Informatikboard (2017). *Informatik online verstehen*. http://www.informatikerboard.de. Zugegriffen am 01.10.2017

Informatik-Schule (2017). *Portal für den Informatikunterricht*. http://informatik.schule.de/. Zugegriffen am 01.10.2017

JFLAP. Interactive Formal Languages and Automata Package. (2014). http://www.jflap.org/. Zugegriffen am 01.10.2017

Kaiser, F.-J. & Brettschneider, V. (2011). Fallstudie. In J. Wiechmann (Ed), *Zwölf Unterrichtsmethoden* (S. 144–156). Weinheim: Beltz.

Keller, F. S. (1968). Good-bye, teacher... *Journal of Applied Behaviour of Analysis, 1,* 79–89.

Kührt, P. (2003). Wal-Mart und Tante Emma – Interneteinsatz im handlungsorientierten Projektunterricht. *LOG IN, 122*, 75–113.

Leonhardt, T. & Westram, H. (2011). Das Projekt „go4IT!" – Mit Robotern forschend und entdeckend lernen. *LOG IN, 168*, 56–61.

LOG IN. (2006). Es stand in LOG IN – Ausgewählte Beiträge zu Projekten im Unterricht. *LOG IN, 138*, 59–59.

Lösler, T. & Ebner, R. (2004). Simulation diskreter dynamischer Systeme – Unterrichtsbeispiele für die Sekundarstufe I. *LOG IN, 128*, 44–52.

Müller, D. (2014). *SpionCamp – Kryptographie als Stationenlernen*. http://ddi.uni-wuppertal.de/material/spioncamp/dl/Spioncamp-vortrag.pdf. Zugegriffen am 01.10.2017

Müller, J. (2006a). Beobachtungen an CRT- und TFT-Bildschirmen. *LOG IN*, 141, 87–90.

Müller, J. (2006b). Die Eigenwärme eines PC. *LOG IN, 143*, 59–66.

Müller, J. (2007). Fehlererkennung und Fehlerkorrektur. *LOG IN, 148*, 90–95.

Niedermaier J., Vogel, J., Fothe, M. & König, M. (2007a). Das Knotenüberdeckungsproblem – Eine Fallstudie zur Didaktik NP-schwerer Probleme (Teil 1). *LOG IN*, 146, 53–59.

Niedermaier J., Vogel, J., Fothe, M. & König, M. (2007b). Das Knotenüberdeckungsproblem – Eine Fallstudie zur Didaktik NP-schwerer Probleme (Teil 2). *LOG IN*, 148, 81–89.

Novak, J. D. (1990). Concept mapping: A useful tool for science education. *Journal of Research in Science Teaching, 27*, 10, 937–949.

Palinscar, A. S. & Brown, A. L. (1984). Reciprocal teaching of comprehension, fostering and monitoring activities. *Cognition and Instruction, 1*, 117–175.

Penon, J. & Spolwig, S. (1994). Video-Center – Eine Fallstudie zur Einführung in relationale Datenbanksysteme. *LOG IN, 2,* 32–35.

Pow-Sang, J. A. & Campos, P. G. (2009). The jigsaw technique: experiences teaching analysis class diagrams. In A. P. Buchmann (Hrsg.), *2009 Mexican International Conference on Computer Science*, ENC 2009, Mexico City, Mexico, September 21–25, 2009. New York: IEEE.

Rankin, J. R. (1998). *Handbook on problem-based learning*. New York: Wiley.

Rauhut, J.-U. (2001). Schülerinnen und Schüler lösen Bauprobleme – Didaktische allgemeine Hinweise für einen problem- und handlungsorientierten Unterricht am PC. *LOG IN, 5/6*, 103–113.

Renkl, A. (1997). *Lernen durch Lehren.* Wiesbaden: Springer (Reprint 2013).

Rottluff, J. (1989). Die Leittextmethode. In J.-P. Pahl & H.-D. Schulz (Hrsg.), *Lernen nach der Neuordnung* (S. 148 ff.). Wetzlar: Jugendarbeiterinitiative an d. Werner-von-Siemens-Schule.

Sabitzer, B. (2010). Neurodidaktik – Neue Impulse für den Informatikunterricht. In G. Brandhofer, G. Futschek, P. Micheuz, A. Reiter & K. Schoder (Hrsg.), *25 Jahre Schulinformatik in Österreich. Zukunft mit Herkunft* (S. 305–320). Wien: Österreichische Computer Gesellschaft.

Schöffel, F. (2001). Beleuchtungssimulation – Globale Beleuchtungssimulation in interaktiven virtuellen Umgebungen. *LOG IN, 5–6*, 23–31.

Sims-Knight, J. E. & Upchurch, R. L. (1993). Teaching object-oriented design without programming: a progress report, *Computer Science Education, 4(*1), 135–156.

Staiger, S. (2003). Vom Webquest zum Mediaquest – Vorschläge zum Unterrichtseinsatz. *LOG IN, 121,* 45–50.

Steinert, M. (2011). Grenzen der Berechenbarkeit – Entdeckendes und forschendes Lernen in der Praxis. *LOG IN, 168*, 42–49.

SwissEduc (2017). *Unterrichtsmaterial für den Informatikunterricht.* http://www.swisseduc.ch/informatik. Zugegriffen am 01.10.2017

Wiechmann, J. (Ed). (2011). *Zwölf Unterrichtsmethoden* (5. Auflage). Weinheim: Beltz.

Wiesner, B. (2008). Zustandsbasierte Modellierung eines Robotersystems. *LOG IN, 150/151*, 44–51.

Wikipedia (2017). *Lernen durch Lehren.* http://de.wikipedia.org/wiki/Lernen_durch_Lehren#Praktische_Anwendungen. Zugegriffen am 01.10.2017

Willgerodt, K. (2014). *Stationenlernen im Informatikunterricht am Beispiel des Unterrichtsgegenstandes Datenstrukture*n. https://www.ham.nw.schule.de/pub/bscw.cgi/3396171/2013-01-14-Willgerodt.pdf. Zugegriffen am 01.10.2017

Beispiele für den Informatikunterricht

3

Andreas Zendler und The Instructional Method Group

Dieses Kapitel enthält Unterrichtsbeispiele für die in Kap. 2 dargestellten 20 Unterrichtsmethoden.

Die Darstellung der Beispiele zum Informatikunterricht erfolgt nach einem einheitlichen Schema, das aus zwei Abschnitten besteht. Der erste Abschnitt *Charakterisierung* gibt Erklärungen für die Unterrichtsmethode, informiert über deren didaktisches Potenzial, nennt notwendige Bedingungen zur Durchführung, stellt die einzelnen Schritte zur Durchführung als Prozessmodell dar und betont wichtige Aspekte der Unterrichtsmethode aus Sicht der Lehrperson. Der zweite Abschnitt *Unterrichtsbeispiel e*xemplifiziert die Durchführungsschritte an einem Inhaltsgegenstand der Informatik.

Notation in IDEF0

Die einzelnen Schritte zur Durchführung der Unterrichtsmethode werden mit der Modellierungssprache IDEF0 (*Integrated Definition for Function Modeling*) visualisiert (Menzel und Mayer 2005). IDEF0 ist standardisiert, weit verbreitet, leicht zu verstehen und erlaubt eine ergebnisorientierte Perspektive.

Die wichtigsten Konzepte von IDEF0 sind *Functio*n, *Input, Output, Control* und *Mechanisms* (siehe Abb. 3.1).

Function (Prozess). Dieses Konzept – visualisiert als so genannte *Box* – dient zur Modellierung von Prozessen, Teilprozessen, Aktivitäten sowie Transformationen. Ein Prozess wird in der Regel als Verb bzw. Tätigkeit formuliert.

Input (Eingaben). Dieses Konzept – visualisiert als von links eingehender, annotierter Pfeil in eine *Function Box* – wird für die Modellierung von Eingaben verwendet, die

A. Zendler (✉) • The Instructional Method Group
University of Education Ludwigsburg, Ludwigsburg, Deutschland
E-Mail: zendler@ph-ludwigsburg.de

A. Zendler (Hrsg.), *Unterrichtsmethoden für den Informatikunterricht*,
https://doi.org/10.1007/978-3-658-20675-8_3

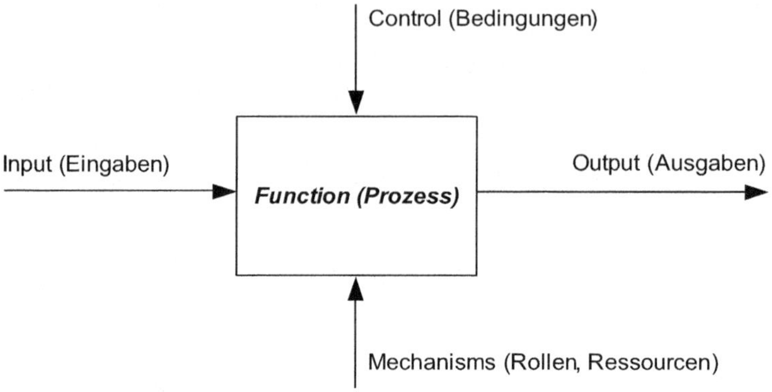

Abb. 3.1 IDEF0-Chart

von Prozessen (Teilprozessen, Aktivitäten, Transformationen) in Ausgaben überführt werden.

Output (Ausgaben). Dieses Konzept – visualisiert als von rechts aus einer *Function Box* ausgehender, annotierter Pfeil – wird für die Modellierung von Ausgaben benutzt, die von Prozessen (Teilprozessen, Aktivitäten, Transformationen) aufgrund von Eingaben erzeugt werden.

Control (Bedingungen). Dieses Konzept – visualisiert als von oben in eine *Function Box* eingehender, annotierter Pfeil – wird für die Modellierung von Bedingungen verwendet, so dass Prozesse (Teilprozesse, Aktivitäten, Transformationen) korrekte Ausgaben erzeugen können. Die Bedingungen können Konstruktionsprinzipien, Literaturhinweise, neuere Forschungsergebnisse oder curriculare Strukturelemente wie zukünftige Lebenssituation, nötige Qualifikationen, Grundwerte sein, die berücksichtigt werden müssen und dafür sorgen, dass die gewünschten Ausgaben erzeugt werden.

Mechanisms (Rollen, Ressourcen). Dieses Konzept – visualisiert als von unten in eine *Function Box* eingehender, annotierter Pfeil – wird für Mittel (Tools, Ressourcen) zur Unterstützung von Prozessen (Teilprozessen, Aktivitäten, Transformationen) eingesetzt.

Bildungsstandards der Gesellschaft für Informatik

Die Unterrichtsbeispiele zu den Unterrichtsmethoden stehen in Beziehung zu den Bildungsstandards, welche die Gesellschaft für Informatik (GI) für die Sekundarstufe I (GI 2008) und II (GI 2016) herausgegeben hat.

In den Bildungsstandards werden fünf Inhaltsbereiche als relevant für den Informatikunterricht behandelt: Information und Daten, Algorithmen, Sprachen und Automaten, Informatiksysteme sowie Informatik, Mensch und Gesellschaft. Untrennbar mit den Inhaltsbereichen verbunden sind der GI zufolge die folgenden Prozessbereiche: Modellieren und Implementieren, Begründen und Bewerten, Strukturieren und Vernetzen, Kommunizieren und Kooperieren sowie Darstellen und Interpretieren.

Bei der Vorstellung der Unterrichtsmethoden wird im Abschnitt *Unterrichtsbeispiel* in jedem einzelnen Fall der Bezug zu den Inhalts- und Prozessbereichen der GI hergestellt.

3.1 Computersimulation

3.1.1 Charakterisierung

Die Unterrichtsmethode *Computersimulation* umfasst den Einsatz von Simulationssoftware zur virtuellen Lösung von (zeitbezogenen) Problemen in einem Themenbereich.

Didaktisches Potenzial
Die Methode ermöglicht eine selbstständige, interaktive und konstruktive Auseinandersetzung mit der gegebenen Thematik in einer realitätsnahen Lernumgebung. *Computersimulation* erlaubt es Lernenden, bereits bestehendes Vorwissen und gelernte Gesetzmäßigkeiten praxisnah anzuwenden, um sich neues Wissen aneignen zu können. Abhängig von der Qualität der eingesetzten *Simulationssoftware* (Informationsgehalt, Übersichtlichkeit, Darstellung, Verständlichkeit, u. a.) und dem Einsatz weiterer, den Lernprozess unterstützender Maßnahmen (z. B. kleine Arbeitsaufträge, permanenter Zugriff des Lernenden auf Hintergrundinformationen) werden die Kompetenzbereiche Fachwissen, Bewertung und Kommunikation gefördert.

Voraussetzungen
Die Unterrichtsmethode erfordert eine ausreichende Schulausstattung mit multimediafähigen Computern und das Vorhandensein einer Simulationssoftware, in unserem Beispiel JFLAP (2015). Die Lernenden sollten Spaß am Umgang mit Computern haben. Abhängig von der Komplexität des Themas und der ausgewählten Computersimulation ist die Methode für Jahrgangsstufen ab Klasse 7 zu empfehlen.

Durchführung
Abb. 3.2 veranschaulicht die sechs Aktivitäten mit dazugehörigen Ergebnissen, welche die *Computersimulation* als Unterrichtsmethode auszeichnet.

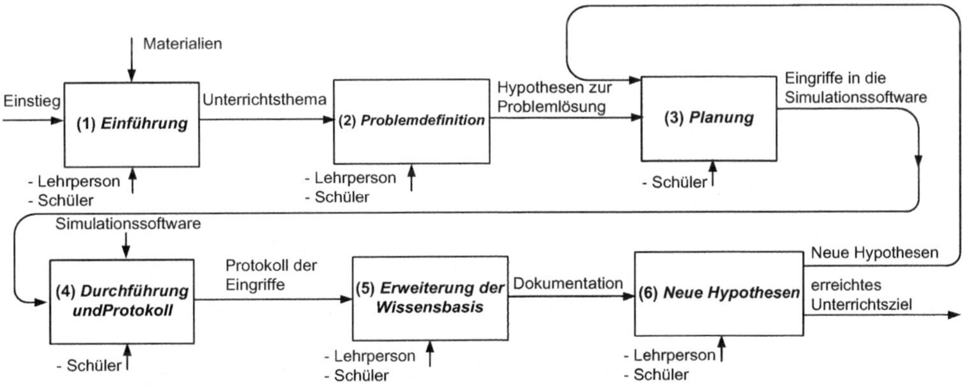

Abb. 3.2 Aktivitäten und Ergebnisse der *Computersimulation*

Das Ergebnis der ersten Aktivität (*Einführung*) besteht darin, dass das Unterrichtsthema festgelegt ist. Das Ergebnis der zweiten Aktivität (*Problemdefinition*) sind Hypothesen zur Problemlösung bezüglich des Themas, welche die Schüler mit Unterstützung der Lehrperson aufstellen. Die dritte Aktivität (*Planung*) zielt darauf, dass die Schüler die Eingriffe festlegen, die sie in der Simulationssoftware vornehmen wollen, um das Problem zu lösen. Das Ergebnis der vierten Aktivität (*Durchführung und Protokoll*) umfasst die Durchführung der geplanten Eingriffe in der Simulationssoftware und deren Protokollierung. Das Ergebnis der fünften Aktivität (*Erweiterung der Wissensbasis*) ist die Dokumentation der Wissensbasis durch die Schüler aufgrund der Informationen, die sie aus der Simulationssoftware entnommen haben. In der sechsten Aktivität (*Neue Hypothesen*) stellen die Schüler neue Hypothesen auf; sie wiederholen die Schritte 3 bis einschließlich 6 solange, bis das Unterrichtsziel erreicht ist.

Aufgabe als Lehrperson
Die Unterrichtsmethode *Computersimulatio*n zielt auf die selbstständige Aneignung informatischer Zusammenhänge ab. Deshalb tritt die Vermittlung des Unterrichtsinhaltes durch die Lehrperson über weite Strecken in den Hintergrund. Dies gilt nicht für die Aktivitäten 1 und 2, bei welchem die Lehrperson die Schüler aktiv in die Thematik einführt. Während der Aktivitäten 3 bis 6 wirkt die Lehrperson in erster Linie als motivierender und unterstützender Anleiter.

3.1.2 Unterrichtsbeispiel

In Bezug zu den GI-Bildungsstandards exemplifiziert das Unterrichtsbeispiel den Inhaltsbereich *Sprachen und Automaten* sowie den Prozessbereich *Modellieren und Implementieren*. Das Unterrichtsbeispiel hat das Informatikkonzept *Automat* zum Inhalt.

Die Schüler sollen einen einfachen Fahrkartenautomaten simulieren, der nur 1 €- und 2 €-Münzen annimmt. Dazu soll die Simulationssoftware JFLAP (2017) verwendet werden. Abb. 3.3 zeigt das Hauptfenster von JFLAP mit Toolbar für das Editieren von Zuständen und Zustandsübergängen eines Automaten.

(1) Einführung
Die Lehrperson gibt eine ausführliche Einführung in die Simulationsumgebung JFLAP. Grundlegende Begriffe für einen Automaten wie Eingabealphabet E, Ausgabealphabet A, Zustände des Automaten Z und Zustandsübergangsfunktion f sind den Schülern dann bekannt.

Unterrichtsthema. Das Unterrichtsthema umfasst die Aufgabenstellung, wie in Abb. 3.4 dargestellt.

(2) Problemdefinition
Die Schüler treffen Vereinbarungen für das Eingabealphabet, das Ausgabealphabet und die Zustände des Fahrkartenautomaten (siehe Abb. 3.5), der simuliert werden soll.

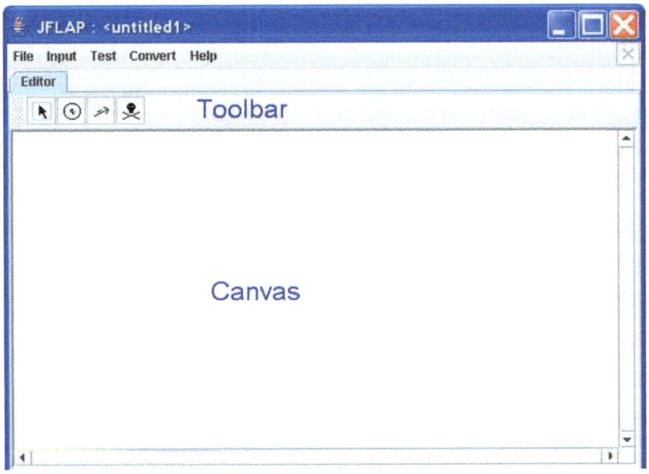

Abb. 3.3 Simulationssoftware JFLAP

Abb. 3.4 Unterrichtsthema

Stelle die möglichen Zustände und Funktionen eines einfachen Fahrkartenautomaten schematisch dar, der nur 1€- und 2€-Münzen annimmt, eine „Fahrschein anfordern"-Taste und eine Geldrückgabetaste besitzt und nur eine Art von Fahrscheinen druckt, die in jedem Fall 3€ kosten. Der Automat gibt kein Rückgeld und nimmt auch nicht mehr als 3€ an.

Abb. 3.5 Eingabe-, Ausgabealphabet und Zustände

Eingabealphabet E = {1€, 2€, FA, GR}
1€: Einwurf einer 1€-Münze
2€: Einwurf einer 2€-Münze
FA: Drücken der „Fahrschein anfordern"-Taste
GR: Drücken der Geldrückgabetaste

Ausgabealphabet A = {F, 1R, 2R, 3R}
F: Fahrschein wird gedruckt und ausgegeben
1R: 1€-Münze wird zurückgegeben
2R: 2€-Münze wird zurückgegeben
3R: 1€-Münze und 2€-Münze werden zurückgegeben

Zustände Z = {C0, C1, C2, C3}
C0: Ausgangszustand, kein Geld eingeworfen
C1: 1€ eingeworfen
C2: 2€ eingeworfen
C3: 1€ und 2€ eingeworfen

Hypothesen zur Problemlösung. Die Hypothesen zur Problemlösung lassen sich durch die Zustandsübergangsfunktion $f\,(E \mid A)$ spezifizieren, wie die von Schülern angefertigte Tabelle (Eingabe und Ausgabe sind durch einen senkrechten Strich getrennt) in Abb. 3.6 zeigt.

(3) Planung

In JFLAP könnte die Darstellung des Automaten dann so aussehen, wie Abb. 3.7 zeigt.

Eingriffe in die Simulationssoftware. Nach der Erstellung des Automaten überprüfen die Schüler mit JFLAP unter Verwendung des Befehls „Run Inputs", ob eingegebene

Eingabe E Zustand Z	**1€**	**2€**	**FA**	**GR**
C0	C1 | - (***Z/A***)	C2 | -	C0 | -	C0 | -
C1	C2 | -	C3 | -	C1 | -	C0 | 1R
C2	C3 | -	C2 | -	C2 | -	C0 | 2R
C3	C3 | -	C3 | -	C0 | -	C0 | 3R

Abb. 3.6 Hypothesen

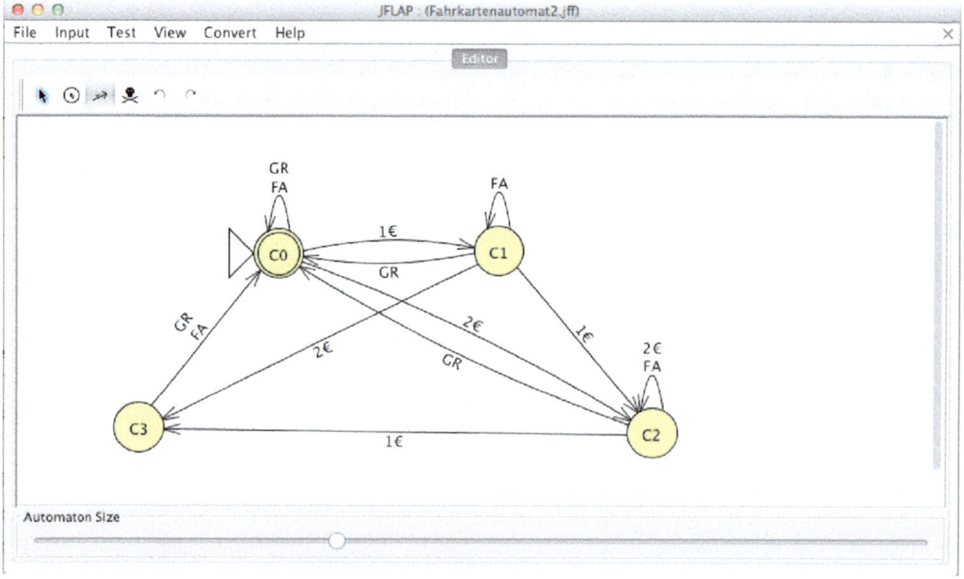

Abb. 3.7 Eingriffe Simulationssoftware

Zeichenketten für den Automaten verständlich sind. Die Schüler überlegen sich, welche Zeichenketten sie prüfen wollen und erläutern diese stichwortartig in Tabellenform, damit ihre Gedankengänge ersichtlich und auch später noch nachvollziehbar sind. Außerdem geben sie an, welche Ergebnisse sie erwarten (siehe Abb. 3.8).

Als verständliche Zeichenkette gelten Zeichenketten, die ausschließlich für den Automaten verständliche Eingaben („Zeichen") enthalten und die den Automaten am Ende wieder in den Ursprungszustand (C0) versetzen.

(4) Durchführung und Protokoll
In diesem Schritt geben die Schüler die vorbereiteten Zeichenketten in JFLAP ein und testen diese. Eingegebene Zeichenketten mit korrekter Syntax haben als Resultat „Accept", solche mit nicht-korrekter Syntax haben als Resultat „Reject" (siehe Abb. 3.9).

Protokoll der Eingriffe. Die Tabelle aus Schritt 3 wird von den Schülern angepasst und korrigiert. Sie dient den Schülern als Protokoll der durchgeführten Eingriffe in der Simulationssoftware (Abb. 3.10).

Zeichenkette (Input)	**Erläuterung**	**Erwartetes Ergebnis**
FA	- „Fahrschein anfordern" wird gedrückt → nichts passiert, aber Automat im Startzustand	Accept
GR	- Geldrückgabetaste wird gedrückt → nichts passiert, aber Automat wieder im Startzustand	Accept
1€	- Einwurf einer 1€-Münze → keine verständliche Zeichenkette, C1 kann kein Endzustand sein	Reject
1€GR	- Einwurf einer 1€-Münze - Geldrückgabetaste wird gedrückt →1€ wird ausgegeben, zurück in C0	Accept
2€1€FA	- Einwurf einer 2€-Münze - Einwurf einer 1€-Münze - „Fahrschein anfordern" wird gedrückt → Fahrschein wird gedruckt, zurück in C0	Accept

Abb. 3.8 Erläuterung der Eingriffe

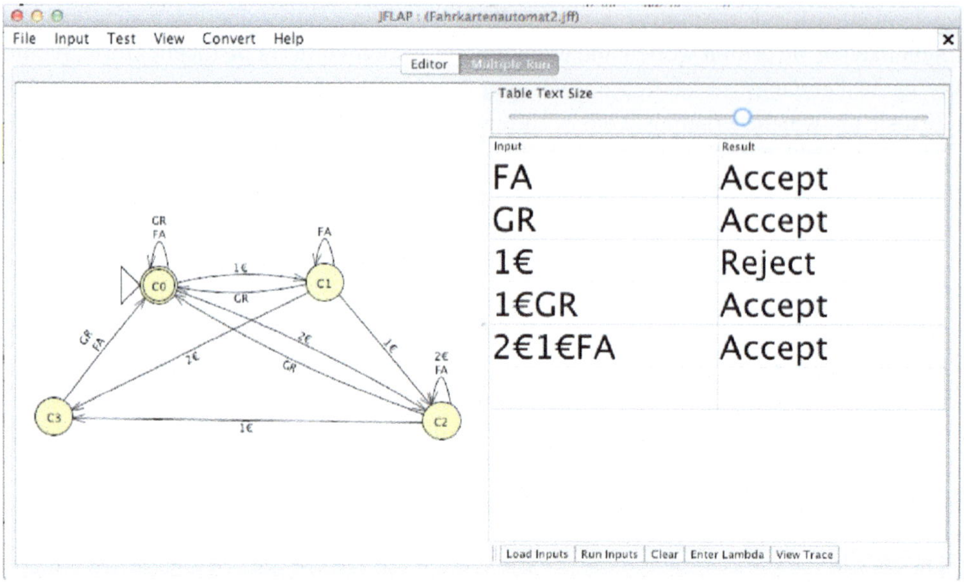

Abb. 3.9 Durchführung mit Automat

Zeichenkette (Input)	Erläuterung	Erwartetes Ergebnis	Simulation mit JFLAP
FA	- „Fahrschein anfordern" wird gedrückt → nichts passiert, aber Automat im Startzustand	Accept	√
GR	- Geldrückgabetaste wird gedrückt → nichts passiert, aber Automat wieder im Startzustand	Accept	√
1€	- Einwurf einer 1€-Münze → keine verständliche Zeichenkette, C1 kann kein Endzustand sein	Reject	√
1€GR	- Einwurf einer 1€-Münze - Geldrückgabetaste wird gedrückt →1€ wird ausgegeben, zurück in C0	Accept	√
2€1€FA	- Einwurf einer 2€-Münze - Einwurf einer 1€-Münze - „Fahrschein anfordern" wird gedrückt → Fahrschein wird gedruckt, zurück in C0	Accept	√

Abb. 3.10 Protokoll der Eingriffe

(5) Erweiterung der Wissensbasis

Die Schüler formulieren ihre neu gewonnenen Erkenntnisse im Hinblick auf Automaten.

Dokumentation. Die Formulierungen können von Schüler zu Schüler unterschiedlich sein. Sie werden als Regeln für weitere Durchführungen formuliert.

(6) Neue Hypothesen

Ist der Automat mit Bezug zur Aufgabestellung von den Schülern zu verbessern, wiederholen sie die Schritte 3 bis 6.

Ist die Aufgabenstellung von allen Schülern erfolgreich bearbeitet worden, erfolgt eine Zusammenfassung der Lehrperson mit Bezug zum erreichten Unterrichtsziel.

„Der Automat akzeptiert nur Zeichenketten,
die bei C0 anfangen und bei C0 aufhören."

3.2 Concept-Mapping

3.2.1 Charakterisierung

Die Methode wurde in den 70er-Jahren vom amerikanischen Wissenschaftler Joseph Novak entwickelt und stützt sich auf den Konstruktivismus der Lernpsychologie.

Concept-Maps sind als Netzwerke aus Begriffen zu verstehen, die im Bezug zu einem Themenbereich stehen und Verbindungen zu weiteren Begriffen aufzeigen. Concept-Maps sind nicht mit Mind-Maps gleichzusetzen. Mind-Maps werden oft zum Zweck des „Brainstormings" genutzt, um Begriffe einem Zentralbegriff zuzuordnen und eine gewisse Ordnung zu schaffen. Concept-Maps dagegen werden genutzt, um Wissen hierarchisch zu strukturieren und Vernetzungen zwischen Begriffen aufzuzeigen.

Didaktisches Potenzial

In erster Linie ermöglicht die Methode Schülern, selbst komplexe Inhalte leicht in eine Struktur zusammen zu tragen und diese zu visualisieren. Durch diese Darstellungsform werden Verbindungen und Vernetzungen übersichtlich und schnell erkennbar. Im Fach Informatik sind *Concept-Maps* für Themen wie Klassen-, Zustands- oder Aktivitätenmodellierung gut geeignet.

Voraussetzungen

An Materialien zur Erstellung einer Concept-Map benötigt man nicht mehr als Papier Stift und Flipchart oder einen Computer mit passender Software, die für den Unterricht kostenlos verfügbar ist, z. B. iMapping (Haller 2017) oder iModeler (Consideo 2017).

Durchführung
Abb. 3.11 veranschaulicht die sechs Aktivitäten mit dazugehörigen Ergebnissen des *Concept-Mapping*.

Die erste Aktivität (*Fragenkonstruktion*) hat zum Ergebnis, dass die Lehrperson die Frage spezifiziert hat. Das Ergebnis der zweiten Aktivität (*Identifikation von Schlüsselkonzepten*) ist eine Liste mit Schlüsselkonzepten, welche die Schüler gemeinsam mit der Lehrperson identifiziert haben. Ergebnis der dritten Aktivität (*Erstellung einer vorläufigen Concept-Map*) ist eine vorläufige Concept-Map, die in der vierten Aktivität (*Revision*) mehrmals überarbeitet wird. Ergebnis der fünften Aktivität (*Suche nach Konzeptbeziehungen*) sind Konzeptbeziehungen, die in die Concept-Map eingearbeitet werden. Das Ergebnis der sechsten Aktivität (*Qualitätssicherung*) ist eine qualitätsgesicherte Concept-Map.

Aufgabe als Lehrperson
Die Aufgaben der Lehrperson zielen in der ersten Aktivität auf die Spezifizierung des Problems. In den weiteren Aktivitäten spielt die Lehrperson eine wichtige Rolle, indem sie die Entwicklung der Concept-Map coacht.

3.2.2 Unterrichtsbeispiel

In Bezug zu den GI-Bildungsstandards exemplifiziert das Unterrichtsbeispiel den Inhaltsbereich *Information und Daten* sowie den Prozessbereich *Strukturieren und Vernetzen.* Das Unterrichtsbeispiel vertieft das Thema *Klassenmodellierung.*

(1) Fragenkonstruktion
Die Lehrperson teilt den Schülern mit, dass das Ziel der Stunde darin besteht, die grundlegenden Konzepte der Klassenmodellierung in einer Concept-Map zu visualisieren.

Spezifiziertes Problem. Die Lehrperson spezifiziert das Problem der Unterrichtsstunde (siehe Abb. 3.12).

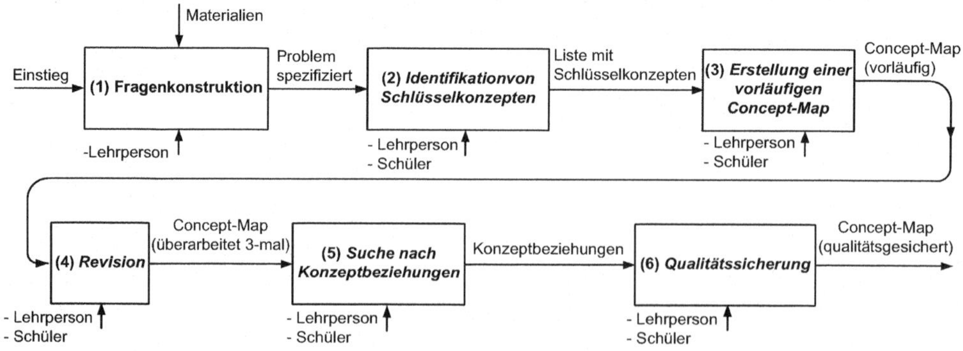

Abb. 3.11 Aktivitäten und Ergebnisse der Unterrichtsmethode *Concept-Mapping*

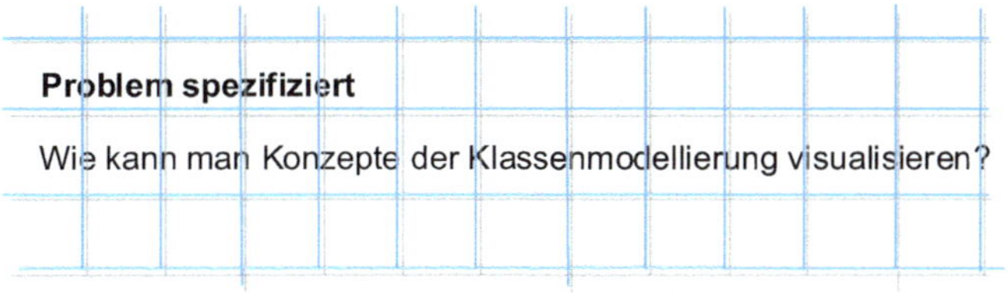

Abb. 3.12 Problem spezifiziert

(2) Identifikation von Schlüsselkonzepten

Die Schüler identifizieren gemeinsam mit der Lehrperson eine Liste mit Schlüsselkonzepten der Klassenmodellierung.

Identifikation von Schlüsselkonzepten. Die Liste in Abb. 3.13 zeigt die identifizierten Schlüsselkonzepte Klasse, Attribut, Methode und Objekt.

(3) Erstellung einer vorläufigen Concept-Map

Auf der Grundlage der Liste mit den Schlüsselkonzepten erarbeiten die Schüler unter Hilfestellung der Lehrperson eine vorläufige Concept-Map, in welche die Schlüsselkonzepte aufgenommen werden sowie weitere Konzepte der Klassenmodellierung.

Vorläufige Concept-Map. Die vorläufige Concept-Map (siehe Abb. 3.14) zeigt die Erweiterung der Liste um die Konzepte Attributwert, Beziehungen und Multiplizitäten und deren Positionierung in Bezug zur Relevanz.

(4) Revision

Die Schüler überarbeiten die Concept-Map solange, bis sie die wichtigsten Konzepte der Klassenmodellierung enthält. Dabei werden zusammengehörende Konzepte räumlich so positioniert, dass Zusammenhänge sichtbar werden.

Abb. 3.13 Liste mit Schlüsselkonzepten

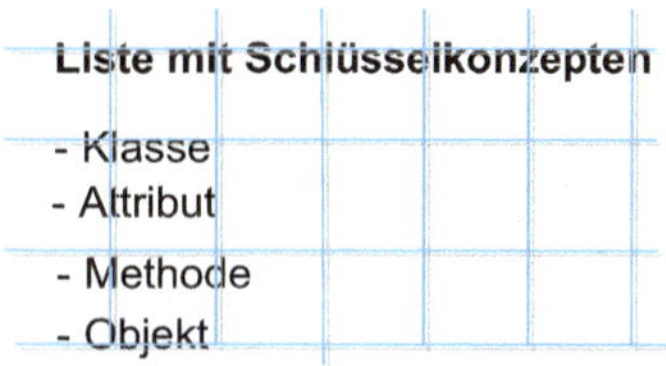

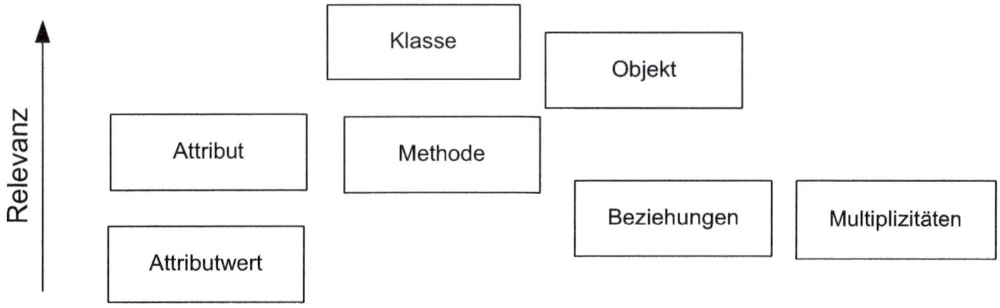

Abb. 3.14 Vorläufige Concept-Map

Überarbeitete Concept-Map. Die überarbeitete Concept-Map (siehe Abb. 3.15) enthält weitere wichtige Konzepte der Klassenmodellierung, wie etwa Constraints, Sichtbarkeit oder Generalisierung.

(5) Suche nach Konzeptbeziehungen

In diesem Schritt organisieren die Schüler gemeinsam mit der Lehrperson die Konzepte und stellen Konzeptbeziehungen her.

Konzeptbeziehungen. Abb. 3.16 zeigt die Concept-Map, in die Beziehungen zwischen Konzepten aufgenommen wurden.

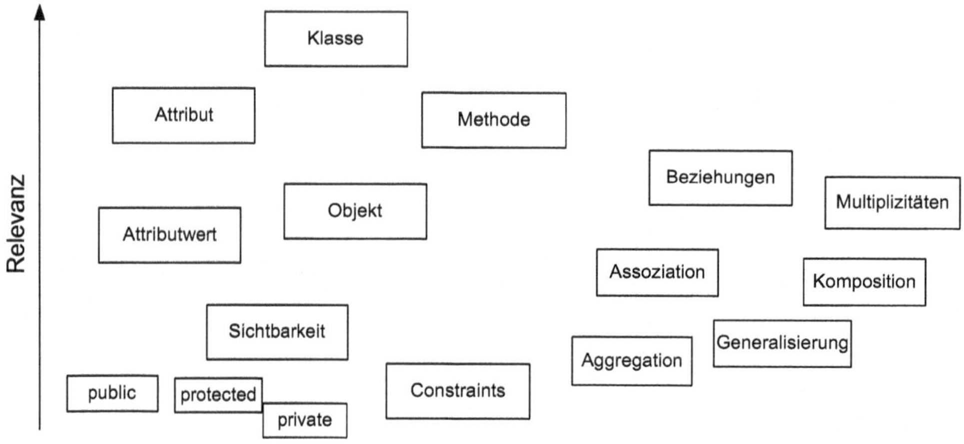

Abb. 3.15 Überabeitete Concept-Map

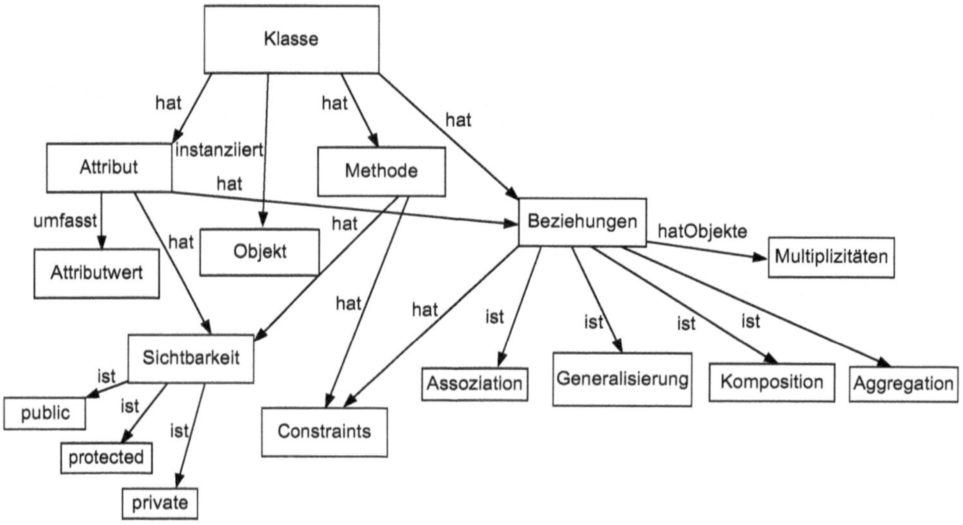

Abb. 3.16 Concept-Map mit Beziehungen

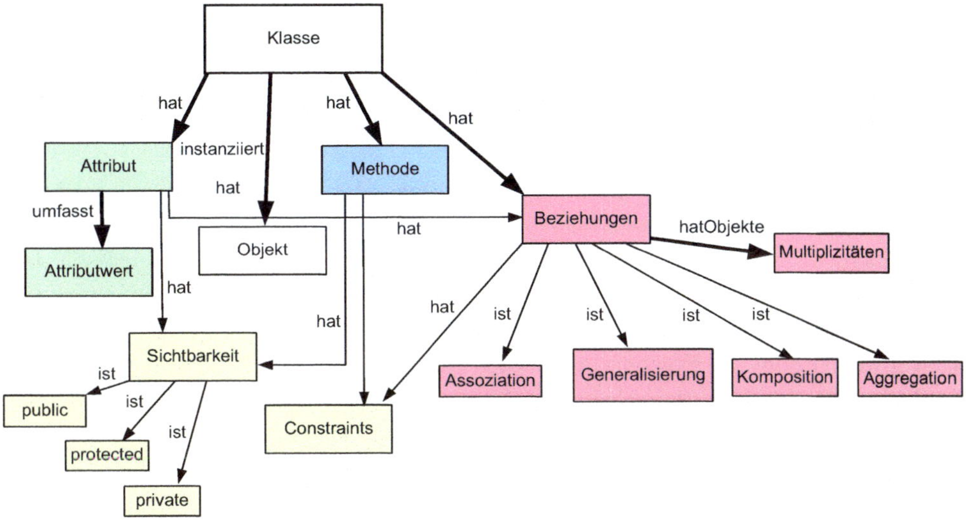

Abb. 3.17 Qualitätsgesicherte Concept-Map

(6) Qualitätssicherung
Im letzten Schritt verbessern die Schüler mit Unterstützung der Lehrperson die Concept-Map, indem sie besonders wichtige Konzepte und Konzeptbeziehungen hervorheben und Zusammenhänge hervorheben.

Qualitätsgesicherte Concept-Map. Abb. 3.17 visualisiert die qualitätsgesicherte Concept-Map: Wichtige Konzepte sind durch größere Rechtecke hervorgehoben, wichtige Beziehungen durch die Linienstärke; zusammengehörende Konzepte sind farblich hervorgehoben.

3.3 Direkte Instruktion

3.3.1 Charakterisierung

Unter *Direkte Instruktion* versteht man ein mehrstufiges Unterrichtsvorgehen. Häufig wird dies mit dem so genannten Frontalunterricht gleichgesetzt, was jedoch nicht richtig ist. Direkte Instruktion ist geprägt durch Klarheit sowohl auf Seiten der Lehrperson als auch der Schüler im Hinblick auf die Ziele, Medien, Inhalte und Methoden. Dabei versucht die Lehrperson an das Vorwissen der Schüler anzuknüpfen.

Didaktisches Potenzial
Die Unterrichtsmethode eignet sich sehr gut für die Einführung in ein neues Themengebiet, weil sie eine gute Orientierung zum Unterrichtsthema gibt und das Üben in den Vordergrund stellt. Zudem eignet sich die Unterrichtsmethode zur Förderung von lernschwachen Schülern, insbesondere zur Förderung von Grundfertigkeiten.

Voraussetzungen
Die Lehrperson muss Materialien, wie z. B. Präsentationsmaterial, Arbeitsblätter und eventuell benötigte Medien für die Schüler vorbereiten bzw. zur Verfügung stellen.

Durchführung
Abb. 3.18 veranschaulicht die fünf Aktivitäten mit den dazugehörigen Ergebnissen, welche die *Direkte Instruktion* auszeichnet.

Das Ergebnis der ersten Aktivität (*Einstieg*) besteht darin, dass die Lehrperson den Schülern das Vorhaben der Unterrichtsstunde mitteilt. Überdies gibt die Lehrperson den Schülern Auskunft über Lernziel und Lerninhalt, die bis zum Ende der Unterrichtsstunde erreicht werden soll. Das Ergebnis der zweiten Aktivität (*Präsentation/Demonstration*) ist die Aufteilung des Unterrichtsthemas in kleine strukturierte Schritte, bis das gesamte Thema dargestellt ist. Das Ergebnis der dritten Aktivität (*Gemeinsames Üben*) umfasst die Aneignung neuen Wissens, indem die Lehrperson gemeinsam mit den Schülern übt vor dem Hintergrund der Kernregel der direkten Instruktion: viele und kurze Fragen stellen, um die aktive Nutzung des neuen Wissens heraus zu fordern. Das Ergebnis der vierten Aktivität (*Individuelles Üben*) ist automatisiertes Wissen zu erlangen, indem die Schüler individuell üben, auch ohne unmittelbares Feedback durch die Lehrperson Das Ergebnis der fünften Aktivität (*Bilanz*) ist eine kurze Darstellung des erreichten Lernziels mit Bezug zum Einstieg und zum Lernprozess durch die Lehrperson (oft auch unter Einbeziehung der Schüler)

Aufgabe als Lehrperson
Die Aufgabe der Lehrperson konzentriert sich auf die Aktivitäten 1, 2 und 5, wenn Lernziel/Lerninhalt, Themen in kleinen Schritten bzw. das erreichte Ziel behandelt werden.

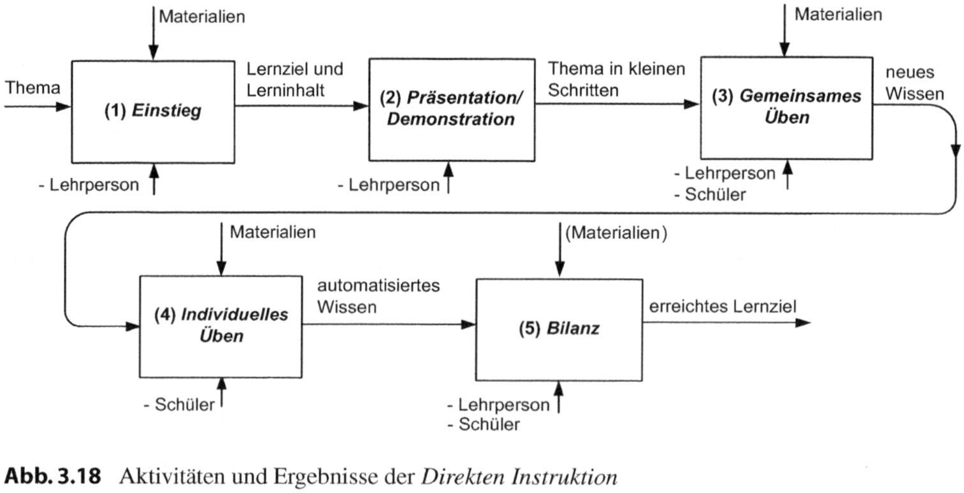

Abb. 3.18 Aktivitäten und Ergebnisse der *Direkten Instruktion*

3.3.2 Unterrichtsbeispiel

In Bezug zu den GI-Bildungsstandards exemplifiziert das Unterrichtsbeispiel den Inhaltsbereich *Sprachen und Automaten* sowie den Prozessbereich *Modellieren und Vernetzen.* Das Unterrichtsbeispiel hat *HTML (*HyperText Markup Language) zum Inhalt.

(1) Einstieg
Die Lehrperson teilt den Schülern mit, was bis zum Ende der Unterrichtsstunde gelernt werden soll.

Lernziel und Lerninhalt. Die Lehrperson gibt Lernziel und Lerninhalt bekannt (siehe Abb. 3.19).

(2) Präsentation/Demonstration
Die Lehrperson präsentiert/demonstriert das Unterrichtsthema in kleinen strukturierten Schritten, bis das gesamte Thema dargestellt ist (siehe Abb. 3.20).

Thema in kleinen Schritten. Die Lehrperson erklärt, dass für den Anfang nur sehr wenig gebraucht wird, und niemand dafür Geld ausgeben muss. Benötigt werden ein Texteditor (hier kann zum Start der einfache Texteditor unter Windows verwendet werden) und ein Webbrowser (z. B. Firefox). Die Lehrperson erstellt eine erste HTML-Seite, an der er das Grundprinzip von HTML (siehe Abb. 3.21) und das Ergebnis zeigt (siehe Abb. 3.22).

Zudem demonstriert die Lehrperson HTML-Befehle zur Strukturierung von Text und zur Hervorhebung von Textstellen (siehe Abb. 3.23).

Abb. 3.19 Lernziel und Lerninhalt

Lernziel
HTML-Dokument erstellen

Lerninhalt
- Dokument anlegen
- Programme zur Bearbeitung
- Texte einfügen, bearbeiten
- Schriftgröße und Schriftart darstellen

Abb. 3.20 Präsentation des Unterrichtsthemas

1. Programme zur Bearbeitung: Texteditor und Webbrowser
2. erste HTML-Seite
3. Grundlagen HTML-TAG
4. HTML-Befehle (Grundgerüst, Textstruktur, Texte hervorheben)

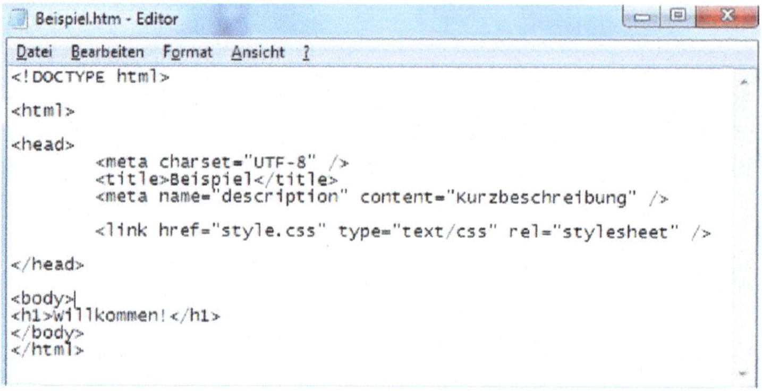

Abb. 3.21 HTML-Code

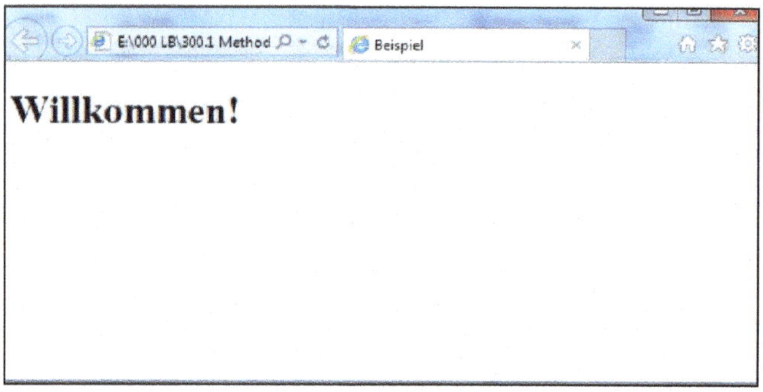

Abb. 3.22 Erzeugte Web-Seite

(3) Gemeinsames Üben

Die Lehrperson übt gemeinsam mit den Schülern vor dem Hintergrund der Kernregel der direkten Instruktion: viele kurze Frage stellen, um die aktive Nutzung des neuen Wissens heraus zu fordern.

Neues Wissen. Die Lehrperson verwendet dazu einen vorbereiteten Text (mit kursiven, fettgedruckten und durchgestrichenen Passagen), dessen Layout in HTML umzusetzen ist (siehe Abb. 3.24).

(4) Individuelles Üben

Die Schüler üben individuell, um das neu erworbene Wissen zu automatisieren, auch ohne unmittelbares Feedback durch die Lehrperson.

Text strukturieren		**Textstellen hervorheben**	
<h1> ... </h1>	Hauptüberschrift	<b> ... </b>	Schrift wird fett angezeigt
<h2> ... </h2>	Unterüberschrift	<i> ... </i>	Schrift wird kursiv angezeigt
<p> ... </p>	Absatz	<del> ... </del>	durchstrichener Text
 	erzwungener Zeilenumbruch	<small> ... </small>	für das "Kleingedruckte"

Abb. 3.23 HTML-Befehle

Datenbanken

Für die Entwicklung von *Datenbankanwendungen* wird Know-How in der Modellierung von Daten benötigt. Wichtig ist die Unterscheidung von **Entity** und Relationship.

Objekte und Klassen

Eine Erweiterung im Verständis von Entity und Relation~~hsip~~ship ist bei der Modellierung von Objekten und Klassen gefordert. So genannte *objekt*orientierte Anwendungssysteme sind ~~heute~~ ...

Abb. 3.24 Vorbereiteter Text zum Üben

Abb. 3.25 Bilanz des Unterrichts

Was war das Ziel der heutigen Stunde?
Was waren die Lerninhalte?
Was war schwierig?
Was müssen wir wiederholen?
Wie könnte es weiter gehen?

Automatisiertes Wissen. Für das individuelle Üben wird wieder vorbereiteter Text eingesetzt, dessen Inhalt und Layout von den Schülern in HTML umzusetzen ist. Eine Variante zum beschriebenen Vorgehen ist der Einsatz eines vorbereiteten Arbeitsblattes.

(5) Bilanz

Am Ende des Unterrichts wird kurz mit Bezug zum Einstieg Bilanz gezogen über den Lernprozess.

Erreichtes Lernziel. Zur Bilanzierung des Unterrichts behandelt die Lehrperson Fragen gemeinsam mit den Schülern, wie sie aus Abb. 3.25 entnommen werden können.

3.4 Entdeckendes Lernen

Irina Paczko

3.4.1 Charakterisierung

Die Grundidee der Unterrichtsmethode *Entdeckendes Lernen* im Informatikunterricht besteht nach Hartmann et al. (2006) darin, dass Schüler neues Wissen dadurch erlangen, dass sie persönliche Erfahrungen machen und Dinge hinterfragen. Sie entwickeln durch Staunen, sich Wundern und Zweifeln ihre eigenen Theorien und müssen dabei mitunter alte Vorstellungen aufgeben und zuvor aufgestellte Hypothesen verwerfen. Für die Lernwirksamkeit des endeckenden Lernens ist es oft von besonderer Bedeutung, wenn Schüler aktiv Erklärungen generieren, um beobachtete Phänomene zu begründen.

Didaktisches Potenzial
Entdeckendes Lernen fördert Kreativität, Selbstständigkeit, kritisches Denken und den gegenseitigen Austausch. *Entdeckendes Lernen* bedeutet zudem ein hohes Maß an Individualisierung. Der Lehrperson erlaubt dies, besser auf die Bedürfnisse der einzelnen Schüler einzugehen. Offene Unterrichtssituationen geben den Schülern die Gelegenheit, selber aktiv neue Inhalte zu erarbeiten.

Voraussetzungen
Beim Einsatz von *Entdeckendem Lernen* sind die folgenden Punkte besonders wichtig: Die Problemstellung muss offen sein: Es darf nicht nur eine einzig richtige Lösung geben. Die Schüler müssen genügend Zeit haben zum Bearbeiten der Aufgabe. Die Schüler brauchen Freiraum. Die Lehrperson darf nicht zu früh eingreifen, sie muss (als Zwischenschritte) halbrichtige Lösungen akzeptieren. Alle (ernsthaften) Beiträge und Erkenntnisse werden von der Lehrperson honoriert. Alle Ergebnisse werden festgehalten und geordnet. Dokumentation und Präsentation von (vorläufigen) Ergebnissen helfen bei der Ordnung der eigenen Gedanken und sind ein essentielles Mittel zur (Weiter)Entwicklung und kritischen Reflektion eigener Ideen.

Durchführung
Abb. 3.26 zeigt die drei Aktivitäten mit dazugehörigen Ergebnissen, welche die Unterrichtsmethode *Entdeckendes Lernen* auszeichnen.

Die erste Aktivität (*Konfrontationsphase*) hat zum Ergebnis, dass die Lehrperson das Problem spezifiziert. Das Ergebnis der zweiten Aktivität (*Entdeckungsphase*) sind Fragen und Aussagen, welche die Schüler gemeinsam mit der Lehrperson entdeckt haben. Das Ergebnis der dritten Aktivität (*Präsentationsphase*) sind aufbereitete Präsentationsdokumente durch die Schüler.

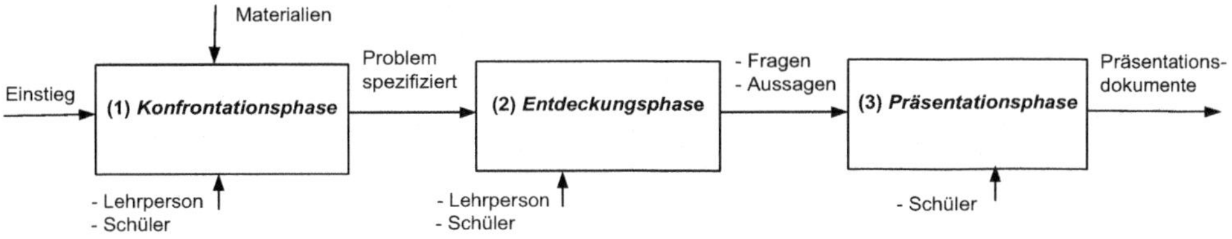

Abb. 3.26 Aktivitäten und Ergebnisse der Unterrichtsmethode *Entdeckendes Lernen*

Aufgabe als Lehrperson
Die Aufgaben der Lehrperson umfassen: für die Konfrontationsphase sind die Lernmaterialien so aufzubereiten, dass die Schüler die Informationen vollständig verstehen und verarbeiten können, Die Schüler sollten dabei keine Assistenz mehr durch die Lehrperson mehr benötigen. In der Entdeckungsphase ist es wichtig, dass bei der Beurteilung von Beiträgen alle Vorschläge und Ideen ernst genommen werden: Jeder ernsthafte Beitrag muss honoriert werden. Als Lehrperson darf man bei halbrichtigen Lösungen nicht sofort intervenieren. Es braucht eine gewisse Freiheit, ein gewisses Maß an „Laissez-faire".

3.4.2 Unterrichtsbeispiel

In Bezug zu den GI-Bildungsstandards exemplifiziert das Unterrichtsbeispiel den Inhaltsbereich *Sprachen und Automaten* sowie den Prozessbereich *Modellieren und Vernetzen.* Das Unterrichtsbeispiel hat den Hamster Simulator (Programmieren mit Java) zum Inhalt (Boles 2013).

(1) Konfrontationsphase
Zunächst zeigt die Lehrperson die Schaltflächen des Hamstersimulators (siehe Abb. 3.27) mithilfe des Beamers und lässt die Schüler beschreiben, was sie darauf erkennen können und was ihre Gedanken dabei sind (Schlagwörter: Korn = gelber Punkt, Mauer, Hamster, Fläche).

Nach dem kurzen Austausch mit den Schülern erklärt die Lehrperson, dass der Hamster Hunger hat, und dieser Hunger nur dadurch gestillt werden kann, dass man den Hamster mit einem Korn füttert. Dazu muss der Hamster mit Befehlen zum Korn bewegt werden. Ist der Hamster dann auf dem Feld mit dem Korn, kann der Hamster das Korn fressen und sein Hunger ist gestillt.

Die Lehrperson ermutigt die Schüler, indem sie erklärt, dass für den Anfang nur wenig benötigt wird. Um diese Behauptung zu bestätigen, demonstriert die Lehrperson einen Befehl:

```
vor();
```

Anhand des von der Lehrperson ausgeführten Befehls, erklärt die Lehrperson wie ein Befehl aufgebaut ist und wie dieser ausgeführt wird. Im nächsten Schritt deckt die

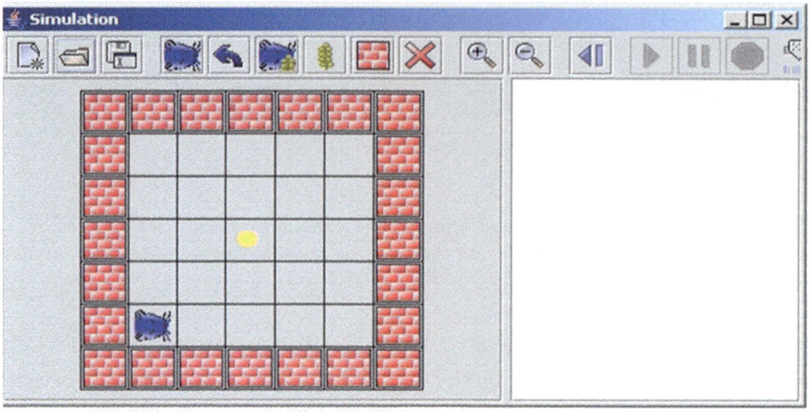

Abb. 3.27 Schaltflächen des Hamstersimulators

Abb. 3.28 Zwei weitere Befehle

Lehrperson die Tafel auf, auf welche zwei weitere Befehle (siehe Abb. 3.28) stehen, allerdings ohne richtigen Aufbau (Klammern und Semikolon fehlen).

Problem spezifiziert. Die Lehrperson gibt den Schülern die Aufgabe, den Hamster zu füttern.

(2) Entdeckungsphase

Die Schüler bekommen Zeit, sich mit der Schaltfläche vertraut zu machen und Befehle ausführen zu können. Nach einigen Minuten sollen sich die Schüler zu zweit (wenn sie nicht schon bereits zu zweit an einem Computer sitzen) an einen Computer setzen und 5 Körner beliebig platzieren (siehe Abb. 3.29). Danach sollen sie den Hamster die Körner aufsammeln lassen. Dabei werden Fragen gestellt und Aussagen formuliert. Falls die Schüler schnell mit der Aufgabe fertig werden, sollen sie zusätzlich einige Mauern einfügen.

Fragen, Aussagen. Die Lehrperson sammelt Fragen und Aussagen der Schüler, wie sie Abb. 3.30 zeigt.

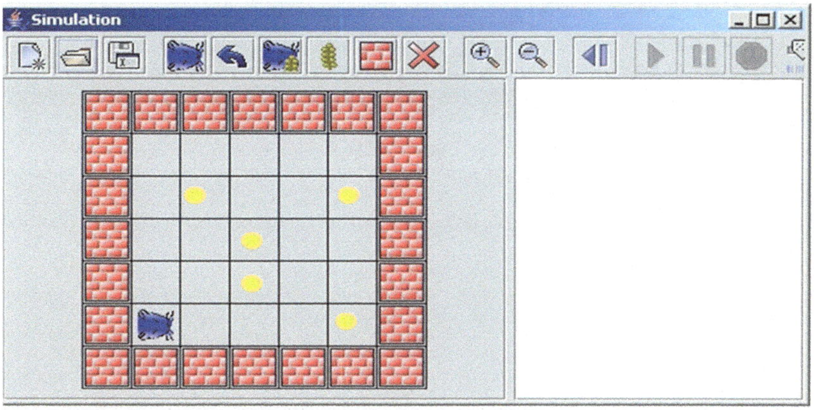

Abb. 3.29 Hamstersimulator mit 5 platzierten Körnern

Abb. 3.30 Fragen und Aussagen

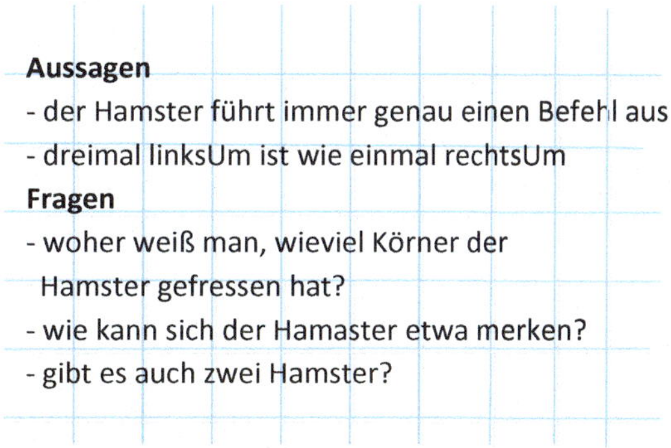

(3) Präsentationsphase

Die Lehrperson kann die Bildschirme der Schüler über einen Beamer steuern. Anhand der gezeigten Bildschirme können die Schüler ihre Lösung präsentieren und dabei erklären, welche Schritte sie ausgeführt haben und zu welchen Zielen und auch Problemen sie gekommen sind.

Dabei haben die anderen Schüler in der Klasse und die Lehrperson die Möglichkeit, Fragen zu stellen und diese gemeinsam zu beantworten (z. B. hat es jemand geschafft den Hamster rechts herum laufen zu lassen? Und wenn ja wie?).

Im günstigsten Fall werden die Schüler selbst auf die Frage kommen, dass man neue Befehle braucht, um dem Hamster mehr breizubringen.

Präsentationsdokument. Als Ergebnis wird von zwei Schülern ein Präsentationsdokument gezeigt, wie es etwa Abb. 3.31 zeigt. Sie erklären, das der Hamster vom Feld, das mit > markiert ist, gestartet ist, zwei Schritte nach vorne gegangen ist, dann ein Korn gefressen hat, sich links gedreht hat, einen Schritt nach vorne gegangen ist, dann ein zweites Korn gefressen hat.

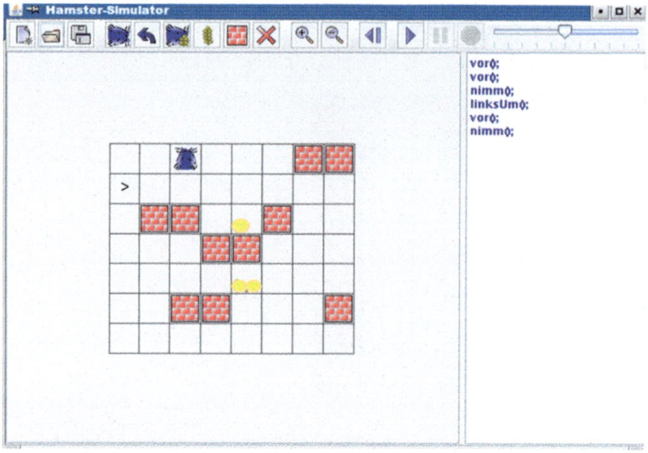

Abb. 3.31 Präsentationsdokument

3.5 Experimentmethode

Sarah Heumann und Andreas Zendler

3.5.1 Charakterisierung

Die *Experimentmethode* verwendet das Experiment als Mittel für den Unterricht. Ein Experiment ist eine wissenschaftliche Methode, die vor allem im Bereich der MINT-Fächer (Mathematik, Informatik, Naturwissenschaften, Technik) verwendet wird. Mit Hilfe des Experiments können Zusammenhänge untersucht oder reproduziert werden. Schulexperimente zielen auf die Selbsttätigkeit der Schüler Die Schüler erforschen Sachverhalte durch Probieren und Untersuchen anhand einer vorstrukturierten didaktischen Situation. Bei einem Experiment geht es um das Entdecken und Finden von etwas Neuem und um das „Warum" von bekannten Erfahrungswerten.

Didaktisches Potenzial

Das Experiment weist für den Unterricht einige Vorteile auf. Durch das Experiment können bereits angesprochene Erkenntnisse/Lerninhalte verdeutlicht werden. Zudem werden durch das Experiment W-Fragen (z. B. Warum?, Wodurch?, Wie?) beantwortet. Das Experiment sollte nicht am Ende einer Unterrichtseinheit zur bloßen Illustration eingesetzt werden, sondern eher zu Beginn. So können die Schüler das Thema eigenständig erforschen und setzen sich von Beginn an aktiv mit dem Thema auseinander.

Die Ergebnisse eines Experimentes sind häufig überraschend. Sie führen zu höherer Motivation und fordern das logische Denken der Schüler heraus. Die Schüler eignen sich die Ergebnisse nicht durch passive Aufnahme an, sondern durch konkrete Lerngegenstände im handelnden Gebrauch, was als zusätzliche Lernaktivierung wirkt.

Voraussetzungen

Alle Materialien, die die Schüler für das Experiment benötigen, müssen vorhanden sein. Was an Materialien benötigt wird, hängt dabei immer vom jeweiligen Experiment ab. Zudem sollten die Schüler im Vorherein erfahren, welche Regeln für das Experiment gelten.

Durchführung

Abb. 3.32 zeigt die sechs Aktivitäten mit dazugehörigen Ergebnissen der *Experimentmethode*.

Das Ergebnis der ersten Aktivität (*Erschließbares Phänomen*) besteht darin, dass die Lehrperson die Schüler mit einem wissenschaftlich erschließbaren Phänomen konfrontiert. Das Ergebnis der zweiten Aktivität (*Hypothesenbildung*) sind Ursachen- und Ablaufhypothesen, welche die Schüler mit Beratung der Lehrperson aufstellen. Die dritte Aktivität (*Isolierung von Variablen*) zielt darauf, dass die Schüler unter Beratung mit der Lehrperson unabhängige Variablen definieren, deren Auswirkungen auf die abhängigen Variablen untersucht werden sollen. Das Ergebnis der vierten Aktivität (*Durchführung*), in der Schüler unter Hilfestellung der Lehrperson das Experiment durchführen, besteht darin, dass die Schüler Daten zum Ablauf des Experiments sammeln und dokumentieren. Das Ergebnis der fünften Aktivität (*Auswertung*) sind auf Gültigkeit überprüfte Hypothesen, die nach Auswertung des Experiments durch die Schüler festgehalten werden. Das Ergebnis der sechsten Aktivität (*Diskussion*) umfasst die Festigung des Wissens und den Ausblick auf nachfolgende Experimente.

Aufgabe als Lehrperson

Die Lehrperson trifft vor Beginn des Experiments die Vorbereitungen: Lernmaterial und eine passende Einleitung zum Experiment wird aufbereitet. Während der

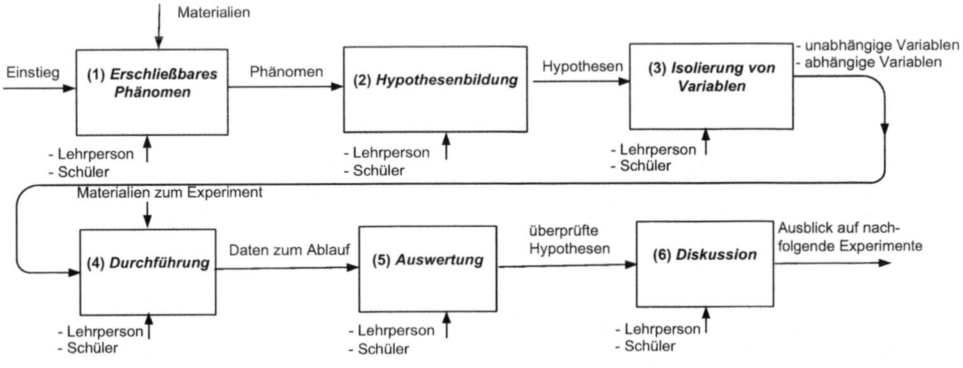

Abb. 3.32 Aktivitäten und Ergebnisse der *Experimentmethode*

Durchführung des Experiments steht die Lehrperson den Schülern als Berater zur Seite. Die Lehrperson beantwortet Fragen und unterstützt die Schüler, jedoch nur auf Anfrage der Schüler.

3.5.2 Unterrichtsbeispiel

In Bezug zu den GI-Bildungsstandards exemplifiziert das Unterrichtsbeispiel den Inhaltsbereich *Algorithmen* sowie den Prozessbereich *Modellieren und Implementieren*. Das Unterrichtsbeispiel hat das Informatikkonzept *Algorithmen* zum Inhalt.

(1) Erschließbares Phänomen
Die Lehrperson hat in vorherigen Stunden Algorithmen, insbesondere Sortieralgorithmen eingeführt. Die Lehrperson wiederholt mit den Schülern zwei Sortieralgorithmen, nämlich InsertionSort und BubbleSort; explizit wird deren Funktionsweise besprochen (siehe Abb. 3.33).

Phänomen. Die Lehrperson veranschaulicht, dass die beiden Sortieralgorithmen beim Sortieren einer unsortierten Zahlenfolge unterschiedlich effizient sind (siehe Abb. 3.34).

InsertionSort

```
for i = 2:n,
    for (k = i; k > 1 and a[k] < a[k-1]; k--)
        swap a[k,k-1]
    → invariant: a[1..i] is sorted
end
```

BubbleSort

```
for i = 1:n,
    swapped = false
    for j = n:i+1,
        if a[j] < a[j-1],
            swap a[j,j-1]
            swapped = true
    → invariant: a[1..i] in final position
    break if not swapped
end
```

Abb. 3.33 Zwei Algorithmen

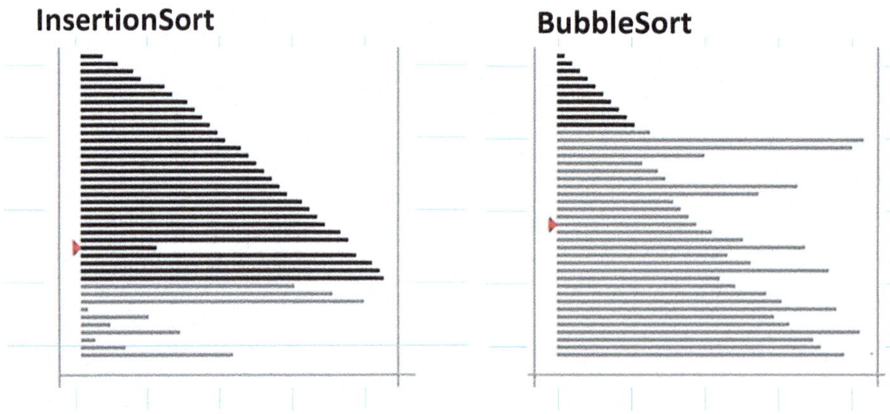

Abb. 3.34 Effizienz der Algorithmen

(2) Hypothesenbildung

Nach Demonstrationen der Sortieralgorithmen durch die Lehrperson mit ausgewählten Zahlenfolgen (z. B. zufällig, vorsortiert, umgekehrt) und unterschiedlicher Zahlenanzahl, stellen die Schüler eine Hypothese auf.

Hypothese. Die Hypothese lautet:

„InsertionSort sortiert Zahlen effizienter als BubbleSort."

Diese Hypothese soll von den Schülern mit Hilfe eines Experimentes überprüft werden.

(3) Isolierung von Variablen

Unabhängige Variablen (Faktoren) und abhängige Variablen. Unter Bezugnahme auf die Demonstrationen durch die Lehrperson kommen die Schüler zum Schluss, dass die benötigte Zeit für die Zahlensortierung (abhängige Variable) durch die Sortieralgorithmen von zwei Faktoren abhängig ist: von der Anzahl der zu sortierenden Zahlen und von der Anordnung der Zahlen, ob sie zufällig, vorsortiert oder umgekehrt angeordnet sind (siehe Abb. 3.35).

(4) Durchführung

Für die Durchführung des Experiments setzt die Lehrperson die Animationssoftware für Algorithmen von Sorting-Algorithm (2017) ein. Diese Software erlaubt, die Effizienz von Algorithmen (InsertionSort, SelectionSort, BubbleSort, ShellSort, MergeSort, HeapSort, QuickSort, Quick3Sort) unter unterschiedlichen Bedingungen zu testen (siehe Abb. 3.36).

Daten zum Ablauf. Die Schüler prüfen, ob InsertionSort schneller ist als BubbleSort, und zwar unter den oben aufgeführten Bedingungen. Die Schüler protokollieren die Daten zum Ablauf (siehe Abb. 3.37).

(5) Auswertung

Die Schüler werten das Experiment anhand ihrer protokollierten Daten aus und prüfen ihre Hypothese auf Gültigkeit.

Überprüfte Hypothese. Die Schüler stellen fest:

„InsertionSort sortiert Zahlen effizienter als BubbleSort."

Abb. 3.35 Faktoren für die Effizienzprüfung

	Anzahl Zahlen		
Anordnung	20	30	50
zufällig			
vorsortiert			
umgekehrt			

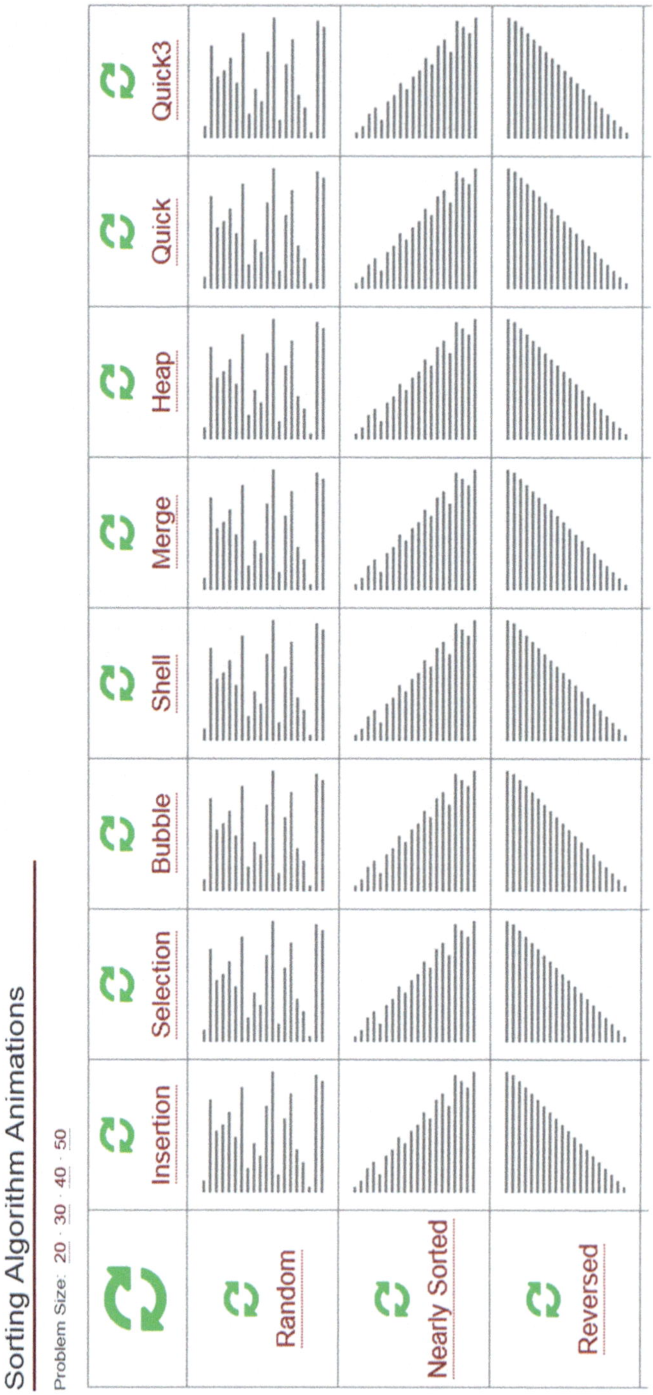

Abb. 3.36 Animation von Algorithmen

Abb. 3.37 Protokoll der Prüfung

Anordnung \ Anzahl Zahlen	20	30	50
zufällig	IS	IS	IS
vorsortiert	IS	IS	IS
umgekehrt	IS	IS	IS

BS = BubbleSort

IS = InsertionSort

Abb. 3.38 Ausblick auf nachfolgende Experimente

Aufgabe

Vergleiche die Algorithmen *ShellSort*, *MergeSort*, *QuickSort* hinsichtlich ihrer Effizienz.

Berücksichtige dazu:

1. die Anzahl der zu sortierenden Zahlen
2. die Anordnung der Zahlen

(6) Diskussion

Anschließend diskutiert die Lehrperson mit den Schülern die Ergebnisse des Experiments und erklärt den Schülern, warum InsertionSort schneller ist als BubbleSort.

Ausblick auf nachfolgende Experimente. Am Ende gibt die Lehrperson einen Ausblick auf nachfolgende Experimente (siehe Abb. 3.38), zum Beispiel auf den Vergleich von anderen, effizienteren Algorithmen, wie ShellSort, MergeSort oder QuickSort.

3.6 Fallstudie

Kathrin Klein

3.6.1 Charakterisierung

Die *Fallstudie* ist eine Unterrichtsmethode, die zur Entwicklung eigenständiger Problemlösefähigkeit von Schülern beiträgt. Es werden hierbei realitätsbezogene Fälle und Aufgaben in den Unterricht mit einbezogen. Der Ablauf muss nicht streng nach Regeln ablaufen und kann somit viele Arbeits- und Sozialformen umfassen. Aus diesem Grund werden viele Lösungsmöglichkeiten durchdacht und verteidigt. Es müssen außerdem Bedingungsfaktoren und Zusammenhänge erkannt und selbstständig übertragen werden.

Didaktisches Potenzial

Die *Fallstudie* kann im Informatikunterricht gut eingesetzt werden, um die Problemlösefähigkeit der Schüler zu trainieren. Außerdem wird die Argumentations- und Diskussionsfähigkeit sowie allgemein die Kommunikation gefördert. Fallstudien motivieren, weil sich Schüler mit realen Fällen beschäftigen. Interessant und spannend ist es, die eigene Lösung des Problems mit Lösungen anderer Gruppen und schlussendlich mit der realen Lösung zu vergleichen.

Voraussetzungen
Es werden unterschiedliche Materialien benötigt, wie beispielsweise Computer und verschiedene Office-Systeme. Wichtig ist es jedoch auch, dass sich die Schüler in reale Sachsituationen hineindenken und die Problemstellung nachvollziehen können.

Durchführung
Abb. 3.39 zeigt die sechs Aktivitäten mit dazugehörigen Ergebnissen der *Fallstudie*.

Die erste Aktivität (*Konfrontation*) hat zum Ergebnis, dass die Schüler vom der Lehrperson mit dem Fall konfrontiert werden. Das Ergebnis der zweiten Aktivität (*Information*) sind Informationen zum Fall, die über die reine Fallschilderung hinausgehen. Ergebnis der dritten Aktivität (*Exploration*) ist die Erarbeitung verschiedener Lösungen zum Fall durch die Schüler. In der vierten Aktivität (*Resolution*) entscheiden sich die Schüler für die „beste" Lösung. Ergebnis der fünften Aktivität (*Disputation*) besteht darin, dass die Lösung der Schüler im Plenum verteidigt ist. Das Ergebnis der sechsten Aktivität (*Kollation*) ist der Vergleich der von den Schüler erarbeiteten Lösung mit einer idealtypischen Lösung aus der Praxis.

Aufgabe als Lehrperson
Die Vermittlung des Unterrichtsinhaltes durch die Lehrperson tritt in den Hintergrund. Die Lehrperson als motivierender Anleiter bietet den Schülern nach der Vorstellung des Falls die Informationen über den Fall. Während die Schüler den Fall bearbeiten, hilft die Lehrperson bei Verständnisschwierigkeiten und beantwortet Fragen. Eine wichtige Rolle

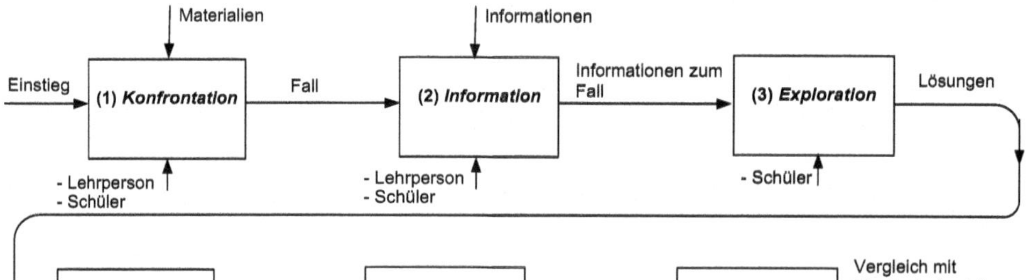

Abb. 3.39 Aktivitäten und Ergebnisse der *Fallstudie*

kommt der Lehrperson in der letzten Aktivität zu, wenn es um den Vergleich der erarbeiteten Lösung mit der idealtypischen Lösung aus der Praxis geht.

3.6.2 Unterrichtsbeispiel

In Bezug zu den GI-Bildungsstandards exemplifiziert das Unterrichtsbeispiel den Inhaltsbereich *Information und Daten* sowie den Prozessbereich *Kommunizieren und Kooperieren.* Das Unterrichtsbeispiel hat das *Entity-Relationship-Modell* zum Inhalt.

(1) Konfrontation
Die Lehrperson hat in vorherigen Stunden das Entity-Relationship-Modell (Hubwieser 2007) durchgenommen. Die Schüler werden jetzt mit dem Fall konfrontiert, dass ein Datenmodell für eine Anwendungssoftware entwickelt werden soll, das Bücher in einer Bibliothek verwaltet.

Fall. Der Fall ist von der Lehrperson für die Schüler wie folgt geschildert.

Fall

Für den Verleih von Büchern soll eine Bibliothekssoftware entwickelt werden. Die Software soll Bücher verwalten und soll den Verleih von Büchern mit Bezug zu Benutzern erlauben.

Dazu soll zunächst ein Datenmodell erstellt werden, das die notwendigen Informationen für das Ausleihen von Büchern repräsentiert. Das Datenmodell soll als Entity-Relationship-Modell entwickelt werden.

(2) Information
Die Schüler erhalten von der Lehrperson Informationen darüber, wie eine Bibliothek funktioniert und weitere Informationen. Die Schüler werten das Informationsmaterial aus und sammeln zusätzliche Informationen.

Informationen zum Fall. Der Informationstext für die Schüler lautet:

Eine Bibliothek oder Bücherei ist eine Dienstleistungseinrichtung, die ihren Benutzern Medien zur Verfügung stellt. Diese Medien können Informationen enthalten (wie etwa Sachbücher) oder der Unterhaltung dienen (wie etwa CDs).

Zentrale Dienstleistung der Bibliotheken ist die Ausleihe von Medien. Benutzer, die einen Bibliotheksausweis und somit registriert sind, können verschiedene Bücher ausleihen. Jedes Buch ist durch eine ISBN-Nummer eindeutig identifizierbar. Auch durch Regal- und Fachnummern kann man Bücher in einer Bücherei leicht finden.

Viele Bücher sind in einer Bibliothek vorhanden, somit gibt es von diesem Buch mehrere Exemplare, welche durch Durchnummerieren genau an einem Standort zu finden sind. Zudem sind viele Bibliotheken miteinander Verknüpft, so dass der Benutzer zum Beispiel in einem Onlineportal nachschauen kann, wo das gesuchte Buch vor Ort zur Ausleihe bereit steht.

(3) Exploration
Die Schüler untersuchen in Partnerarbeit den Fall und stellen verschiedene Lösungsmöglichkeiten dar, wie die Daten einer Bibliothek übersichtlich dargestellt werden können. Sie überlegen, welche Entity- und Relationshiptypen zu finden sind und wie diese zusammenhängen.

Lösungen. Zwei mögliche Anfangsüberlegungen aus zwei Partnerarbeiten zeigt Abb. 3.40.

Die beiden Lösungen unterscheiden sich darin, dass im rechten Diagramm von Schülern der Entitytyp *BuchExemplar* eingeführt ist, um mehrere Exemplare eines Buches unterscheiden zu können.

(4) Resolution
Die Schüler werden in Gruppen eingeteilt. Sie diskutieren in ihren Gruppen die verschiedenen Lösungen und entscheiden sich für die „beste" Lösung. Diese Entscheidung begründen sie.

„Beste Lösung". Die abschließende Lösung der Schüler veranschaulicht Abb. 3.41.

(5) Disputation
Die Schüler verteidigen ihre Gruppenlösung vor der Klasse. Die anderen Gruppen werden in diesem Schritt als Kritiker wahrgenommen, die zur Verbesserung der Lösung beitragen wollen. Die Schüler bringen in den Präsentationen die Gedanken zu ihrem Modell vor und begründen ihre Schritte.

Lösung verteidigt. Nach der Disputation verbessern die Schüler ihre Lösung noch im Hinblick auf den Entitytyp *BuchExemplar,* was den identifizierenden Schlüssel angeht (siehe Abb. 3.42).

(6) Kollation
Die Schüler vergleichen ihre erarbeitete Lösung mit einer idealtypischen Lösung aus der Praxis (siehe Abb. 3.43, aus Hubwieser 2000, S. 150).

Vergleich mit idealtypischer Lösung. Die Schüler suchen nach Unterschieden und Gemeinsamkeiten zwischen ihrem Modell und dem Modell, das in der Praxis vorliegt.

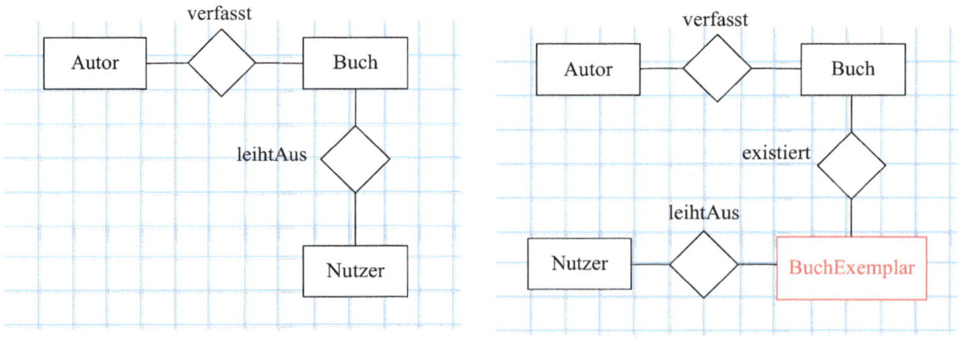

Abb. 3.40 Zwei Anfangsüberlegungen

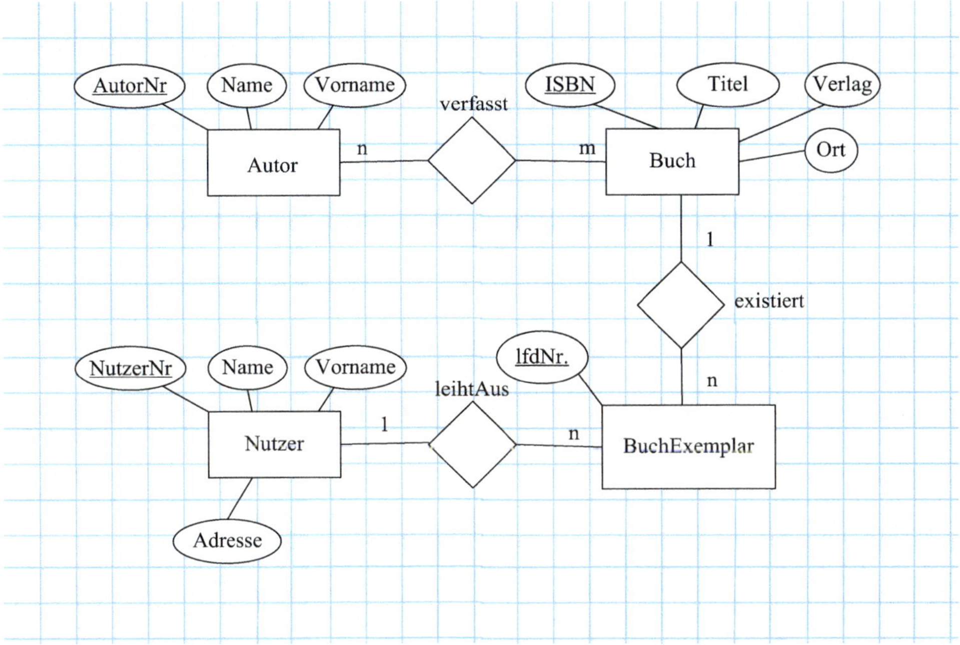

Abb. 3.41 Beste Lösung

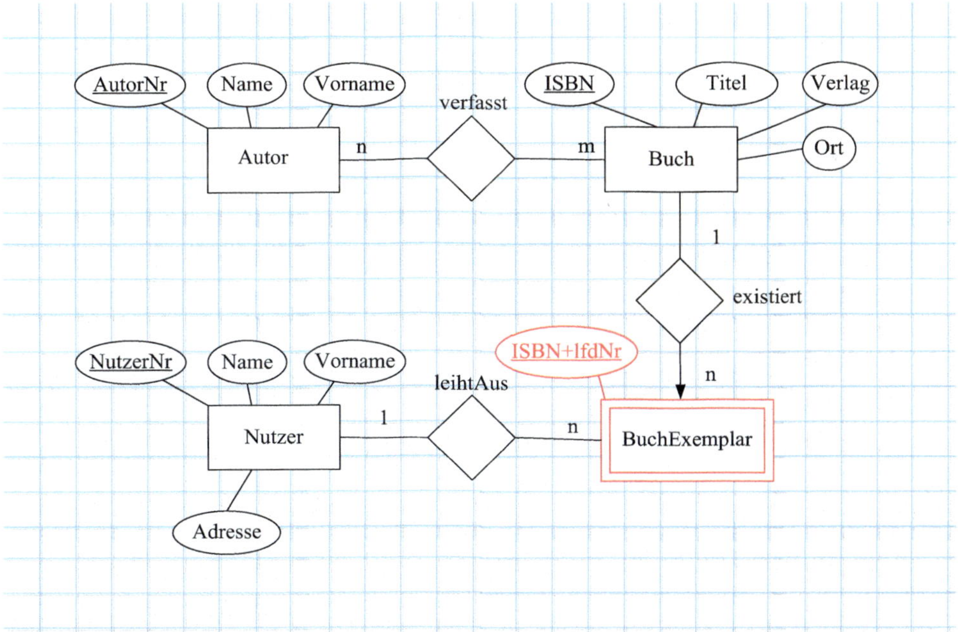

Abb. 3.42 Verbesserte Lösung

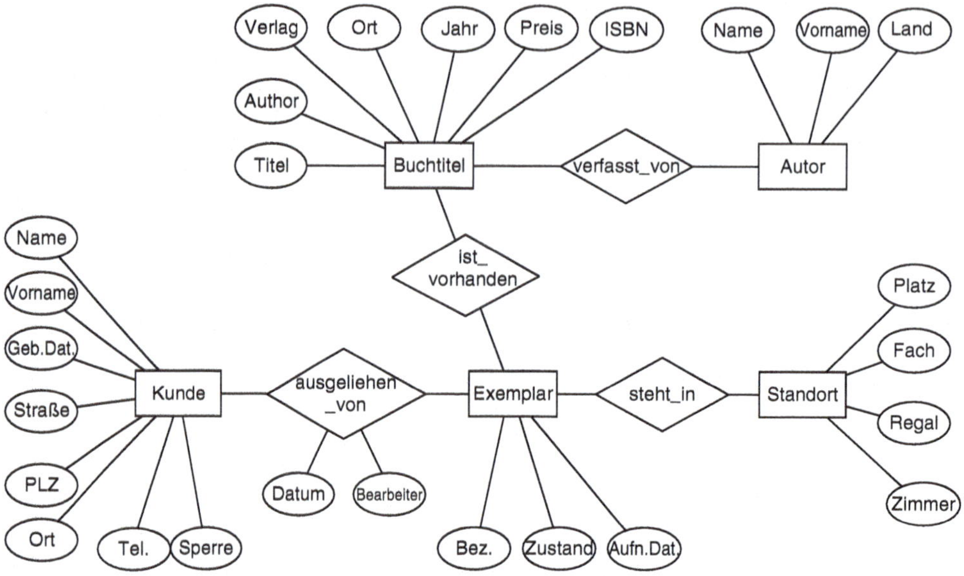

Abb. 3.43 Idealtypische Lösung

Abb. 3.44 Bibliothek

Die Schüler erkennen, dass im Modell aus der Praxis insbesondere der Standort von Büchern (Entitytyp *Standort*) explizit modelliert ist.

Im Anschluss an die Fallstudie könnte man mit der Klasse an einer Bibliotheksführung teilnehmen (siehe Abb. 3.44), damit die Schüler durch den erweiterten Bezug zur Praxis und Realität ihr nun neues Wissen besser verknüpfen können.

3.7 Gruppenpuzzle

Lucas Grimm

3.7.1 Charakterisierung

Das Gruppenpuzzle ist eine Unterrichtsmethode des kooperativen Lernens. Die Schüler werden zu Lehrpersonen und unterweisen ihre Mitschüler, indem sie Experten für einen Themenbereich und als Wissensvermittler tätig werden.

Didaktisches Potenzial
Diese Methode erlaubt Schülern in der Rolle des Lernenden, sich neues Wissen anzueignen, und in der Rolle des Lehrenden, neu angeeignetes Wissen in angepasster Form aufzubereiten und zu präsentieren.

Der Sinn hinter dem Gruppenpuzzle ist die Aufspaltung eines komplexeren Themas in mehrere Unterthemen, die dadurch für Schüler leichter verständlich werden. Durch die wechselnden Rollen, in denen sich die Schüler während der Erarbeitung befinden, werden vielfältige und abwechslungsreiche Situationen geschaffen. Die Schüler wechseln kontrolliert von der Lern- in die Lehrrolle und zurück, wobei sie selbst erarbeitete Inhalte festigen und mit neuen Inhalten verknüpfen, die ihnen von Mitschülern erklärt werden.

Voraussetzungen
Voraussetzung für ein Gruppenpuzzle ist, dass ein Thema in Unterthemen gegliedert werden kann, die nicht bzw. wenig voneinander abhängig und für sich schlüssig sind.

Durchführung
Abb. 3.45 veranschaulicht die sechs Aktivitäten mit dazugehörigen Ergebnissen, welche das *Gruppenpuzzle* auszeichnen.

Das Ergebnis der ersten Aktivität (*Arbeitsorganisation*) besteht darin, dass jedem Schüler eine Teilaufgabe in seiner Stammgruppe zugeteilt ist. Das Ergebnis der zweiten Aktivität (*Individuelle Erarbeitung der Teilaufgaben*) sind bearbeitete Teilaufgaben durch die einzelnen Schüler in den Stammgruppen. Die dritte Aktivität (*Fachliche Vorbereitung in der Expertenrunde*) besteht darin, dass Schüler ihre Teilaufgaben in der Expertenrunde vertiefen. Das Ergebnis der vierten Aktivität (*Didaktische Vorbereitung in der Expertenrunde*) zielt darauf ab, dass die bearbeiteten Teilaufgaben von den Schülern in den Expertenrunden didaktisch so aufbereitet sind, dass sie in der Stammgruppe vermittelt werden

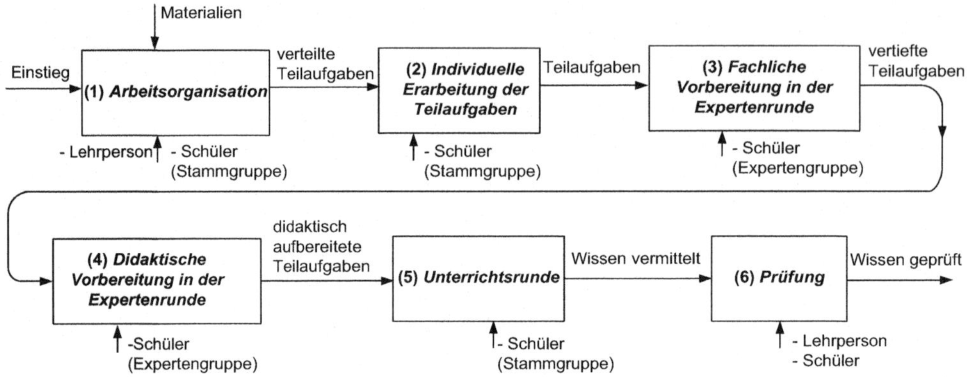

Abb. 3.45 Aktivitäten und Ergebnisse des *Gruppenpuzzles*

können. Das Ergebnis der fünften Aktivität (*Unterrichtsrunde*) besteht darin, dass den Schülern in den Stammgruppen das Wissen aus den Expertenrunden vermittelt ist. Das Ergebnis der sechsten Aktivität (*Prüfung*) zielt darauf ab, dass das Wissen der Schüler durch die Lehrperson geprüft worden ist.

Aufgabe als Lehrperson

Beim Gruppenpuzzle besteht eine hohe Schüleraktivität, wobei jeder einzelne Schüler zur Mitarbeit verpflichtet ist und sich nicht hinter der Leistung anderer Schüler verstecken kann. Die Lehrperson kann sich zeitweise aus dem Lernprozess ausklinken und die Beobachterrolle einnehmen, um diagnostisch tätig zu werden. Da in jeder Gruppe starke und schwache Schüler vertreten sein sollten, ist eine individuelle, gegenseitige Förderung durch die Schüler selbst möglich. Die Lehrperson kann im Vorfeld die Gruppen mit Leistungsschwachen und Leistungsstarken mischen. Im Allgemeinen ist die Lehrperson als Leiter tätig und führt die Schüler durch den Lernprozess. Sie gibt Impulse, Hilfestellungen und kontrolliert den Prozess.

3.7.2 Unterrichtsbeispiel

In Bezug zu den GI-Bildungsstandards exemplifiziert das Unterrichtsbeispiel den Inhaltsbereich *Informatik, Mensch und Gesellschaft* sowie den Prozessbereich *Begründen und Bewerten.* Das Unterrichtsbeispiel hat die Thematik Datensicherheit zum Inhalt.

Die Lehrperson zeigt zum Einstieg etwa ein Plakat mit verschiedenen Aspekten der Thematik, damit die Schüler ein Bezugssystem für das zu Lernende bekommen (siehe Abb. 3.46).

Abb. 3.46 Motivation

(1) Arbeitsorganisation
Die Schüler werden von der Lehrperson in Stammgruppen aufgeteilt. Alle Stammgruppen bekommen dieselben Teilaufgaben zum Thema Datensicherheit (siehe Abb. 3.47).

Verteilte Teilaufgaben. Die Teilaufgaben sind: (1) Schutz vor Computerviren, (2) Passwörter, (3) Copyright und (4) Datensicherung.

(2) Individuelle Erarbeitung der Teilaufgaben
Die Schüler bearbeiten in den Stammgruppen die einzelnen Teilaufgaben.

Bearbeitete Teilaufgaben. Abb. 3.48 zeigt am Beispiel der Teilaufgabe 2 (Passwörter), dass sich die Schüler über die Teilaufgabe informiert haben.

(3) Fachliche Vorbereitung in der Expertenrunde
Zu dieser Aktivität werden die Schüler aus den Stammgruppen in die Expertenrunden aufgenommen Die Schüler befinden sich in genau einer Expertenrunde (siehe Abb. 3.49).

Vertiefte Teilaufgaben. In den Expertenrunden werden die Teilaufgaben intensiv von den Schülern bearbeitet.

(4) Didaktische Vorbereitung in der Expertenrunde
Die Experten zu den Teilaufgaben bereiten die Teilaufgaben so auf, dass diese anschließend in der Stammgruppe vermittelt werden können.

Didaktisch aufbereitete Teilaufgaben. Abb. 3.50 zeigt dies am Beispiel der Teilaufgabe 2 (Passwörter).

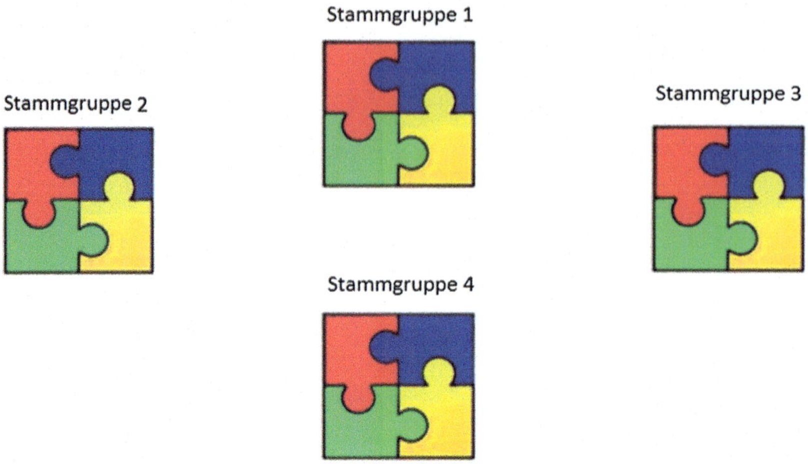

Abb. 3.47 Arbeitsorganisation

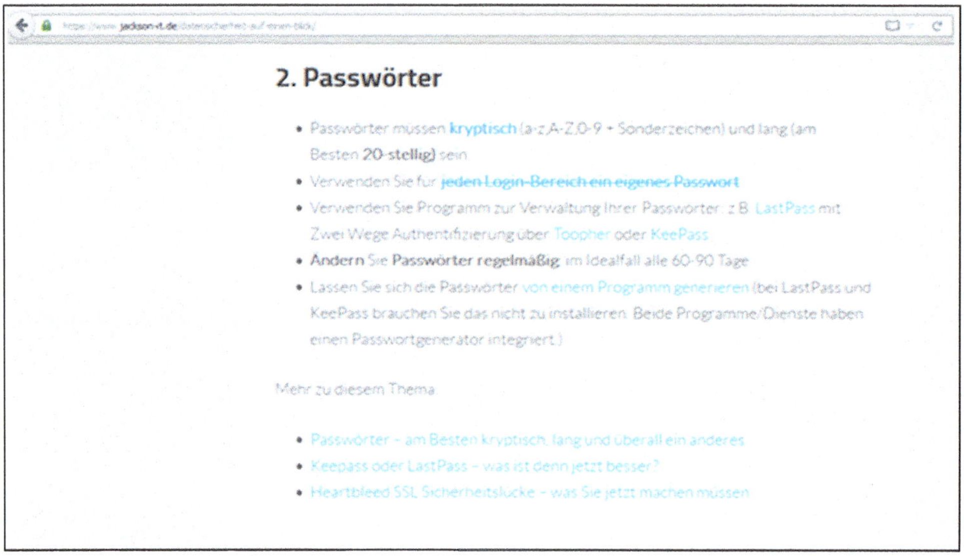

Abb. 3.48 Bearbeitete Teilaufgabe

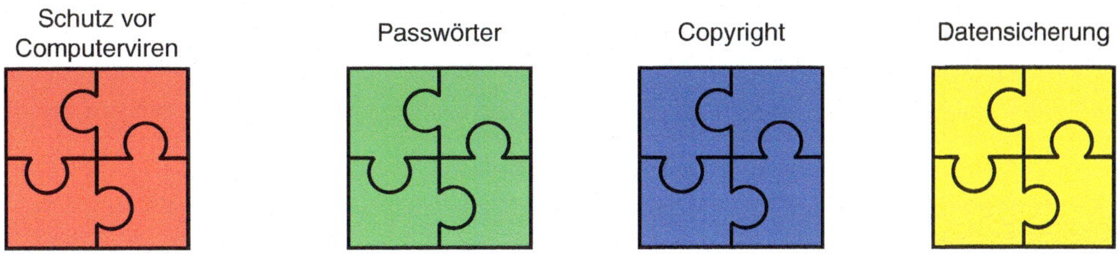

Abb. 3.49 Expertenrunde

Passwort-Tipps

Beispiel Passworterstellung

Nutze einen Satz den du dir gut merken kannst. z. B. "Ich heiße Miriam Mustermann und esse gerne Nudeln", kürze ihn ab (IhMMuegN) und ergänze ihn mit Zusatzzeichen -z. B. dein Geburtstag oder Ähnliches plus Sonderzeichen (#18IhMMuegN08#).

Für die unterschiedlichen Accounts könntest du dann noch Abkürzungen ergänzen (#18IhMMuegN08#_eb z. B. für ebay).

Passwortwechsel

In unregelmäßigen Abständen sein Passwort zu ändern erhöht den Schutz des eigenen Accounts deutlich. Nie dasselbe Passwort für mehrere Accounts verwenden!

URL-Beobachten

Vor der Passworteingabe immer nachsehen, ob man auf der richtigen Webseite ist und nicht auf einer Seite, die nur genauso aussieht.

Abb. 3.50 Didaktisch aufbereitete Teilaufgabe

(5) Unterrichtsrunde

In der Unterrichtsrunde vermitteln die Schüler in den Stammgruppen das Wissen aus den Expertenrunden.

Wissen vermittelt. Hierbei können Plakate hilfreich sein, wie die Passwort-Liste in Abb. 3.51 zeigt.

(6) Prüfung

Am Ende der Unterrichtseinheit werden alle Teilaufgaben von der Lehrperson geprüft.

Wissen geprüft. Abb. 3.52 zeigt die Prüfungsaufgabe zum Thema Datensicherheit mit den Fragen zum Schutz vor Computerviren.

PASSWORT-LISTEN: Recht gute Passwörter sind rot markiert
Trotzdem wurden **alle** diese Passwörter geknacht!

chuanshan	Niecie	Nickelgoat66
awesOm3	Safedriver1	eexffrhb
Mrminky1	p@$swOrd	Loperhet1
Ashliej1	Pulpfict1	kurrikurri
bhuvanbhuvan	2oauiodr	signdude
W3bsites	Crossbike7	T1r2o3y4
Abethebabe1	Lugan0	Testastretta1
513hvandmit	Paraloft	pingithree
bondsrus	Rdxcft67	deo7serve
krcdkrcd	P4ss10n	ldrhba9t
irq7pozitron	CRAZ66Y	Gossipgirl

Abb. 3.51 Passwort-Liste

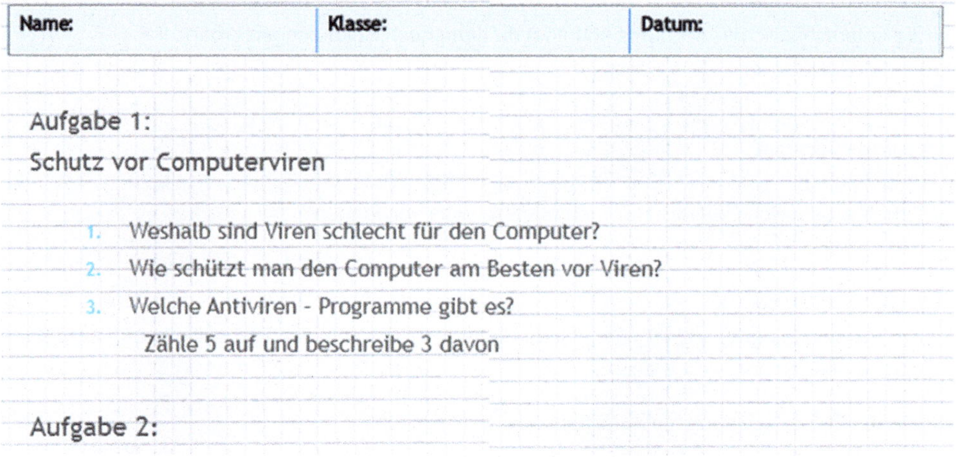

Name:	Klasse:	Datum:

Aufgabe 1:

Schutz vor Computerviren

1. Weshalb sind Viren schlecht für den Computer?
2. Wie schützt man den Computer am Besten vor Viren?
3. Welche Antiviren - Programme gibt es?
   Zähle 5 auf und beschreibe 3 davon

Aufgabe 2:

Abb. 3.52 Prüfungsaufgabe

3.8 Leitprogramm

Meltem Öztürk und Andreas Zendler

3.8.1 Charakterisierung

Die Unterrichtsmethode *Leitprogramm* stellt eine Möglichkeit dar, dass Schüler Unterrichtsinhalte selbstgesteuert lernen können. Genauer gesagt stellt das Leitprogramm eine Art Selbststudienmaterial dar – in Form eines Heftes oder eines elektronischen Mediums.

Leitprogramme können als Einzel-, Partner- oder Gruppenarbeit durchgeführt wird. Ihr Umfang kann 2 bis 10 Lernpakete betragen.

Didaktisches Potenzial
Hauptsächlich ermöglicht diese Methode, Schülern den Lernprozess selbstständig zu organisieren. Das Leitprogramm orientiert sich am „Mastery-Prinzip": Schüler weisen nach jedem Lernpaket das gelernte Wissen mittels eines Tests nach, d. h. der Lerninhalt muss verstanden sein, um die nächste Lektion beginnen zu können. Andernfalls muss die entsprechende Lektion noch einmal durchgearbeitet werden.

Voraussetzungen
Einer der Voraussetzungen für die Umsetzung des Leitprogrammes im Unterricht stellt die Vorbereitung des Selbststudienmaterials durch die Lehrperson dar. Zudem gehören gute Kenntnisse der Schüler im Umgang mit dem PC zu den weiteren Voraussetzungen, die nötig sind, um mit einem digitalen Selbststudienmaterial mittels Lernsoftware zu arbeiten.

Durchführung
Abb. 3.53 zeigt die sechs Aktivitäten mit dazugehörigen Ergebnissen, welche das *Leitprogramm* auszeichnen.

Das Ergebnis der ersten Aktivität (*Lernpakete*) besteht darin, dass der Unterrichtsstoff auf einzelne Lernpakete aufgeteilt wird, die durch Informations- und Übungsmaterialien, Tests, sowie Arbeitsanleitungen ergänzt werden. Das Ergebnis der zweiten Aktivität (*Bereitstellung*) umfasst die Bereitstellung der Lernpakete durch die Lehrperson. Das Ergebnis der dritten Aktivität (*Erstes Lernpaket*) ist die Auswahl des ersten Lernpaketes durch die Lehrperson Das Ergebnis der vierten Aktivität (*Selbststudium*) besteht darin, dass der im Lernpaket angebotene Stoff geübt ist. Das Ergebnis der fünften Aktivität (*Erfolgskontrolle*) ist ein absolvierter Test für den im Lernpaket angebotenen Stoff. Ist der

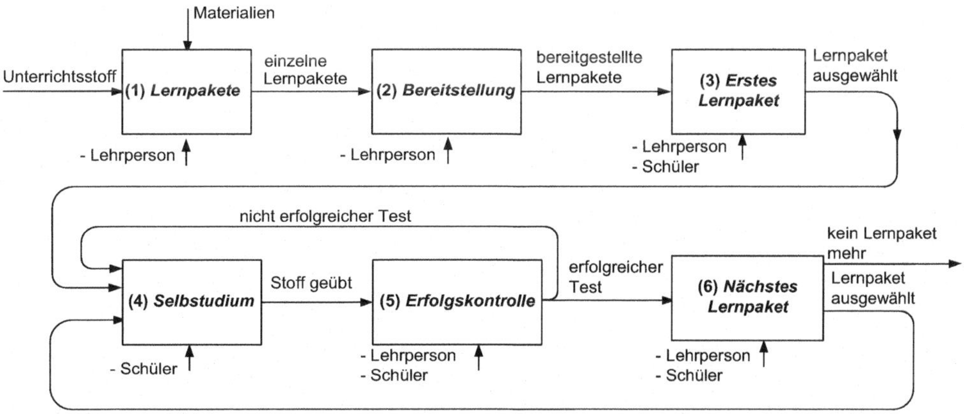

Abb. 3.53 Aktivitäten und Ergebnisse des *Leitprogramms*

Test erfolgreich, wird zur Aktivität 6 übergegangen, ist der Test nicht erfolgreich wird zur Aktivität 4 zurückgegangen. Das Ergebnis der sechsten Aktivität (*Nächstes Lernpaket*) ist die Auswahl des nächsten Lernpaketes, sofern noch ein Lernpaket zu bearbeiten ist.

Aufgabe als Lehrperson
Die wesentliche Aufgabe der Lehrperson liegt darin, das zeitaufwendige Selbststudienmaterial in Lernpakete aufzubereiten. Dabei müssen deren einzelne Bestandteile gut strukturiert und eindeutig gestaltet werden, so dass ein Selbststudium in dieser Art für die Schüler möglich wird. Eine wichtige Aufgabe der Lehrperson besteht zudem darin, in der fünften Aktivität zu prüfen, ob die Schüler die Lernpakete erfolgreich bearbeitet haben.

3.8.2 Unterrichtsbeispiel

In Bezug zu den GI-Bildungsstandards exemplifiziert das Unterrichtsbeispiel den Inhaltsbereich *Informatik, Mensch und Gesellschaft* sowie den Prozessbereich *Begründen und Bewerten.* Das Unterrichtsbeispiel hat das *Internet und seine Gefahren* zum Inhalt.

(1) Lernpakete
Für den Unterricht verwendet die Lehrperson das Lernprogramm „Gefahren aus dem Internet", das Skrotzky (2017) entwickelt hat. Es besteht aus acht Lernpaketen (siehe Abb. 3.54).

(2) Bereitstellung
Für den Unterricht stellt die Lehrperson die Lernpakete 2 bis 6 bereit. Zudem stellt die Lehrperson die Simulationsumgebung *VirtualLab* zur Verfügung (siehe Abb. 3.55), mit der die Schüler ihr Wissen vertiefen können, indem sie Aufgaben praktisch ausprobieren können.

(3) Erstes Lernpaket
Weil sich die Schüler in vorherigen Unterrichtsstunden schon Grundwissen zum Aufbau des Internets erarbeitet haben, lässt die Lehrperson die Schüler das Lernprogramm mit Lernpaket 2 beginnen. Die Lernziele zeigt Abb. 3.56.

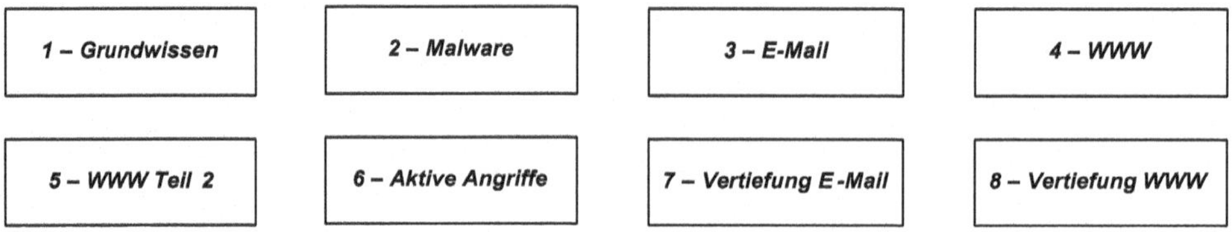

Abb. 3.54 Lernpakete

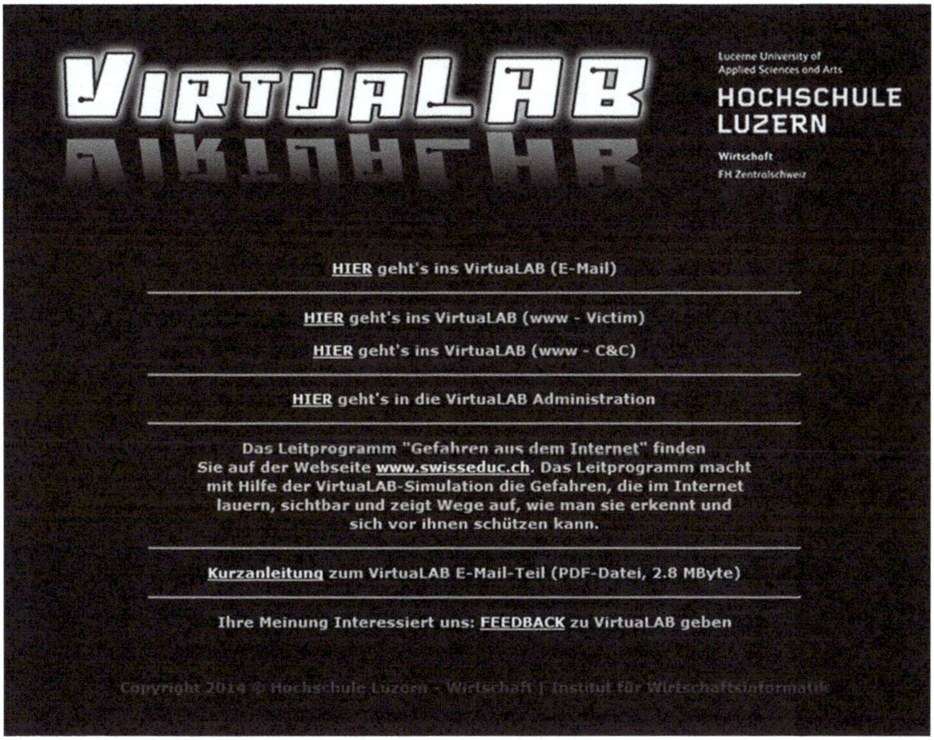

Abb. 3.55 Bereitgestellte Lernpakete

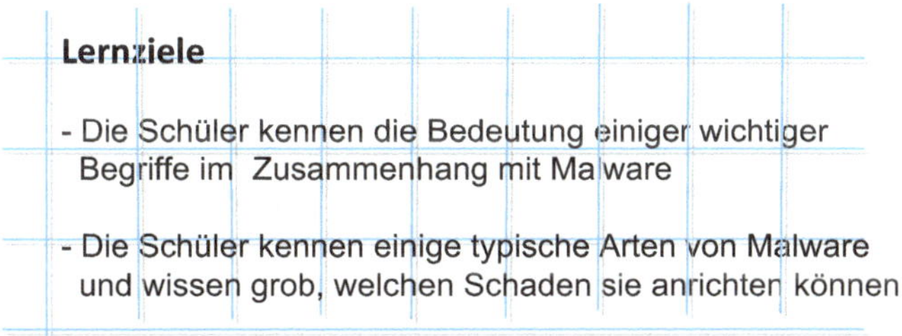

Abb. 3.56 Lernziele

(4) Selbststudium

Im Selbststudium erarbeiten sich die Schüler den Stoff, insbesondere eignen sie sich Wissen an über Arten von Malware und deren Auswirkungen (siehe Abb. 3.57).

(5) Erfolgskontrolle

Die Erfolgskontrolle umfasst für die Schüler Fragen zur Prävention von und zum Umgang mit Malware. Die Abb. 3.58 zeigt solche Kontrollfragen.

Arten von Malware	Auswirkungen
- Trojaner	... auf den Computer
- Würmer	... auf die Internetverbindung
- Viren	... auf Dateien
- Rootkits	... Einbindung in Botnet
- Spyware	
- Adware	
- Spam	

Abb. 3.57 Selbststudium

Kontrollfragen

1. Welche Argumente könntest Du anführen, um eine Person zu überzeugen, dass auch sie ihren Computer schützen sollte?
2. Warum ist es heute oft schwierig, ein Malware-Programm einer bestimmten Kategorie zuzuordnen?
3. Welche Anzeichen könnten darauf hindeuten, dass Dein Computer von einer Malware infiziert wurde?

Abb. 3.58 Kontrollfragen

Voraussetzugen

- Die Schüler haben eine eigene E-Mail Adresse und benützen diese regelmäßig
- Die Schüler kennen den Unterschied zwischen einem Mail Client und einem Webmail

Lernziele

- Die Schüler können einschätzen, ob eine bestimmte E-Mail potenziell gefährlich ist oder nicht.
- Die Schüler kennen Kriterien, um die Seriosität/Echtheit einer E-Mail einzustufen.
- Die Schüler erkennen, welche Auswirkungen ein schädliches Programm auf ihren Computer haben kann.
- Die Schüler wissen, welchen Schutz ein Virenscanner erbringt.

Abb. 3.59 Voraussetzungen und Lernziele

(6) Nächstes Lernpaket
Nach erfolgreichem Test bearbeiten die Schüler Lernpaket 3 (*E-Mail*), dessen Voraussetzungen und Lernziele Abb. 3.59 veranschaulicht.

Die Schüler beenden das Leitprogramm mit Lernpaket *8 – Vertiefung WWW*.

3.9 Leittextmethode

3.9.1 Charakterisierung

Die *Leittextmethode* ist eine Unterrichtsmethode, mit der Schüler inhaltlich und methodisch so geführt werden, dass sie sich mit vorbereiteten Materialien Wissen aneignen können. Leittexte sind konkret in Schriftform vorliegende oder auf Datenträgern gespeicherte Lernanleitungen. Sie umfassen Lernaufgaben, verdeutlichen Lernziele und orientieren das Lernhandeln der Schüler.

Didaktisches Potenzial
Die Methode eignet sich sehr gut, um neue Unterrichtseinheiten bekannt zu machen oder einzuführen. Nach aufgestellten Regeln für den Lern- und Arbeitsprozess können die Schüler für sich, in Partnerarbeit oder auch in Kooperationsgruppen arbeiten. Durch die Leitfragen und Impulse wird es auch schwächeren Schülern gelingen, Kenntnisse zu erwerben. Sie erhalten eine Anleitung und mit Hilfe der Arbeitsplanung können sie die vorbereiteten Materialien bearbeiten. Nach Bearbeitung der Materialien hat jeder Schüler eine Vorstellung über die anstehende praktische Aufgabe. Die Leittextmethode legt großen Wert auf die Selbsteinschätzung durch die Schüler. Vom Schüler verlangt die Methode einen hohen Grad an Eigeninitiative und Selbstständigkeit und trainiert neben der Fach- und Methodenkompetenz auch die Sozialkompetenz.

Voraussetzungen
Die Materialien sind von der Lehrperson vorzubereiten und in ausreichender Zahl zur Verfügung zu stellen. Alle Schüler sollten einen ähnlichen Wissensstand besitzen und sollten in der Lage sein, Texte lesen und verstehen zu können. Außerdem sollten die Schüler in der Lage sein, selbstständig arbeiten zu können.

Durchführung
Abb. 3.60 veranschaulicht die sechs Aktivitäten mit dazugehörigen Ergebnissen der *Leittextmethode*.

Die erste Aktivität (*Information*) hat zum Ergebnis, dass von Schülern die Leitfragen sondiert sind. Das Ergebnis der zweiten Aktivität (*Planung*) besteht darin, dass die Schüler einen schriftlichen Arbeitsplan erstellt haben. Ergebnis der dritten Aktivität (*Entscheidung*) ist ein (erstes) Fachgespräch über den schriftlichen Arbeitsplan und die bearbeiteten

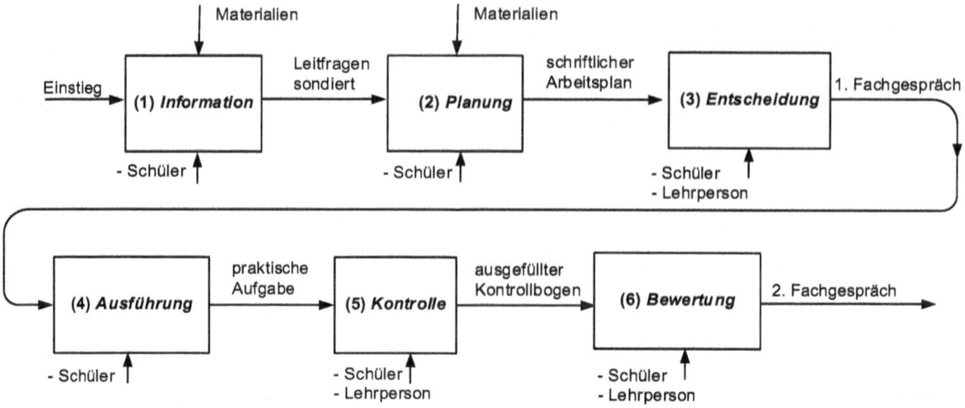

Abb. 3.60 Aktivitäten und Ergebnisse der Unterrichtsmethode *Leittextmethode*

Leitfragen. Ergebnis der vierten Aktivität (*Ausführung*) ist die Durchführung in Bezug zum Arbeitsplan durch die Schüler. Ergebnis der fünften Aktivität (*Kontrolle*) ist ein ausgefüllter Kontrollbogen, der eine Selbst- und Fremdkontrolle (durch die Lehrperson) erlaubt. Das Ergebnis der sechsten Aktivität (*Bewertung*) ist ein (zweites) Fachgespräch über die Kontrollergebnisse und über zukünftige Fehlervermeidungen.

Aufgabe als Lehrperson
Die Aufgaben der Lehrperson bestehen darin, Leitfragen, Aufgaben und Materialien bereit zu stellen. In den Phasen Entscheidung, Kontrolle und Bewertung sind von der Lehrperson mit den Schülern Fachgespräche zu führen, insbesondere mit Bezug zum Kontrollbogen.

3.9.2 Unterrichtsbeispiel

In Bezug zu den GI-Bildungsstandards exemplifiziert das Unterrichtsbeispiel den Inhaltsbereich *Information und Daten* sowie den Prozessbereich *Darstellen und Begründen.* Mit Hilfe der Leittextmethode sollen die Grundlagen des Entity-Relationship-Modells vermittelt werden, sowohl konzeptionell als auch praktisch.

(1) Information
Die Lehrperson bespricht die Rahmenbedingungen für die Durchführung der Aufgabe, insbesondere erklärt sie ausführlich die Aufgabe (siehe Abb. 3.61).

Leitfragen bearbeitet. Die Schüler haben die Leitfragen unter Verwendung des Informationsmaterials gesichtet und bearbeitet (siehe Abb. 3.62).

Aufgabe
Du sollst in einer Zweiergruppe
- die Leitfragen gemeinsam sichten, einen Arbeitsplan erstellen und die Fragen schriftlich beantworten
- auf der Grundlage der Arbeitsplans die praktische Aufgabe lösen
- Deine Lösung mit einem Kontrollbogen vergleichen und eine Bewertung Deiner Lösung vornehmen (nicht in Noten, sondern verbal)
- mit der Lehrperson die Ergebnisse in zwei Fachgesprächen besprechen

Abb. 3.61 Rahmenbedingungen

Leitfragen
1. Gib eine kurze Definition des Entity-Relationship-Modells (ER-Modell).
2. Für welche Zwecke werden ER-Modelle eingesetzt?
3. Was sind die zentrale Konzepte des ER-Modells?
4. Was ist der Unterschied zwischen einem Entity und einem Entitytyp?
5. Erstelle ein ER-Modell für ein System zur Ausleihe von Büchern (die Anforderungen sind im Text „Bibliothek" beschrieben).
6. Welche Schwierigkeiten gibt es bei der Anwendung von ER-Modellen?

Informationsmaterial
1. Kapitel aus Hubwieser-Buch
2. Links
   - https://de.wikipedia.org/wiki/Entity-Relationship-Modell
   - http://www.datenbanken-verstehen.de/datenmodellierung/entity-relationship-modell/
3. Text „Bibliothek"
4. Video
   - https://www.youtube.com/watch?v=G1IF2BPDRF0
   - https://www.youtube.com/watch?v=xd9H_tKl0Rw

Abb. 3.62 Leitfragen und Informationsmaterial

(2) Planung

Die Schüler verschaffen sich in einem Probehandeln einen Überblick über die Leitfragen und erstellen einen Arbeitsplan mit Aktivitäten und dazugehörigen Zeiten.

Schriftlicher Arbeitsplan. Der von den Schülern erstellte Arbeitsplan umfasst vier Aktivitäten mit fünf Zeiteinheiten zu 45′ (siehe Abb. 3.63).

(3) Entscheidung

Die Schüler legen der Lehrperson den Arbeitsplan vor, die diesen kommentiert. Die Lehrperson initiiert mit den Schülern auf der Basis des kommentierten Arbeitsplans einen gemeinsamen Bearbeitungsprozess, welche die Schüler ausführen.

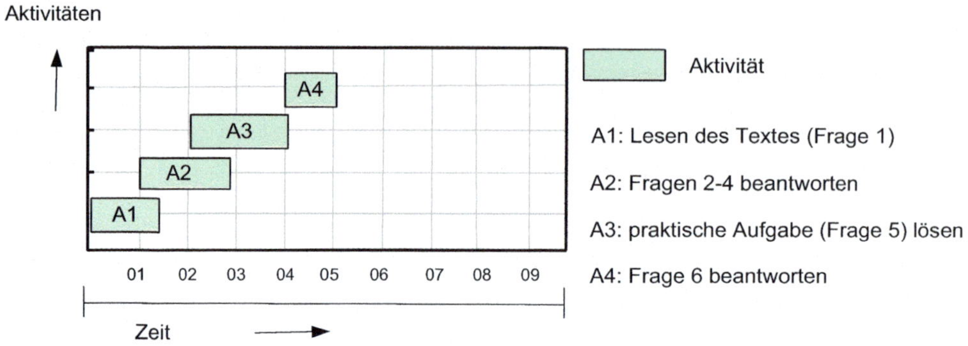

Abb. 3.63 Ablaufplan

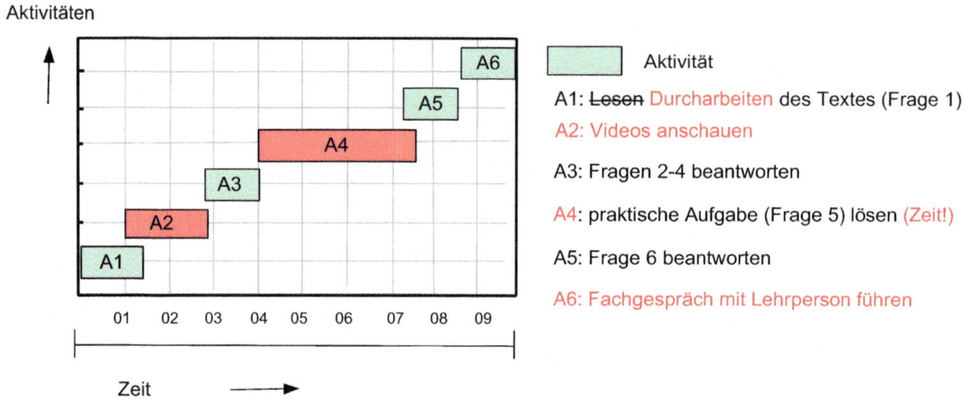

Abb. 3.64 Kommentare zum Arbeitsplan

1. Fachgespräch. Ergebnis des ersten Fachgesprächs sind Kommentare zum Arbeitsplan durch die Lehrperson mit Hinweisen, insbesondere in Bezug zum Informationsmaterial und zu den benötigten Zeiten. Aus den Kommentaren (rot eingefärbt) zum Arbeitsplan wird deutlich, dass dieser nach dem 1. Fachgespräch jetzt sechs Aktivitäten umfasst; insbesondere für die praktische Aufgabe soll mehr Zeit eingeplant werden (siehe Abb. 3.64).

(4) Ausführung

Die Schüler führen die Aktivitäten hinsichtlich des mit Kommentaren versehenen Arbeitsplans durch und lösen die praktische Aufgabe.

Praktische Aufgabe. Abb. 3.65 zeigt das Ergebnis der praktischen Aufgabe (Entity-Relationship-Modell zum Bibliothekstext) der Schüler.

(5) Kontrolle

Die Schüler erhalten einen Kontrollbogen (inklusive Lösung), mit dem sie ihre erarbeiteten Aufgaben abgleichen. Dabei ist es wichtig, dass die Schüler ihre Ergebnisse selbst bewerten.

Ausgefüllter Kontrollbogen. Im ausgefüllten Kontrollbogen dokumentieren die Schüler, dass sie drei Entitytypen, zwei Relationshiptypen und elf Attribute in Bezug zum ausgegebenen Bibliothekstext analysiert haben; zudem machen sie Bemerkungen zu den Kardinalitäten zwischen Entitytypen (siehe Abb. 3.66).

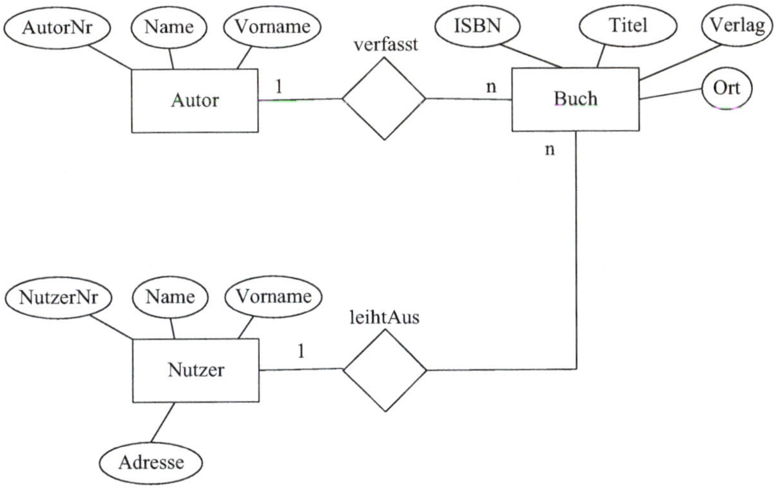

Abb. 3.65 Praktische Aufgabe

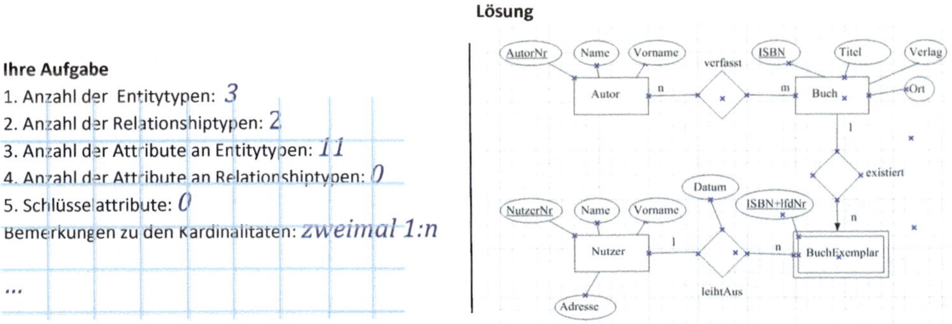

Abb. 3.66 Kontrollbogen

(nur Auszug)
- Euer Datenmodell ist schon gut gelungen ...
- Von besonderer Wichtigkeit sind Schlüsselattribute bei den Entitytypen zur Identifizierung einzelner Entities ...
- gerade Zeitinformationen werden durch Attribute bei Relationshiptypen festgehalten ....
- Kardinalitäten sind immer in zwei Richtungen zu hinterfragen
.....

Abb. 3.67 Zweites Fachgespräch

(6) Bewertung
Die Schüler legen der Lehrperson die praktische Aufgabe vor, die dieser gemeinsam mit den Schülern bewertet, zudem sind die Schüler hinsichtlich der anderen Aufgaben vorbreitet.

2. Fachgespräch. Ergebnis des zweiten Fachgesprächs ist ein bewertetes Feedback, das über die Richtigkeit der erarbeiteten Aufgaben informiert und Vorschläge für Verbesserungen gibt (siehe Abb. 3.67).

3.10 Lernen durch Lehren

Robert Lee

3.10.1 Charakterisierung

Lernen durch Lehren ist eine handlungsorientierte Methode, die Schüler nach einer entsprechenden Anleitung Schritt für Schritt die Funktionen der Lehrperson übernehmen lassen. Die Schüler entwickeln dabei selbstständig Regelwissen, erarbeiten Übungsmöglichkeiten für Mitschüler und erweitern so in besonderer Weise ihre Methodenkompetenz im Bereich des Lernens. Populär wurde die Methode durch Jean-Pol Martin, der von 1980 bis 2008 das Verfahren zu einem pädagogischen Gesamtkonzept entwickelte.

Didaktisches Potenzial
Das didaktische Potenzial der Methode besteht darin, dass sich Schüler den Lernstoff erarbeiten und vermitteln durch die Übernahme der Lehrerrolle. Durch die hohe Beteiligung der Schüler in den Bereichen Präsentation, Moderation und Teamarbeit ist die Methode besonders geeignet, um Lernern nicht nur Fachwissen, sondern gleichzeitig auch Schlüsselqualifikationen zu vermitteln. Weitere Vorteile der Methode sind, dass die

Beteiligung der Schüler am Unterricht erheblich ansteigt. Themen werden aus der Perspektive des Schülers beleuchtet. Stoff wird intensiver und vielschichtiger behandelt. Der Redeanteil der Lehrperson wird reduziert. Schwierige Stoffsequenzen lassen sich aus Sicht der Schülerperspektive behandeln, wodurch Schüler einen spezifischen Zugang zur Thematik gewinnen.

Voraussetzungen

Die Methode ist in allen Fächern einsetzbar. Die Methode wird meistens erst ab der Klassestufe 7 eingesetzt. Schüler sollten einen eingegrenzten Lernstoff zusammenfassen und veranschaulichen können. Teamarbeit sollte in der Klasse bekannt sein und Schüler sollten mit Hilfe eines roten Fadens präsentieren und standhaft vor anderen stehen können.

Durchführung

Abb. 3.68 veranschaulicht die sieben Aktivitäten mit dazugehörigen Ergebnissen von *Lernen durch Lehren.*

Das Ergebnis der ersten Aktivität (*Vorbereitung und Nachbereitung zu Hause*) besteht darin, dass die Schüler das Thema zuhause vorbereitet haben. Die zweite Aktivität (*Gesamter Unterrichtsdiskurs*) hat als Ergebnis, dass die Schüler im Plenum Fragen zum Thema aufgestellt haben. Das Ergebnis der dritten Aktivität (*Einstieg*) besteht darin, dass die den Unterricht leitenden Schüler das Thema präzisiert vorgestellt haben und die Mitschüler in Partnerarbeit Materialien zum Thema gesammelt haben. Das Ergebnis der vierten Aktivität (*Erste Vertiefung*) umfasst die Klärung aller themenbezogenen Fragen. In der fünften Aktivität (*Einführung des neuen Stoffes im Plenum*) haben die leitenden Schüler neuen Stoff (bzgl. des Themas) eingeführt. In der sechsten Aktivität (*Zweite Vertiefung*) haben die Schüler den neuen Stoff in Partnerarbeit vertieft. Das Ergebnis der siebten Aktivität (*Dritte Vertiefung*) umfasst die Erstellung eines Hausaufsatzes zum Thema.

Aufgabe als Lehrperson

Die Aufgaben der Lehrperson umfassen: sie gibt das Unterrichtsthema vor, das die Schüler bearbeiten sollen. Sie bespricht auftauchende Fragen mit den Schülern, korrigiert schriftliche Vorlagen und bewertet erbrachte Schülerleistungen.

3.10.2 Unterrichtsbeispiel

In Bezug zu den GI-Bildungsstandards exemplifiziert das Unterrichtsbeispiel den Inhaltsbereich *Sprachen und Automaten* sowie den Prozessbereich *Modellieren und Begründen.* Die Schüler sollen mit Hilfe von *Lernen durch Lehren* die Thematik von endlichen Automaten kennenlernen.

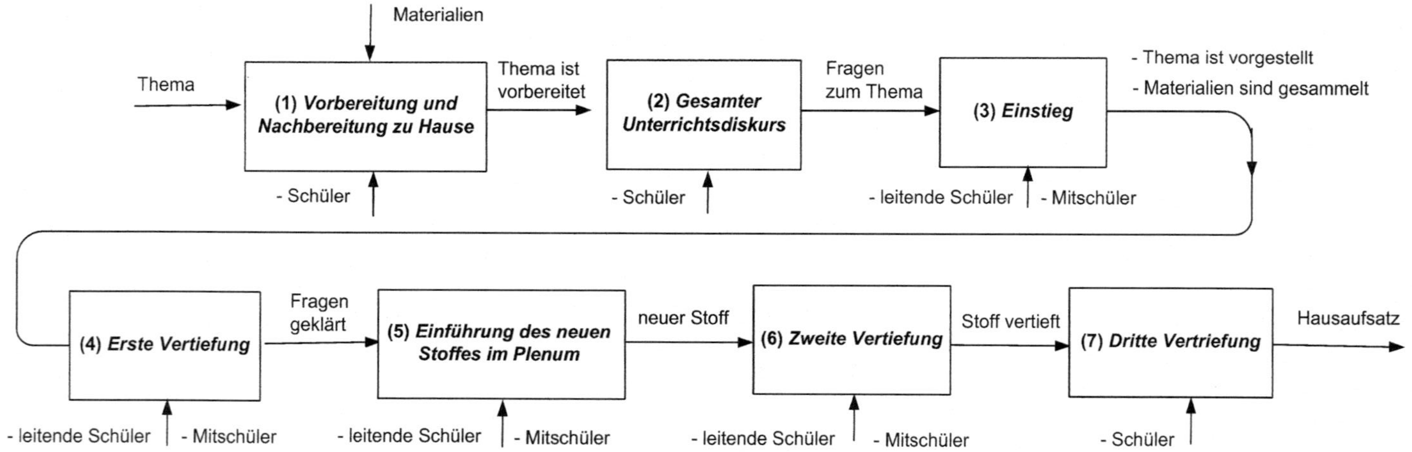

Abb. 3.68 Aktivitäten und Ergebnisse von *Lernen durch Lehren*

(1) Vorbereitung und Nachbereitung zu Hause
Die Schüler bereiten sich auf das Thema zu Hause vor. Das Sachgebiet soll dabei überschaubar sein und so durchgearbeitet werden, dass es in den von der Lehrperson vorgegebenen Zeitrahmen passt.

Thema ist vorbereitet. Eine Internetrecherche zeigt die ersten Schritte einer Vorbereitung zum Thema Automaten durch einen Schüler mit dem Fokus auf die Internetseite von Wikipedia zum Eintrag *Automat* (siehe Abb. 3.69).

(2) Gesamter Unterrichtsdiskurs
Die Schüler sitzen im Kreis und jeder hört konzentriert seinen Mitschülern zu.

Fragen zum Thema. Dabei werden Fragen gestellt, wenn etwas in der Darstellung der lehrenden Schüler unklar ist oder sonstige Fragen auftauchen (siehe Abb. 3.70).

(3) Einstieg
Die Schüler, die den Unterricht leiten, stellen kurz das neue Thema vor und lassen die Mitschüler in Partnerarbeit sammeln, was diese bereits zum Thema wissen.

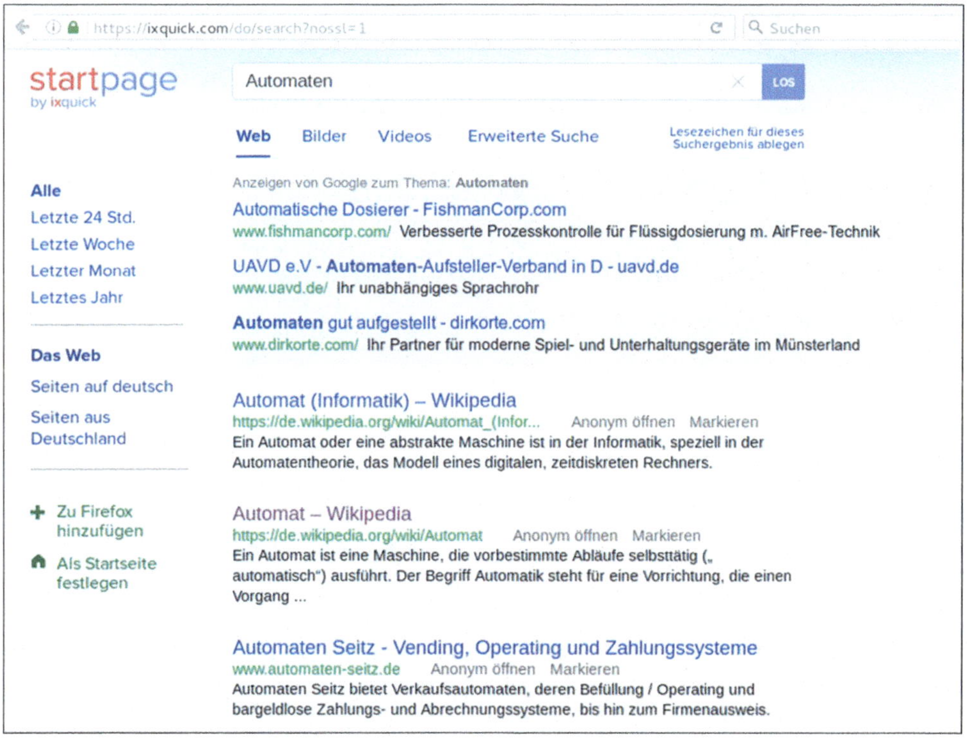

Abb. 3.69 Thema ist vorbereitet

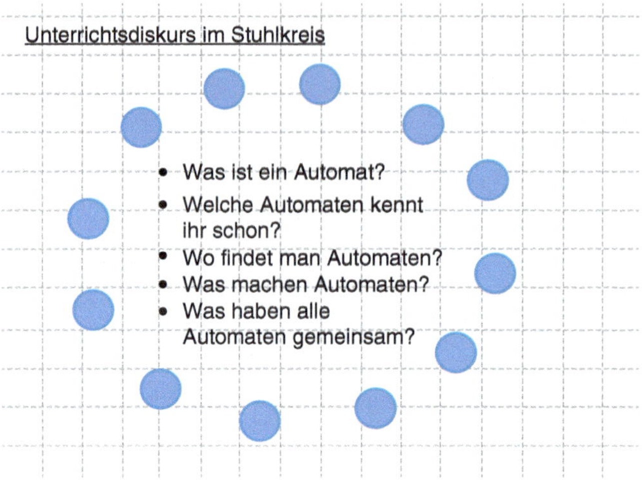

Abb. 3.70 Unterrichtsdiskurs

Abb. 3.71 Thema ist vorgestellt

Thema ist vorgestellt; Materialien sind gesammelt. Die Ergebnisse können z. B. an einer Pinnwand mit verschiedenfarbigen Karten gesammelt werden (siehe Abb. 3.71).

(4) Erste Vertiefung

Unter Moderation der leitenden Schüler wird in der Klasse solange interagiert, bis alle themenbezogenen Fragen gestellt und geklärt wurden.

Fragen geklärt. Zur Veranschaulichung dient das Beispiel eines Getränkeautomaten (siehe Abb. 3.72).

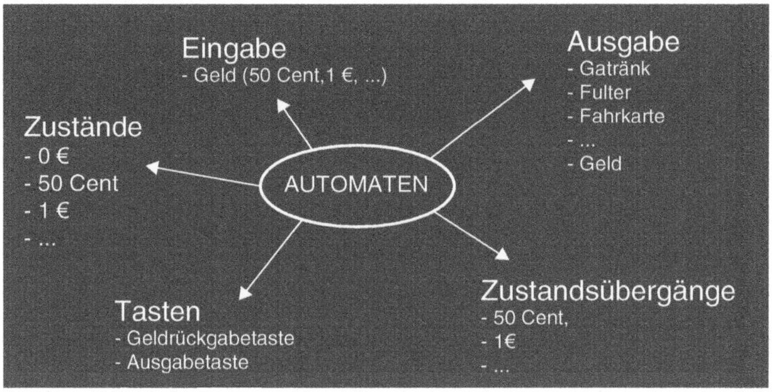

Abb. 3.72 Fragen sind geklärt

Abb. 3.73 Neuer Stoff

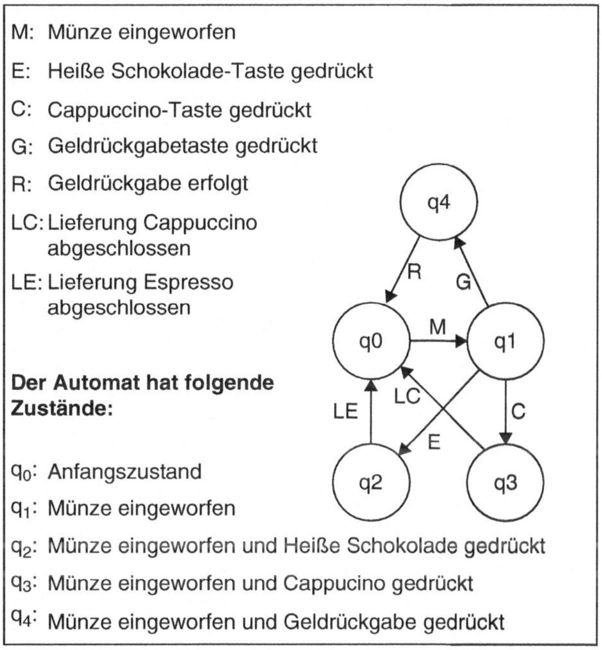

(5) Einführung des neuen Stoffes im Plenum

Die Schüler, die den Unterricht leiten, führen neues Wissen im Plenum ein. Dieses Wissen wird in kleine Portionen aufgeteilt und durch ständige Rückfrage an die Mitschüler wird sichergestellt, dass alles verstanden wird.

Neuer Stoff. Als Beispiel dient ein Getränkeautomat für *Heiße Schokolade* und *Cappuccino* (siehe Abb. 3.73).

(6) Zweite Vertiefung

Unter Anleitung der leitenden Schüler werden in Partnerarbeit Portionen des Stoffes durchgespielt. Die Schüler behandeln dabei nur einen Aspekt bzw. eine Art von Automaten ausführlicher.

Stoff vertieft. Abb. 3.74 zeigt verschiedene Darstellungen eines Automaten, die von den Schülern behandelt werden, z. B. (1) Automat in einer Simulationssoftware, (2) algebraische Struktur eines Automaten.

(7) Dritte Vertiefung

Alle Schüler fertigen einen schriftlichen Hausaufsatz über Automaten an, die von der Lehrperson korrigiert werden.

Hausaufsatz. Abb. 3.75 visualisiert den Hausaufsatz eines Schülers, der mit einem Textverarbeitungssystem angefertigt wird.

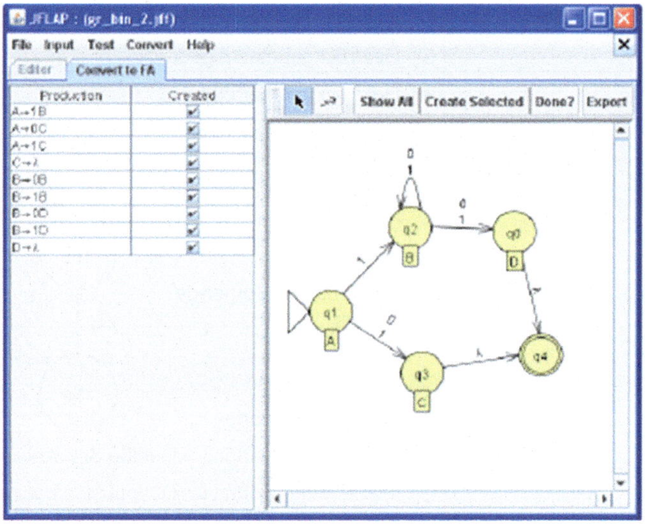

Ein endlicher Automat ist ein System $A = (Z, I, d, s_0, F)$ mit

- Z: endliche Menge von Zuständen,
- I: endliches Eingabealphabet,
- $d \subseteq Z \times I \times Z$: Zustandsüberführung.
- $s_0 \in Z$: Startzustand,
- $F \subseteq Z$: Endzustände.

Abb. 3.74 Darstellungen eines Automaten

Ein Automat ist eine Maschine, die vorbestimmte Abläufe selbsttätig („automatisch") ausführt.

Der Begriff Automatik steht für eine Vorrichtung, die einen Vorgang steuert und regelt.

Automatisierung ist dementsprechend der selbsttätige Ablauf technischer Vorgänge nach einem festgelegten Plan oder in Bezug zu festgelegten Zuständen.

Die Bandbreite an automatisierten Abläufen und damit auch der Automaten ist im Prinzip so groß wie die Bandbreite technischer Anwendungen an sich.

Ein sehr einfacher und jedem bekannter Automat ist z. B. die Wasserspülung von WCs.

Beispiel für einen automatisierten Vorgang ist aber auch das Automatikgetriebe, das die für die jeweilige Fahrgeschwindigkeit und Belastung vorgesehene Übersetzung selbsttätig wählt und einstellt oder die Belichtungs- bzw. Blendenautomatik einer Kamera.

Die Abgrenzung zu dem Begriff Roboter ist nicht eindeutig, denn es gibt von Land zu Land unterschiedliche Definitionen.

Abb. 3.75 Hausaufsatz

3.11 Lernaufgaben

Sebastian Mahlberg

3.11.1 Charakterisierung

Lernaufgaben dienen zum Kompetenzerwerb. Sie steuern den individuellen Lernprozess durch eine Folge von gestuften Aufgabenstellungen mit entsprechenden Lernmaterialien so, dass die Lerner möglichst eigentätig die Problemstellung entdecken, Vorstellungen von Lösungen entwickeln und Informationen auswerten.

Didaktisches Potenzial
Lernaufgaben sind gut geeignet, um eine heterogene Klasse zu unterrichten, da verschiedene Niveaustufen angesprochen werden. Hierfür werden die Schüler mittels geeigneter Aufgabenstellungen entweder kognitiv, emotional oder motivational aktiviert, oder die Schüler überprüfen ihr Wissen durch Anwendung.

Voraussetzungen
Die Lehrperson benötigt zur Durchführung entsprechendes Equipment oder Materialien (z. B. Tafel, Beamer, Whiteboard, PC und Software) sowie 10 bis 30 Minuten Zeit zur Einführung.

Durchführung
Abb. 3.76 veranschaulicht die drei Aktivitäten mit dazugehörigen Ergebnissen, welche die Unterrichtsmethode *Lernaufgaben* auszeichnen.

Das Ergebnis der ersten Aktivität (*Gestaltung von Lernaufgaben*) besteht darin, dass die Lehrperson Lernaufgaben gestaltet hat, insbesondere mit Blick auf selbstgesteuertes Lernen (Flewelling und Higginson 2003). Das Ergebnis der zweiten Aktivität (*Erklärung des Unterrichtsstoffes*) zielt darauf ab, dass die Lehrperson den Schülern den Unterrichtstoff soweit (partiell) erklärt hat, dass die Schüler diesen mit Hilfe von Lernaufgaben selbstständig vertiefen können. Das Ergebnis der dritten Aktivität (*Stofferarbeitung*) umfasst die (selbstgesteuerte) Lösung der Lernaufgaben durch die Schüler.

Aufgabe als Lehrperson
Die Aufgabe der Lehrperson umfasst zu Beginn die Auswahl des Themas, für das im nächsten Schritt die Lernaufgabe zu gestalten ist. Die dafür benötigten Materialien muss die Lehrperson ebenfalls zusammenstellen. Danach muss die Lehrperson den Schülern den Unterrichtsstoff partiell erklären und das Vorgehen vorführen. Hierfür muss sie im Vorhinein möglicherweise ebenfalls Materialien vorbereiten, mit denen die Schüler die Aufgabe selbstständig lösen können. Zum Schluss validiert die Lehrperson die Lösungen der Schüler.

3.11.2 Unterrichtsbeispiel

In Bezug zu den GI-Bildungsstandards exemplifiziert das Unterrichtsbeispiel den Inhaltsbereich *Information und Daten* sowie den Prozessbereich *Darstellen und Interpretieren*. Das Unterrichtsbeispiel hat das Thema Tabellenkalkulationen in Excel zum Inhalt.

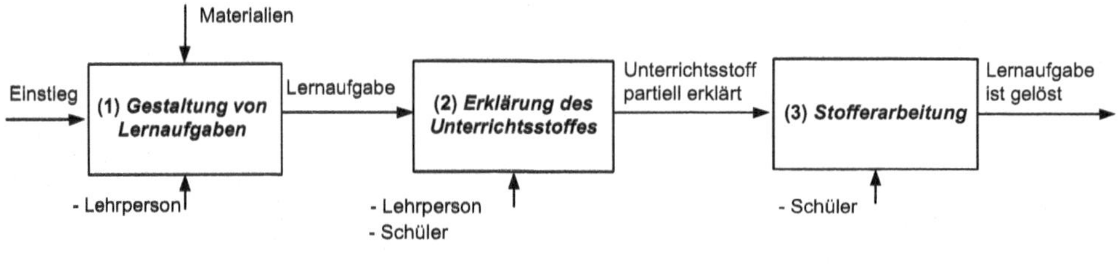

Abb. 3.76 Aktivitäten und Ergebnisse von *Lernaufgaben*

(1) Gestaltung von Lernaufgaben

Die Lehrperson erstellt eine Lernaufgabe zur Tabellenkalkulation in Excel (siehe Abb. 3.77).

Lernaufgabe. Die Stromrechnung erhalten die Schüler in ausgedruckter Briefform (siehe Abb. 3.78).

(2) Erklärung des Unterrichtstoffes

Die Lehrperson erklärt beispielhaft, wie sie im Internet nach dem nötigen Wissen sucht und zeigt, wie einfach und schnell man Lösungen von mathematischen Aufgaben in Excel bekommen kann.

Dazu benötigt die Lehrperson einen PC (mit Google und Excel), Beamer/Whiteboard und eine Excel-Tabelle.

Eine mögliche Suchanfrage im Internet unter Google zeigt Abb. 3.79.

Heute war deine Stromrechnung für das letzte Jahr in der Post. Leider steht in dem Brief nicht die Endsumme, die du bezahlen musst, sondern nur die Rechnung der einzelnen Monate.

Übertrage die monatlichen Kosten in eine Excel Tabelle und rechne mithilfe von Excel aus, wieviel du bezahlen musst. *(Per Hand wäre das viel zu umständlich)*

Hilfe bekommst du von Herrn Mahlberg und aus dem Internet (Stichwort: Tabellenkalkulation)

Abb. 3.77 Lernaufgabe zur Tabellenkalkulation

Abb. 3.78 Stromrechnung

Stromrechnung 2015/16

Januar: 518,68€
Februar: 472,44€
...

Abb. 3.79 Suchanfrage

Unterrichtstoff partiell erklärt. Eine beispielhafte Tabellenkalkulation, die der Klasse zeigt, was man mit Excel machen kann, veranschaulicht Abb. 3.80.

(3) Stofferarbeitung

Die Schüler erarbeiten und lösen nun selbstständig die Aufgabenstellung und finden dafür geeignete Quellen. Hierfür benötigen sie einen PC, sowie Microsoft Excel und möglicherweise Infotexte

Lernaufgabe ist gelöst. Abb. 3.81 zeigt die gelöste Lernaufgabe in Excel.

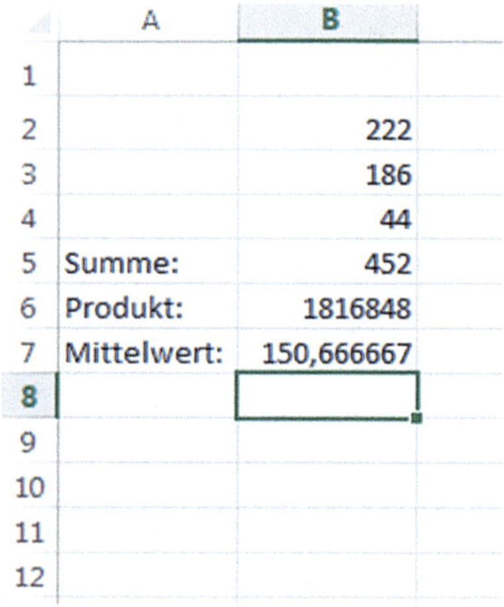

	A	B
1		
2		222
3		186
4		44
5	Summe:	452
6	Produkt:	1816848
7	Mittelwert:	150,666667
8		
9		
10		
11		
12		

Abb. 3.80 Unterrichtsstoff partiell erklärt

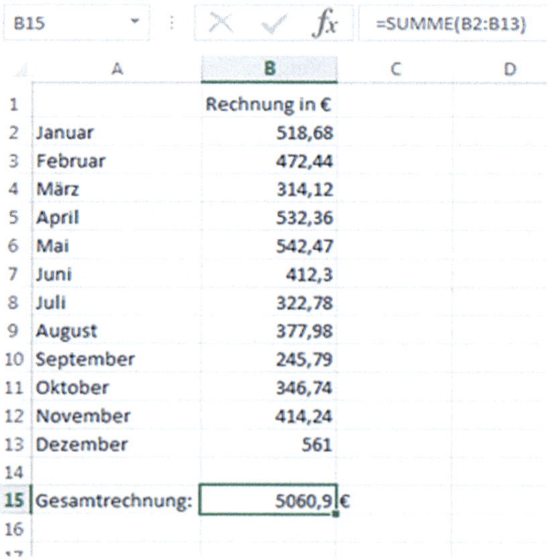

B15 =SUMME(B2:B13)

	A	B	C	D
1		Rechnung in €		
2	Januar	518,68		
3	Februar	472,44		
4	März	314,12		
5	April	532,36		
6	Mai	542,47		
7	Juni	412,3		
8	Juli	322,78		
9	August	377,98		
10	September	245,79		
11	Oktober	346,74		
12	November	414,24		
13	Dezember	561		
14				
15	Gesamtrechnung:	5060,9	€	
16				

Abb. 3.81 Lernaufgabe gelöst

3.12 Modellmethode

Sebastian Mahlberg

3.12.1 Charakterisierung

In der *Modellmethode* vereinfachen Schüler komplexe realitätsnahe Sachverhalte; sie stellen Hypothesen auf, verwerfen diese, stellen neue Hypothesen, bis diese stabil für einen Realitätsausschnitt bleiben.

Didaktisches Potenzial
Durch die Vereinfachung der komplexen Strukturen und Beziehungen konzentrieren sich die Schüler auf das Wesentliche. Die Schüler lernen zu abstrahieren und logisch zu denken. Des Weiteren lernen sie, wie Informationen aus der Realität in einem Modell dargestellt und veranschaulicht werden können. Sie setzen sich durch die Modellbildung stark mit dem Thema auseinander und lernen dabei Lösungsansätze zu finden sowie konkrete und eindeutige Aussagen zu formulieren.

Voraussetzungen
Zur Durchführung der Modellmethode benötigt man zum einen Zeit (teilweise mehrere Unterrichtsstunden) und zum anderen verschiedene Zugänge zu einem Thema (Darstellungen, Programmierumgebung, Zeicheneditor).

Durchführung
Abb. 3.82 veranschaulicht die vier Aktivitäten der *Modellmethode* und die dazugehörigen Ergebnisse.

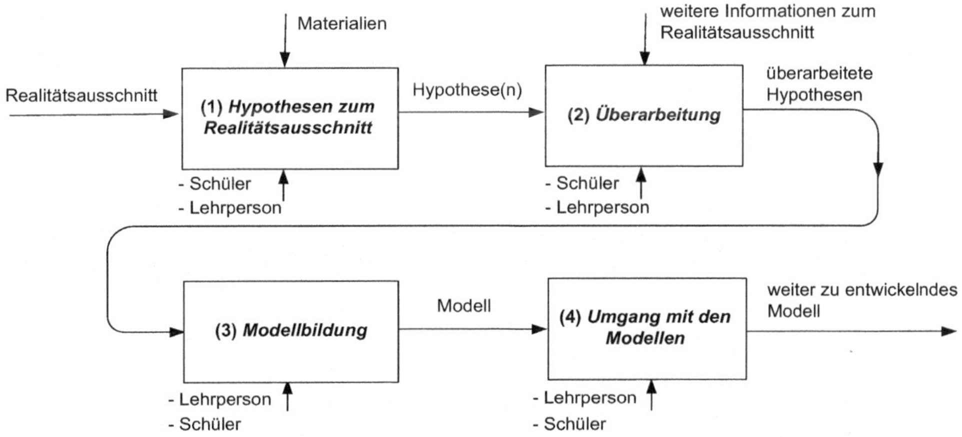

Abb. 3.82 Aktivitäten und Ergebnisse der *Modellmethode*

Das Ergebnis der ersten Aktivität (*Hypothesen zum Realitätsausschnitt*) besteht darin, dass die Schüler Hypothesen über Inhalte und Abläufe des vorgegebenen Realitätsausschnitts aufgestellt haben. Das Ergebnis der zweiten Aktivität (*Überarbeitung*) sind überarbeitete Hypothesen, nachdem die Schüler weitere Informationen zum Realitätsausschnitt recherchiert haben. Das Ergebnis der dritten Aktivität (*Modellbildung*) besteht darin, dass die Schüler unter Anleitung der Lehrperson (insbesondere) Diagramme (Datendiagramm, Klassendiagramm, Ablaufdiagramm, u. a.) erstellt haben. Das Ergebnis der vierten Aktivität (*Umgang mit Modellen*) zielt darauf, Modelle weiterentwickeln zu können.

Aufgabe als Lehrperson
Die Vermittlung des Unterrichtsinhaltes durch die Lehrperson tritt in den Hintergrund. Die Lehrperson ist verantwortlich für den passenden Realitätsausschnitt. Die Lehrperson fungiert als motivierender Anleiter. Während die Schüler das Modell bearbeiten, hilft die Lehrperson bei Verständnisschwierigkeiten und Fragen.

3.12.2 Unterrichtsbeispiel

In Bezug zu den GI-Bildungsstandards exemplifiziert das Unterrichtsbeispiel den Inhaltsbereich *Informatiksystem* sowie den Prozessbereich *Darstellen und Begründen.* Das Unterrichtsbeispiel hat die Funktionsbeschreibung eines Bildschirms zum Inhalt, mit einer Erklärung zur Farbwiedergabe.

(1) Hypothesen zum Realitätsausschnitt
Die Schüler erstellen Hypothesen, wie ein Bildschirm aufgebaut ist, und wie die Farben auf einem Display entstehen.

Hypothesen. Abb. 3.83 zeigt zwei Hypothesen, die Schüler aufstellten.

(2) Überarbeitung
Die Schüler informieren sich im Internet über die Funktionsweise von Bildschirmen, z. B. bei Wikipedia unter dem Stichwort „Bildschirm" (siehe Abb. 3.84).

Zudem informieren sich die Schüler im Internet über den Begriff „Pixel" (siehe Abb. 3.85). „Pixel, Bildpunkt, Bildzelle oder Bildelement werden die einzelnen Farbwerte einer digitalen Rastergrafik bezeichnet sowie die zur Erfassung oder Darstellung eines

Hypothese 1
„Das Display bekommt von der CPU gesagt, welche Farbe es anzeigen soll und dann gehen die entsprechenden Lichter dafür an."

Hypothese 2
„Der Bildschirm wird von der Grafikkarte angesteuert und stellt die Farben durch viele einzelne Pixel an.."

Abb. 3.83 Hypothesen

Abb. 3.84 Bildschirm

Abb. 3.85 Farbe

Farbwerts nötigen Flächenelemente bei einem Bildsensor beziehungsweise Bildschirm mit Rasteransteuerung." (Quelle Wikipedia)

Überarbeitete Hypothesen. Die Schüler überarbeiten ihre erstellten Hypothesen (siehe Abb. 3.86).

(3) Modellbildung

Modell. Die Schüler repräsentieren ihre erarbeitete Hypothese als grafisches Modell (siehe Abb. 3.87) mit den wesentlichen Objekten und Beziehungen.

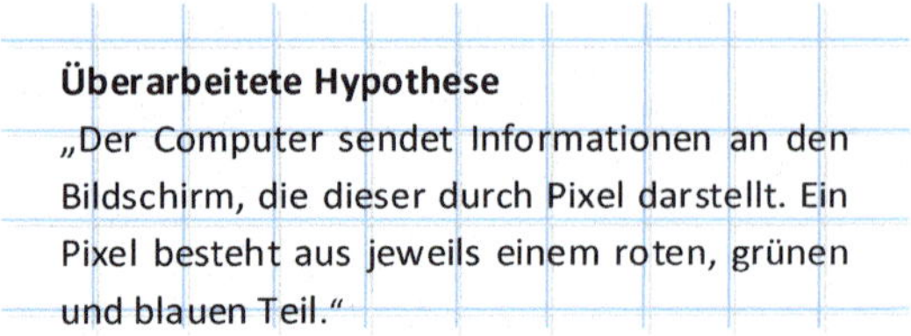

Überarbeitete Hypothese
„Der Computer sendet Informationen an den Bildschirm, die dieser durch Pixel darstellt. Ein Pixel besteht aus jeweils einem roten, grünen und blauen Teil."

Abb. 3.86 Überarbeitete Hypothese

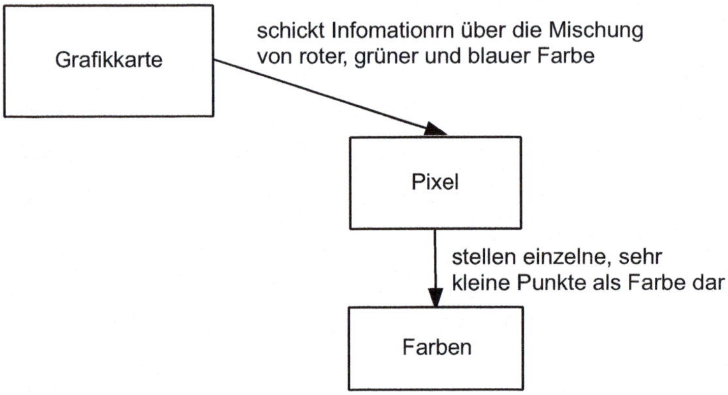

Abb. 3.87 Grafisches Modell

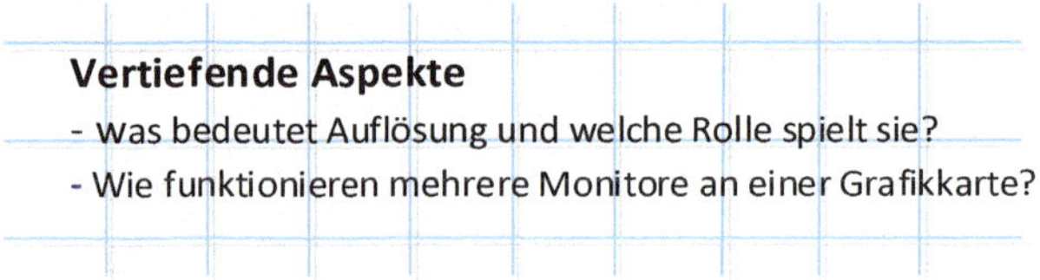

Vertiefende Aspekte
- was bedeutet Auflösung und welche Rolle spielt sie?
- Wie funktionieren mehrere Monitore an einer Grafikkarte?

Abb. 3.88 Vertiefende Aspekte

(4) Umgang mit Modellen
Die Schüler erweitern ihre Modelle gedanklich.

Weiterentwickelte Modelle. Die Schüler überlegen sich vertiefende Aspekte zu ihrem Modell (siehe Abb. 3.88).

3.13 Planspiel

3.13.1 Charakterisierung

Die Unterrichtsmethode Planspiel stellt eine Möglichkeit dar, im Unterricht reale Situationen, die in einem bestimmten Bezug eine Problemsituation darstellen, mit den Schülern zu realisieren und Prozesse zur Entscheidungsfindung „durchzuspielen". Die Begrifflichkeit

„Spiel" lässt sich selbst im Begriff „Planspiel" finden und weist somit diese Unterrichtsmethode der Kategorie der interaktiven Lehr-Lern-Methoden zu. Interaktiv bedeutet in diesem Sinne, dass die Methode aus dynamisch simulierten Spielrunden besteht, die beeinflussbar sind, d. h. durch Beiträge und Argumentationen der Schüler einen anderen Verlauf annehmen können. Dabei sind in der Regel Themen aufzugreifen, die Konflikt- oder Dilemma-Situationen der Alltagswelt darstellen und das Unterrichtsthema auf diese Weise aufgreifen können.

Trennt man den Begriff „Planspiel" in zwei Teile, so erhält man die Einzelbegriffe „Plan" und „Spiel". In diesem Fall bedeutet „Plan" eine modellhaft gedachte Umwelt, nach dessen Plan gespielt wird. Im Rahmen dieses Plans, geht es um die zielgerichtete Problembewältigung, während der Begriff „Spiel" auf die Möglichkeit der kognitiv anregenden Art des Durchlaufens einer Problemsituation weist. Das Durchlaufen dieser Problematik geschieht über die Vergabe von verschiedenen Rollen an die Schüler, die als Mitglieder verschiedener Interessengruppen agieren und argumentieren.

Dabei entstehen Pro- und Kontra-Gruppen, die durch Diskussionen um diesen Interessenkonflikt versuchen eine Lösung zu finden.

Didaktisches Potenzial
In erster Linie ermöglicht diese Methode Schülern eine andere Herangehensweise an eine Problemstellung im Unterricht. Zudem zeichnet sich diese Unterrichtsmethode vor allem dadurch aus, dass durch Vergabe von verschiedenen Rollen und Perspektiven an die Schülerinnen und Schüler, eigene Entscheidungen getroffen und Konsequenzen für dieses Handeln erfahren werden können. Verfügen die Schüler über eine gewisse Basis an Wissen über die Unterrichtsthematik, so bietet es sich umso mehr an, das Planspiel zur Problemlösung durchzuführen.

Voraussetzungen
Eine der Voraussetzungen für die Umsetzung des Planspiels im Unterricht stellt die ausreichende Kenntnis der Schüler über die anstehende Thematik dar. Man kann die Unterrichtsstunde jedoch auch so gestalten, dass die Schüler die Möglichkeit bekommen, sich mit Hilfe von Informationsmaterial Grundlagen zur Thematik kennenlernen. Als weitere Voraussetzungen gelten die passende Findung einer Problemsituation, die man als Lehrperson im Unterricht aufgreifen möchte.

Durchführung
Abb. 3.89 veranschaulicht die sechs Aktivitäten mit dazugehörigen Ergebnissen, welche das *Planspiel* auszeichnen.

Das Ergebnis der ersten Aktivität (*Vorbereitungsphase*) besteht darin, dass Lernziele und Lerninhalte durch die Lehrperson festgelegt sind. Das Ergebnis der zweiten Aktivität (*Einführungsphase*) ist, dass die Lehrperson die Planspielabsicht bekannt gegeben hat einschließlich der Aufgabenstellung sowie der agierenden Personen. Die dritte Aktivität (*Erste Spielphase*) besteht darin, dass die Schüler eine erste Teilaufgabe gelöst haben,

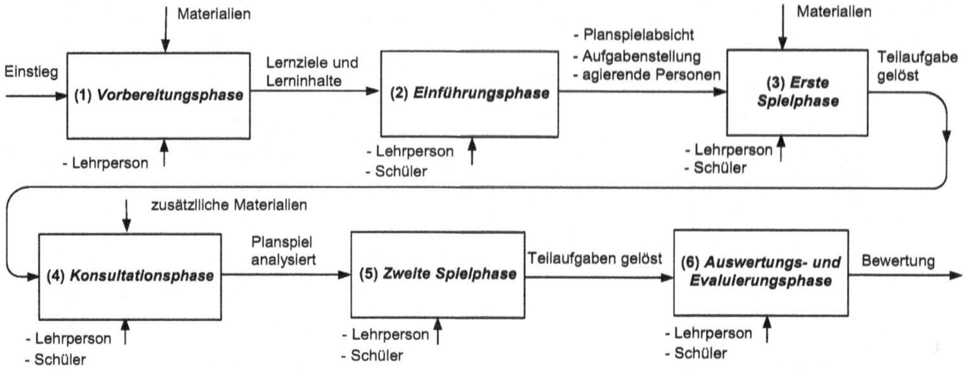

Abb. 3.89 Aktivitäten und Ergebnisse des *Planspiels*

indem sie im Planspiel in Ausführung ihrer Rolle agiert haben. Das Ergebnis der vierten Aktivität (*Konsultationsphase*) zielt darauf ab, dass das Planspiel in Bezug zur ersten Teilaufgabe analysiert ist. Je nach Bedarf und Verlauf des Planspiels können in dieser Aktivität zusätzliche Materialen gegeben werden. Das Ergebnis der fünften Aktivität (*Zweite Spielphase*) sind gelöste Teilaufgaben im Sinne der Planspielabsicht. Das Ergebnis der sechsten Aktivität (*Auswertungs- und Evaluierungsphase*) ist die Selbstbewertung der Rollenspieler.

Aufgabe als Lehrperson

Die Aufgaben der Lehrperson umfassen zunächst die passende Auswahl der Planspielaufgabe in Bezug zum Unterrichtsthema, die Bestimmung der Lernziele und der Lerninhalte sowie die Vorbereitung der Lernmaterialien. In der Einführungsphase erklärt die Lehrperson die Absicht des Planspiels und die Problemsituation. Die Lehrperson hilft den Schülern auch, dabei sich für eine Rolle zu entscheiden. In den weiteren Aktivitäten konzentriert sich die Aufgabe darauf, dass sie Schüler motiviert, Teilaufgaben zu erarbeiten.

3.13.2 Unterrichtsbeispiel

In Bezug zu den GI-Bildungsstandards exemplifiziert das Unterrichtsbeispiel den Inhaltsbereich *Informatik, Mensch und Gesellschaft* sowie den Prozessbereich *Kommunizieren und Kooperieren.* Das Unterrichtsbeispiel hat das Thema *Verschlüsselung* zum Inhalt. Das Beispiel ist angelehnt an die unterrichtspraktischen Ausführungen von Fothe (2006).

(1) Vorbereitungsphase

Die Lehrperson teilt den Schülern mit, was bis zum Ende der Unterrichtsstunde gelernt werden soll.

Lernziele und Lerninhalte. Die Lehrperson gibt Lernziele und Lerninhalte bekannt.

Lernziel
Ver-/Entschlüsseln von Dokumenten

Lerninhalt
- symmetrisches Verschlüsseln
- asymmetrisches Verschlüsseln
- privater Schlüssel/öffentlicher Schlüssel
- Signieren und Überprüfen
- Hashwert

(2) Einführungsphase

Die Lehrperson erklärt den Schülern, was die Absicht des Planspiels ist, insbesondere stellt sie die Aufgabenstellung (Teilaufgaben in Form von Szenen) vor und legt zusammen mit den Schülern die Rollen fest.

Planspielabsicht, Aufgabenstellung, agierende Personen. Die folgende Abb. zeigt den Tafelanschrieb, der Planspielabsicht, Szenen (Teilaufgaben) und Rollen skizziert.

Szenen	Rollen (agierende Personen)
1. Zwei Personen wollen sicher kommunizieren	1. Anna
2. Eine Person fängt den Sitzungsschlüssel ab	2. Bert
3. Sicherer Transport von Sitzungsschlüssel	3. Clara
4. Abfangen eines öffentlichen Schlüssels	4. Dirk
5. Zertifizieren von Schlüsseln durch Trustcenter	5. Theresa (Trustcenter)

(3) Erste Spielphase

Die Schüler lösen die erste Teilaufgabe (Anna und Bert wollen sicher kommunizieren), indem sie ein symmetrisches Verschlüsselungsverfahren verwenden.

Teilaufgabe gelöst. Die Schüler agieren mit vorbreiteten Karten. Anna übergibt Bert den Sitzungsschlüssel S. Dann erläutert sie das Verschlüsseln des Klartextes K mit dem Sitzungsschlüssel zum Geheimtext G. Anna übergibt Bert die Karte mit dem Geheimtext G. Bert erläutert das Entschlüsseln skizziert (siehe Abb. 3.90).

(4) Konsultationsphase

Nach der ersten Spielphase gibt die Lehrperson den Schülern eine Rückmeldung zum Planspiel und klärt die Schüler über mögliche Angriffsmöglichkeiten auf, wenn Dokumente symmetrisch verschlüsselt werden.

Planspiel analysiert. Die Rückmeldung zeigt eine Auswahl von Fragen in Bezug zur ersten Szene (siehe Abb. 3.91).

(5) Zweite Spielphase

In der zweiten Spielphase agieren die Schüler in Bezug zu den Szenen 2 bis 5, für die weitere Karten vorbereitet sind, und lösen die Teilaufgaben.

Teilaufgaben gelöst. Die Abb. 3.92 enthält den Text zu Szene 3, die mit weiteren Karten gelöst werden kann (siehe Abb. 3.93).

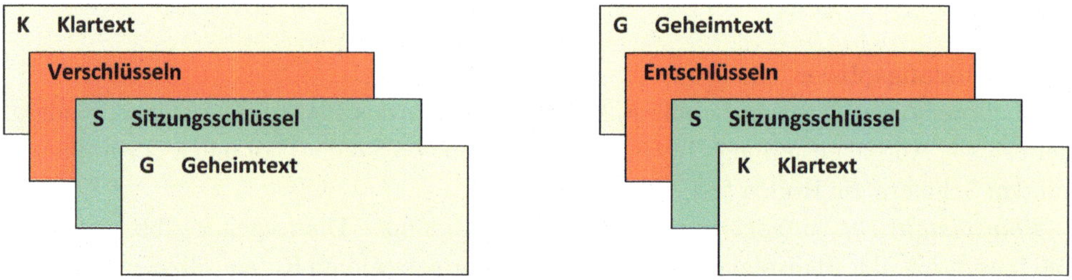

Abb. 3.90 Karten

Fragen (zur 1. Szene)
- *was kann passiert sein, wenn der Sitzungsschlüssel abgefangen wurde?*
- *was kann mit dem abgefangenen Sitzungsschlüssel angefangen werden?*
- *wie könnte man anders vorgehen?*

Abb. 3.91 Fragen zu ersten Szene

3. Szene

Für den sicheren Transport des Sitzungsschlüssels S wird ein asymmetrisches Verschlüsselungsverfahren verwendet. Anna bittet Bert um Zusendung seines öffentlichen Schlüssels $S_{BÖ}$, sie verschlüsselt den Klartext mit diesem Schlüssel und sendet den erhaltenen Geheimtext an Bert. Bert entschlüsselt den Geheimtext mit seinem privaten Schlüssel S_{BP} und kennt nun den Klartext.

Abb. 3.92 Dritte Szene

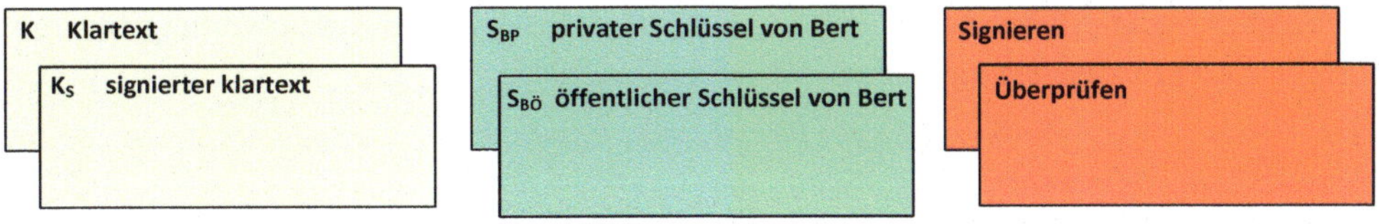

Abb. 3.93 Karten zur Lösung der dritten Szene

Abb. 3.94 Bewertung

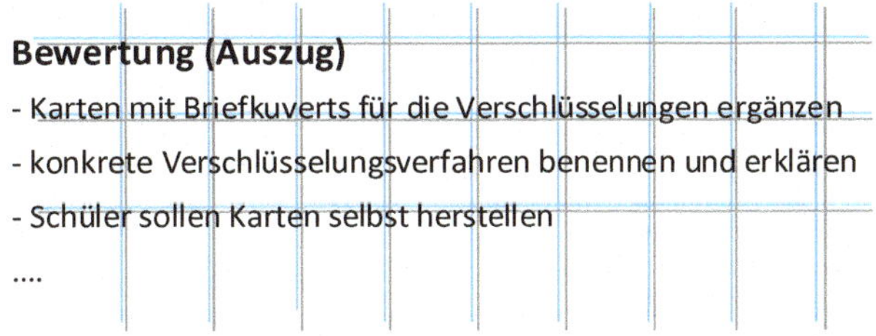

(6) Auswertungs- und Evaluierungsphase
In der Auswertungs- und Evaluierungsphase gibt die Lehrperson den Schülern Rückmeldung zum Planspiel, fasst die Ergebnisse zusammen und nimmt Verbesserungsmöglichkeiten von den Schülern auf.

Bewertung. Abb. 3.94 gibt einen Auszug von Verbesserungsmöglichkeiten zum durchgeführten Planspiel wieder.

3.14 Portfoliomethode

Lucas Grimm und Andreas Zendler

3.14.1 Charakterisierung

Die Portfoliomethode ist eine Unterrichtsmethode, die Lernenden erlaubt, auf den eigenen Lernfortschritt mit Hilfe einer Sammelmappe aufmerksam zu machen, wobei sie individuelles Qualitätsbewusstsein und Verantwortung für den eigenen Lernprozess entwickeln. Portfolios werden entweder zu einem vereinbarten Thema oder für eine bestimmte Lernphase angelegt.

Didaktisches Potenzial
Portfolios dienen der Reflexion des Lernstandes der Schüler nach dem Abschluss eines Themengebietes oder einer Lernphase. Sie dienen zur Förderung selbstständiger Arbeit

der Schüler, indem diese individuelles Qualitätsbewusstsein und Verantwortung für ihre eigenen Lernprozesse entwickeln.

Voraussetzungen
Die Schüler sollten in der Lage sein, selbstständig und eigenverantwortlich arbeiten zu können, Sammelmappen oder Ordner zu führen und einen sicheren Umgang mit dem PC (Officesystem, Ordnersystem) zu beherrschen.

Durchführung
Aus der Abb. 3.95 lassen sich die drei Aktivitäten der *Portfoliomethode* entnehmen, mit den dazugehörigen Ergebnissen.

Das Ergebnis der ersten Aktivität (*Anlegen einer Sammelmappe*) ist eine Sammelmappe, die vom Schüler angelegt ist, um unterrichtsbezogene Materialien sammeln zu können. Das Ergebnis der zweiten Aktivität (*Dokumente anfertigen*) umfasst die vom Schüler angefertigten Dokumente (Texte, Computerprogramme, gelöste Aufgaben, Reflexionen zum Lernstand). Das Ergebnis der dritten Aktivität (*Reflexion*) sind die von den Schülern erstellten Portfolios, die nach Reflexion mit der Lehrperson fertiggestellt sind.

Aufgabe als Lehrperson
Die Aufgabe der Lehrperson gleicht der eines Lernbegleiters, der die Schüler bei Fragen unterstützt, jedoch auch neue Arbeitsaufträge an die Klasse weitergibt.

3.14.2 Unterrichtsbeispiel

In Bezug zu den GI-Bildungsstandards exemplifiziert das Unterrichtsbeispiel den Inhaltsbereich *Algorithmen* sowie den Prozessbereich *Strukturieren und Vernetzen.*

(1) Anlegen einer Sammelmappe
Die Lehrperson steckt den zeitlichen Rahmen ab. Er gibt den Schülern den Arbeitsauftrag, eine elektronische Sammelmappe mit Ordnern und Unterordnern für das Thema Algorithmus anzulegen. Diese Ordner dienen zur Sammlung von Dateien für Programme, Texte, Tabellen, Präsentationen, Grafiken, Videos, HTML-Dateien, PDF-Dateien, u. a.

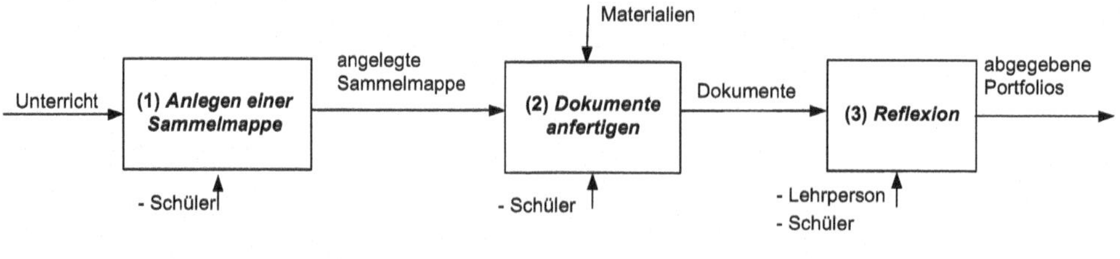

Abb. 3.95 Aktivitäten und Ergebnisse der *Portfoliomethode*

Angelegte Sammelmappe. Der angelegte Ordner dient zur Sammlung von Dateien (z. B. Programme, Texte, Präsentationen, Grafiken, Videos, HTML- Dateien, PDF-Dateien), die in entsprechenden Unterordnern enthalten sind (siehe Abb. 3.96).

(2) Dokumente anfertigen

Zusätzlich zu gesammelten Materialien werden von den Schülern selbst Dokumente zu Arbeitsaufträgen oder Aufgaben erstellt und anschließend in ihren Sammelmappen abgelegt.

Dokumente. Beispiele für Dokumente sind Struktogramme, PowerPoint-Folien, selbst geschriebene Programme, Zeichnungen, Auszüge aus Buchkapiteln, u. a. (siehe Abb. 3.97).

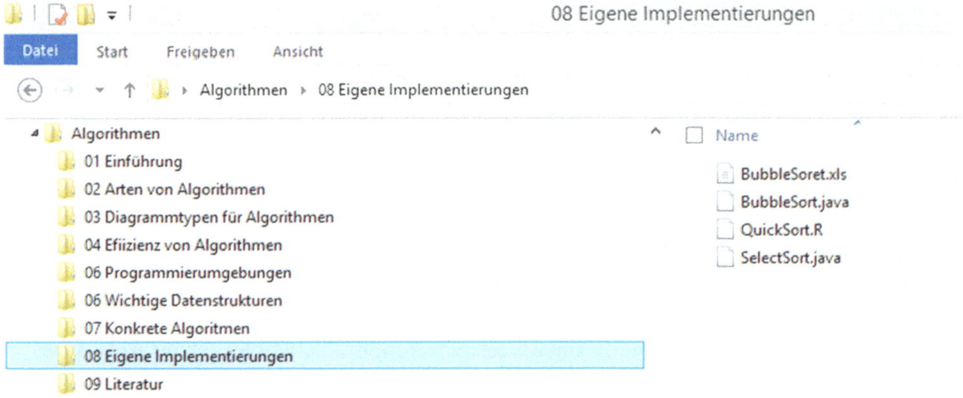

Abb. 3.96 Angelegte Sammelmappe

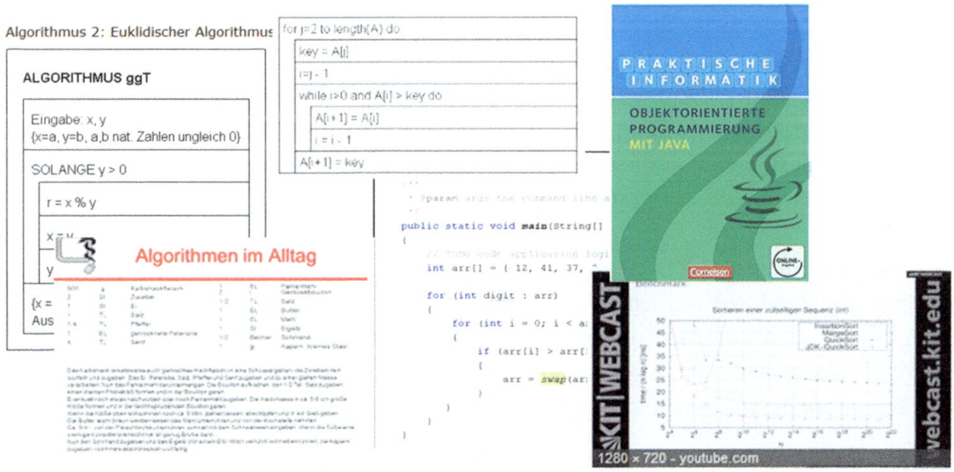

Abb. 3.97 Dokumente

Abb. 3.98 Abgegebene Portfolios

(3) Reflexion
Die von den Schülern erstellten Portfolios werden gemeinsam mit der Lehrperson durchgesprochen und danach fertiggestellt.

Abgegebene Portfolios. Fertige Portfolios werden der Lehrperson von den Schülern elektronisch zur Verfügung gestellt, die dieser gegebenenfalls benotet (siehe Abb. 3.98).

3.15 Problemorientierter Unterricht

3.15.1 Charakterisierung

Problemorientierter Unterricht ist eine Methode zur Entwicklung von Problemlösekompetenzen bei Schülern. Dazu wird ein exemplarischer Problemfall mit struktureller Nähe zu Alltagssituationen vorgestellt, dessen Lösung Kompetenzen erfordert, die es erlauben, dass Schüler Einsichten und Erfahrungen übertragen und sich dadurch in (fremden) Problemfeldern sachgerecht bewegen.

Didaktisches Potenzial
Durch das Problemlösen werden die Schüler zum einen konstruktivistisch und zum anderen sozial gefördert. Das eigene Entdecken von Lösungen bringt den Schülern die Erfahrung von Wissenszuwachs durch eigene Aktivität. Sie lernen, dass Wissen nicht einfach von einer Person auf die nächste übertragen wird, sondern dass jeder Lernende selbst gefragt ist.

Voraussetzungen
Der Ausgangsimpuls, ein Problemfall, muss transfer- und anschlussfähig sein. Die Problembeschreibung und Problemlösung sollte sich mit dem bisherigen Denken der Schüler verknüpfen lassen.

Durchführung
Abb. 3.99 veranschaulicht die sieben Aktivitäten mit dazugehörigen Ergebnissen des *problemorientierten Unterrichts*.

Das Ergebnis der ersten Aktivität (*Konfrontieren*) besteht darin, dass der Problemfall von der Lehrperson für die Schüler einer Lerngruppe festgelegt ist. Das Ergebnis der zweiten Aktivität (*Fragen stellen*) sind 1–3 formulierte Fragen zum Problemfall durch die Schüler. Die dritte Aktivität (*Problem analysieren*) zielt darauf, dass die einzelnen Schüler aufgrund ihres Vorwissens individuell Hypothesen und Erklärungen für den Problemfall festhalten. Das Ergebnis der vierten Aktivität (*Hypothesen vergleichen*) umfasst den Hypothesenabgleich in einer Lerngruppe. Das Ergebnis der fünften Aktivität (*Lernfragen stellen*) sind offene Fragen, die beantwortet werden müssen, um den Problemfall zu lösen. Das Ergebnis der sechsten Aktivität (*selbst Wissen aneignen*) besteht darin, dass sich die Schüler selbstständig neues Wissen aneignen, damit sie die offenen Fragen aus der fünften Aktivität beantwortet können. Das Ergebnis der siebten Aktivität (*Ergebnisse austauschen*) umfasst die Ergebnisse zu den offenen Fragen, die in der Lerngruppe ausgetauscht und abgeglichen worden sind.

Aufgabe als Lehrperson
Die Vermittlung des Unterrichtsinhaltes durch die Lehrperson tritt in den Hintergrund. Von besonderer Bedeutung ist die Konstruktion von Problemfällen. Die Lehrperson fungiert als motivierender Anleiter und bietet den Schülern, nach der Vorstellung des Pro-

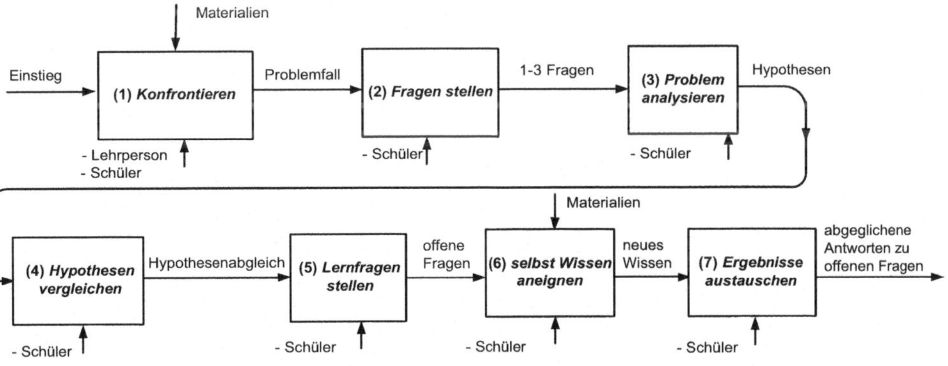

Abb. 3.99 Aktivitäten und Ergebnisse des *Problemorientierten Unterrichts*

blemfalls, Informationstexte. Während die Schüler den Problemfall bearbeiten, hilft die Lehrperson bei Verständnisschwierigkeiten und Fragen. Die Lehrperson evaluiert die Lernprozesse.

3.15.2 Unterrichtsbeispiel

In Bezug zu den GI-Bildungsstandards exemplifiziert das Unterrichtsbeispiel den Inhaltsbereich *Algorithmen* sowie den Prozessbereich *Kommunizieren und Kooperieren.* Das Unterrichtsbeispiel hat das Thema Algorithmen am Beispiel *Sortieralgorithmen* zum Inhalt.

(1) Konfrontieren

Die Lehrperson konfrontiert die Schüler mit der Aufgabe, Spielkarten mit Zahlen in aufsteigender Reihenfolge zu sortieren.

Problemfall. Der Problemfall besteht darin, dass die Spielkarten zunächst verdeckt daliegen (siehe folgende Abb.). Als Spielregeln gelten: (1) es dürfen nur zwei Karten zu einem Zeitpunkt aufgedeckt sein, (2) nur eine Karte darf in die Hand genommen werden.

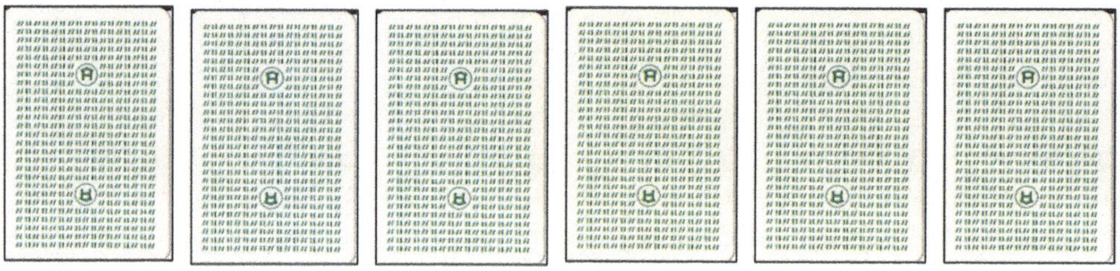

(2) Fragen stellen

Nach Darlegung des Problemfalls stellen die Schüler Fragen, so dass der Problemfall exakter spezifiziert ist.

1–3 Fragen. Fragen der Schüler zeigt folgende Abb.

Fragen

F1: Ist es egal, welche Karten aufzudecken sind?

F2: Muss man sich die Werte der Karten merken?

F3: Muss man sich die Positionen der Karten merken?

(3) Problem analysieren

Die Schüler analysieren das Problem, indem sie mit den Spielkarten verschiedene Situationen durchspielen.

Hypothesen. Die Schüler stellen nach mehreren durchgespielten Situationen etwa folgende Hypothesen auf.

Hypothesen
H1: immer die Karte mit dem kleinsten Wert an den Anfang anlegen, dann wiederholen
H2: man vergleicht immer zwei nebeneinander liegende Karten, und zwar von Anfang an
H3: Karte nehmen und an richtiger Stelle einfügen (wie beim Sortieren eines Spielkartenblattes)

(4) Hypothesen vergleichen

Hypothesenabgleich. Die Schüler demonstrieren sich Lösungen zu den Hypothesen an Beispielen mit den Spielkarten und zeigen Vor- und Nachteile auf. Die folgende Abb. veranschaulicht etwa Hypothese H2: Die Spielkarte „Zahl 3" muss mit der Spielkarte „Zahl 10" getauscht werden; dann die Spielkarte „Zahl 7" mit der Spielkarte „Zahl 10", usw.

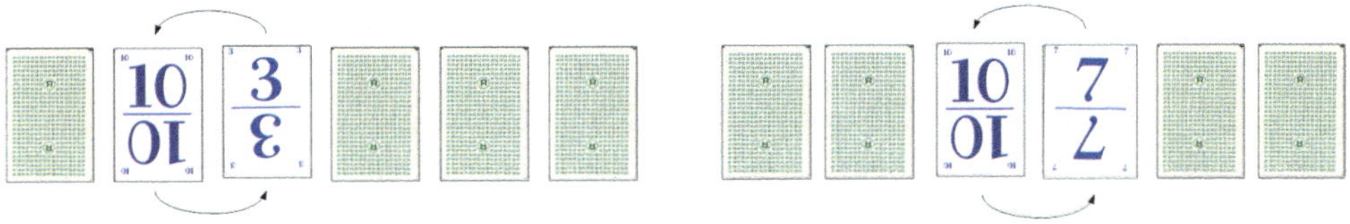

(5) Lernfragen stellen

Nach dem Hypothesenabgleich haben die Schüler eine Vielzahl offener Fragen, die sich auf den Aufbau, die Eigenschaften und die Darstellung von Algorithmen konzentrieren.

Offene Fragen. Typische offene Fragen von Schülern enthält.

Offene Fragen
X1: wann ist der Algorithmus zu Ende?
X2: was brauche ich alles für einen Algorithmus?
X3: wie kann man einen Algorithmus darstellen?

(6) Selbst Wissen aneignen

Zur Beantwortung der offenen Fragen eignen sich die Schüler selbstständig neues Wissen an, indem sie bereitgestelltes Hintergrundmaterial zu Algorithmen (z. B. Magenheim 2013, Kap. 3; Gallenbacher 2012, Kap. 2) verwenden, oder selbst nach Antworten in anderen Quellen recherchieren.

Neues Wissen. Das neue Wissen umfasst Darstellungsformen für Algorithmen (z. B. Pseudocode, Programmablaufplan, Nassi-Shneiderman-Diagramm), Bausteine für Algorithmen (Sequenz, Iteration, Selektion) sowie konkrete Sortieralgorithmen (z. B. BubbleSort, SelectionSort, InsertionSort). Abb. 3.100 zeigt den BubbleSort, dargestellt als Nassi-Shneiderman-Diagramm (aus Gallenbacher 2012, S. 55)

(7) Ergebnisse austauschen

Mit dem neuen Wissen tauschen sich die Schüler zu den offenen Fragen aus und vergegenwärtigen sich die Lösung des Problemfalls (siehe in Abb. 3.101 die sortierte Kartenfolge).

Abgeglichene Antworten zu offenen Fragen. Die Schüler erklären sich etwa konkrete Sortieralgorithmen, die sie recherchiert haben. Insbesondere vermitteln sie sich neues

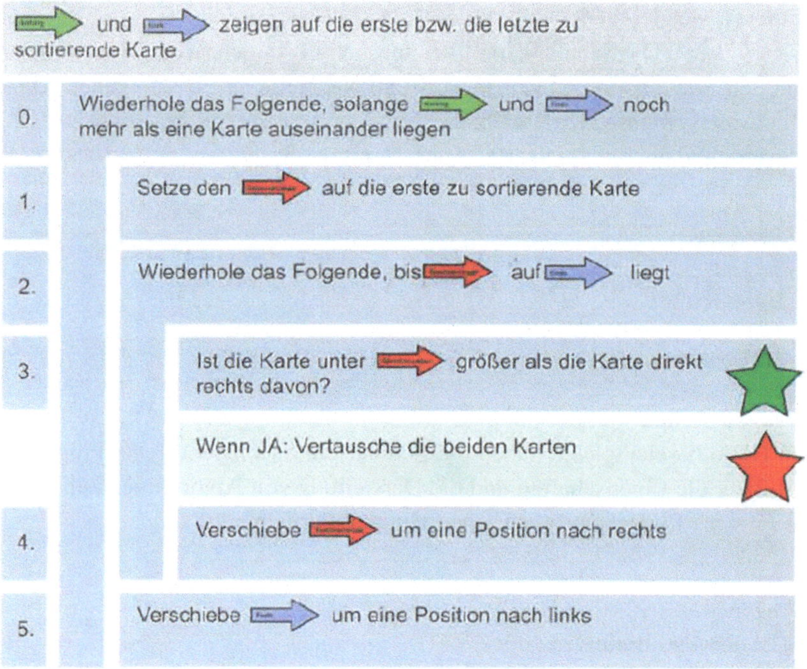

Abb. 3.100 Neues Wissen

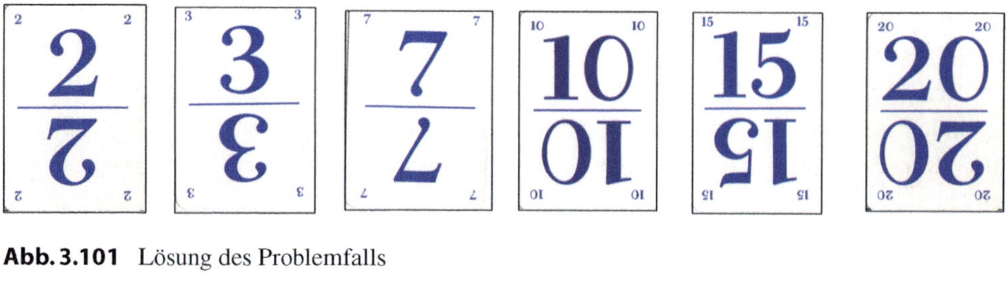

Abb. 3.101 Lösung des Problemfalls

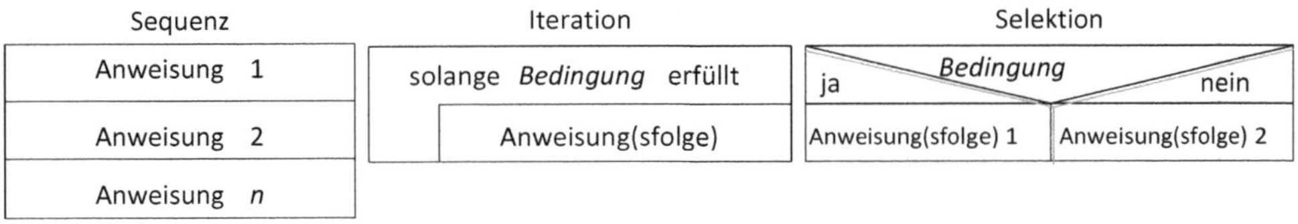

Abb. 3.102 Neues Wissen zu Bausteinen eines Algorithmus

Wissen zu den typischen Bausteinen eines Algorithmus (Sequenz. Iteration, Selektion) sowie über deren Darstellungsformen (siehe Abb. 3.102).

3.16 Projektmethode

Franziska Fuchs

3.16.1 Charakterisierung

Die Projektmethode ist eine handlungsorientierte Unterrichtsmethode, die Schüler in eine verantwortungsvolle Position versetzt, in der sie selbstgesteuert Prozesse planen und ausführen müssen, um ein gemeinsames Ziel zu erreichen.

Didaktisches Potenzial
Schüler arbeiten in Projekten arbeitsteilig, handlungsorientiert, planvoll und (weitgehend) selbstgesteuert. Durch die kollektive Arbeit wird das Projekt erfahrungsbezogen und ist zielgerichtet auf ein gemeinsamen Endprodukt. Zudem lernen die Schüler, wie sie komplexere Ziele durch die Aufteilung in Teilziele erreichen können.

Voraussetzungen
Zuerst muss das Projekt von der Lehrperson festgelegt werden. Oft muss von der Lehrperson zusätzliches Arbeitsmaterial bereitgestellt werden.

Durchführung
Abb. 3.103 veranschaulicht die sechs Aktivitäten mit dazugehörigen Ergebnissen der *Projektmethode*.

Das Ergebnis der ersten Aktivität (*Projekt initiieren*) besteht darin, dass die Aufgabenstellung klar ist, die im Projekt bearbeitet werden soll. Das Ergebnis der zweiten Aktivität (*Projekt skizzieren*) ist eine Projektskizze. Schüler erkunden gemeinsam mit der Lehrperson, was im Projekt machbar ist, und was nicht. Die dritte Aktivität (*Projekt planen*) zielt darauf ab, dass die Schüler einen Projektplan erstellen mit Projektgruppen und Arbeitsprozessen, die inhaltlich und zeitlich festgelegt sind. Die vierte Aktivität

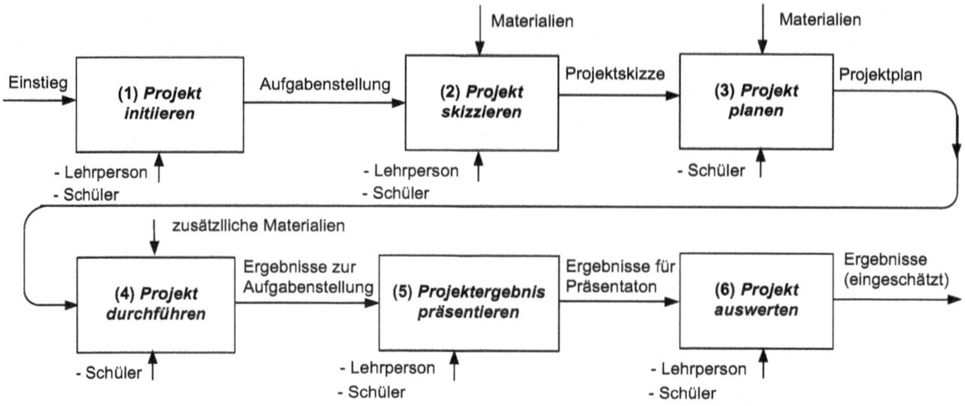

Abb. 3.103 Aktivitäten und Ergebnisse der *Projektmethode*

(*Projekt durchführen*) umfasst die Erarbeitung der Ergebnisse zur Aufgabenstellung. Das Ergebnis der fünften Aktivität (*Projektergebnis präsentieren*) ist die weitere Erarbeitung von Ergebnissen bis zur Präsentationsreife. In der sechsten Aktivität (*Projekt auswerten*) schätzen die Schüler ihre erarbeiteten Ergebnisse wie auch ihre Arbeitsprozesse selbstkritisch ein.

Aufgabe als Lehrperson

Die Lehrperson muss die Rahmenbedingungen setzen, transparent machen und begründen. Während der Phasen der Projektarbeit soll sie sich auf das Beraten beschränken. Es kann aber auch sinnvoll sein, Anregungen für Lösungsmöglichkeiten oder Kriterien für Entscheidungsmöglichkeiten sowie Informationen anzubieten.

Im Verlauf des Projektes ist es die Aufgabe der Lehrperson, den gesamten Lernprozess zu beobachten, zu begleiten, zu analysieren und gegebenenfalls zu bewerten. Sie berät durch Denkanstöße, motiviert und lässt die Schüler „nicht in die Irre laufen". Gleichwohl ist es wichtig, so wenig wie möglich in den Prozessverlauf einzugreifen, um die Entwicklung der eigenständigen Arbeit nicht zu gefährden.

3.16.2 Unterrichtsbeispiel

In Bezug zu den GI-Bildungsstandards exemplifiziert das Unterrichtsbeispiel den Inhaltsbereich *Sprachen und Automaten* sowie den Prozessbereich *Kommunizieren und Kooperieren.* Das Unterrichtsbeispiel hat die Erstellung einer Website für einen DVD-Verleih zum Inhalt.

(1) Projekt initiieren

Die Lehrperson stellt den Schülern vor, was für die nächsten Unterrichtsstunden geplant ist.

Aufgabenstellung. Die Lehrperson stellt den Schülern die Aufgabenstellung des Projekts (siehe Abb. 3.104) vor.

(2) Projekt skizzieren
Die Schüler erkunden gemeinsam mit der Lehrperson, was im Projekt möglich ist.

Projektskizze. Die Schüler tragen zusammen, was für das Projekt benötigt wird, auf was geachtet werden muss (Was muss die Webseite alles können? Wie soll sie später aussehen?) (siehe Abb. 3.105).

(3) Projekt planen
Um das Projekt zu planen, wird das Projekt in Teilsysteme aufgeteilt und Schnittstellen in diesen Teilsystemen festgestellt. Es findet die zeitliche Koordination statt, bis wann welche Teilsysteme fertig sein müssen, und welche Funktionen diese enthalten müssen,

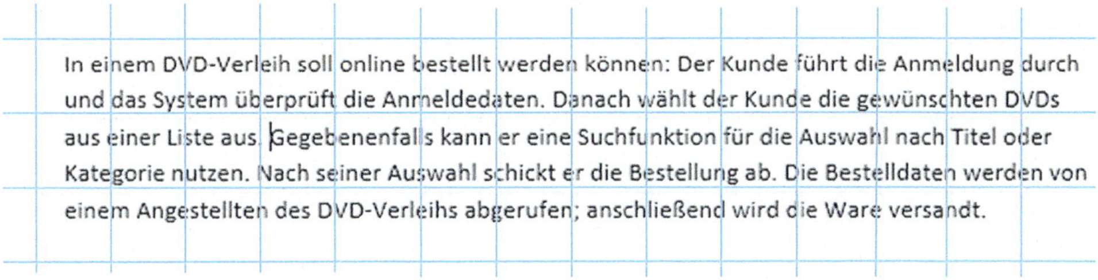
In einem DVD-Verleih soll online bestellt werden können: Der Kunde führt die Anmeldung durch und das System überprüft die Anmeldedaten. Danach wählt der Kunde die gewünschten DVDs aus einer Liste aus. Gegebenenfalls kann er eine Suchfunktion für die Auswahl nach Titel oder Kategorie nutzen. Nach seiner Auswahl schickt er die Bestellung ab. Die Bestelldaten werden von einem Angestellten des DVD-Verleihs abgerufen; anschließend wird die Ware versandt.

Abb. 3.104 Aufgabenstellung

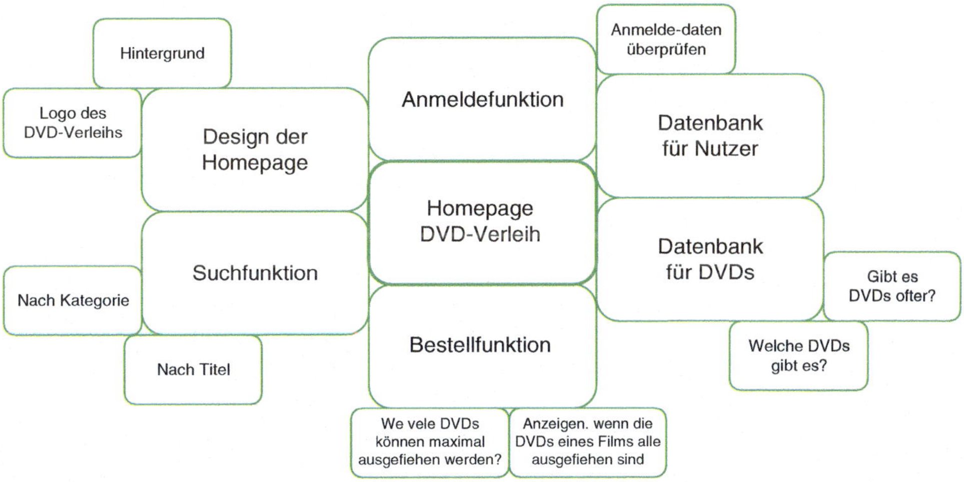

Abb. 3.105 Projektskizze

damit weitergearbeitet werden kann und das Projekt in der vorgeschriebenen Zeit fertig wird.

Projektplan. Abb. 3.106 zeigt einen Ausschnitt aus dem Projektplan mit Aktivitäten im ersten, zweiten und dritten Schritt.

(4) Projekt durchführen

In dieser Aktivität wird das Projekt wie im Projektplan durchgeführt. Die Teilsysteme werden von den Schülern soweit möglich parallel erstellt und später zusammengefügt.

Ergebnisse zur Aufgabenstellung. Die Abb. 3.107 und 3.108 zeigen die von den Schülern erstellte Filmdatenbank (in Excel) und das Grundgerüst der Homepage in HTML-Syntax.

(5) Projektergebnis präsentieren

Die Schüler stellen ihre Ergebnisse als Präsentation der gesamten Klasse vor.

Ergebnisse für die Präsentation. Abb. 3.109 zeigt einen Ausschnitt aus der Projektpräsentation.

(6) Projekt auswerten

In diesem Schritt reflektieren die Schüler ihre Ergebnisse

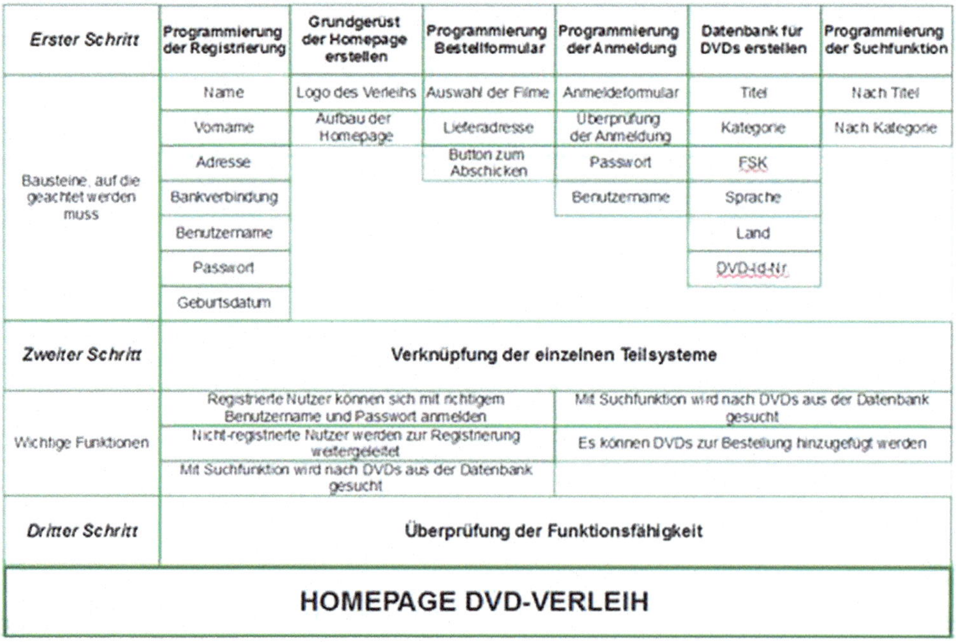

Abb. 3.106 Projektplan

Film_ID	Titel	EAN	Genre	Regie	Produzent	Darsteller	FSK	Länge	Jahr	Drehbuch	Kamera	Musik	Inhalt
1	Die Zeitmaschi	7321921525667	Science Fiction	George Pal	George Pal	Rod Taylor, Ala	12	99	1959	David Duncan	Paul Vogel	Russel Garcia	Im Jahr 1899 k
2	Die Firma	4010884903961	Thriller	Sydney Pollack	Scott Rudin, Jo	Tom Cruise, Je	12	148	1993	David Rabe, Ro	John Seale	Dave Grusin	Mitch McDeere
3	Robocop - Dari	4041658220129	Science Fiction	Paul Verhoeven	Jon Davison, St	Page Fletcher,	16	95	2001	Michael Miner,	Jost Vacano, S	Basil Poledouri	Zehn Jahre lang
4	Spiel auf Bewä	4030621412958	Drama	Phil Joanou	Neal H. Moritz,	Dwayne Johnsc	12	126	2006	Jeff Maguire	Jeff Cutter	Trevor Rabin	Sean Porter ist
5	Die neun Pforte	4010232004376	Thriller	Roman Polanski	Roman Polanski	Johnny Depp, F	12	133	1999	John Brownjohr	Darius Khondji	Wojciech Kilar	Der Buch-Detek
6	Romeo must D	7321921181283	Action	Andrzej Bartko	Joel Silver, Jim	Jet Li, Aaliyah,	16	110	2000	Mitchell Kapner	Glen MacPhers	Verschiedene In	Zwei Clans, ein
7	Action Jackson	7321921008160	Action	Craig R. Baxley	Joel Silver	Carl Weathers,	16	95	1988	Robert Reneau	Matthew F. Leo	Herbie Hancock	Jericho Jackson
8	Die Insel	7321923717305	Science Fiction	Michael Bay	Walter F. Parke	Ewan McGrego	16	130	2005	Caspian Tredw	Mauro Fiore	Steve Jablonsk	Lincoln Six Ech
9	Der Aussensei	4020974155106	Action	Jacques Deray	Alain Belmondo	Jean-Paul Belm	16	100	1983	Jacques Deray,	Xaver Schwarze	Ennio Morricon	Kommissar Jor
10	Angst über der	4020974155816	Action	Henri Verneuil	Henri Verneuil	Jean-Paul Belm	16	120	1975	Jean Laborde, f	Jean Penzer	Ennio Morricon	Spannende Ver
11	Der Greifer	4020974155694	Action	Philippe Labro	Alain Belmondo	Jean-Paul Belm	16	110	1975	Jacques Lanzm	Jean Penzer	Michel Colomb	Der Greifer, ist
12	Der Profi	4020974155041	Action	Georges Lautne	Alain Belmondo	Jean-Paul Belm	16	104	1981	Patrick Alexanc	Henri Decae	Ennio Morricon	Der französisch
13	Der Profi 2	4020974155052	Action	Jacques Deray	Alain Sarde	Jean-Paul Belm	18	100	1986	Jacques Deray,	Jean-Francois F	Danny Shogger	Harter Bulle mit
14	Half a Chance	4045016556187	Action	Patrice Leconte	Christian Fechr	Vanessa Parad	16	93	2002	Patrick Dewolf	Steven Poster	Alexandre Desp	Einen Monat na
15	Ein Offizier und	4010884506016	Drama	Taylor Hackford	Douglas Day St	Richard Gere, [	16	122	1982	Douglas Day St	Donald E. Thor	Jack Nitzsche	Als Zack Mayo
16	Butterfly Effect	7321925003321	Thriller	Eric Bress, J. N	Chris Bender, A	Ashton Kutcher	16	198	2004	Eric Bress, J. N	Matthew F. Leo	Michael Suby	Bereits während
17	Shiri	4020974155801	Thriller	Je-gyu Kang	Moo-Rim Byun,	Suk-kyu Han, K	16	125	1999	Je-gyu Kang	Sung-Bok Kim	Don-Jun Lee	Die Wiedervere
(AutoWert)								0	0				

Abb. 3.107 Filmdatenbank

```
<html>
<head>
<TITLE>Web-Opac V2.4/11013</TITLE>
<meta name="description" content="B.o.n.d Web-OPAC">
<meta name="keywords" content="Bibliothek, Opac, Recherche, Stadtbüc
<meta http-equiv="Content-Type" content="text/html; charset=iso-8859
<link rel="search" type="application/opensearchdescription+xml" titl
<script language="javascript">
function Topic(sType, sIn){self.suche.fSetTopic(sType, sIn );return;

</SCRIPT>
</head>


<frameset cols="*,10" border="0" frameborder="no" framespacing=0>

        <FRAMESET rows="86,35,* " border="0" frameborder="no" frames
    <FRAME SRC="blank.asp" name="suche" NORESIZE scrolling="no" marg


        <FRAMESET cols="400,*" border="0" frameborder="no" framespac

<FRAME scrolling="auto" SRC="home.asp" name="ergebnis"><FRAME SRC="s
        </frameset>

    </frameset>

        <FRAME SRC="/read/rot.html" name="rot" NORESIZE scrolling="n
        border=0 frameborder="no" framespacing=0>

</frameset>
<body>
<div id="anzeige" style="BORDER-RIGHT: 0px; PADDING-RIGHT: 0px; BORD
    <iframe src="login.asp" width="50%" height="100" name="test">
</div>

</body>
<NOFRAMES>

</NOFRAMES>
```

Abb. 3.108 Grundgerüst der Homepage in HTML

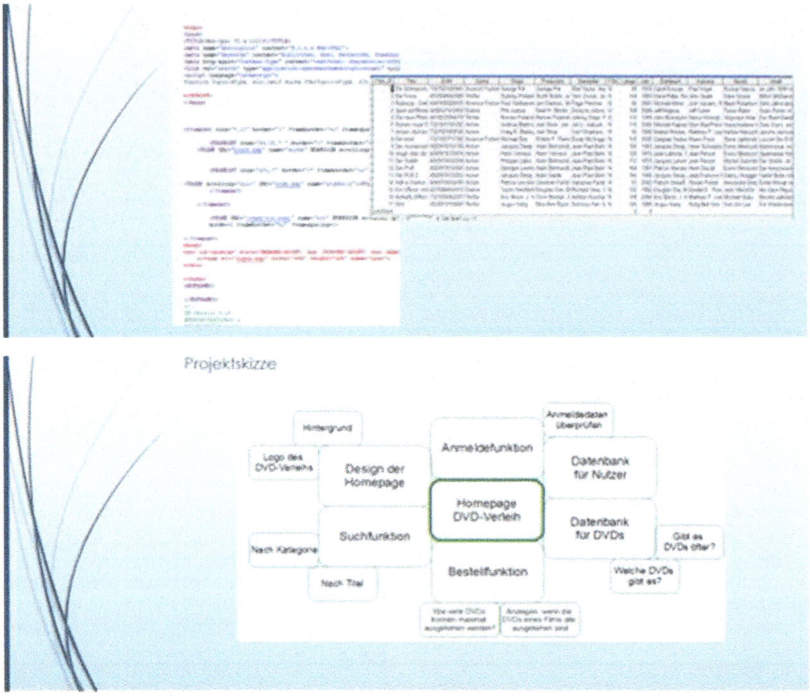

Abb. 3.109 Projektpräsentation

Auswertung:

- Design der Webseite anpassen
- Suche nach Filmen verfeinern
- Höchstzahl für Anzahl der ausgeliehenen DVDs pro Benutzer anpassen
- Es konnten sich mehrere Benutzer mit dem gleichen Benutzername registrieren (verändern)

Abb. 3.110 Projektauswertung

Ergebnisse (eingeschätzt). Einige Reflexionen der Schüler zeigt die Auswertung in Abb. 3.110, wie etwa, dass das Design der Webseite anzupassen ist, oder die Suche nach Filmen zu verfeinern ist.

3.17 Referat

Rouven Eschenbacher

3.17.1 Charakterisierung

Das *Referat* als Unterrichtsmethode dient zum Nachweis, dass Schüler Informationen sammeln, verarbeiten und organisiert präsentieren können. Die Schüler arbeiten sich in der Regel selbstständig in ein (vorgegebenes) Thema ein, wählen die geeigneten Inhalte aus und bereiten einen Vortrag sowie benötigte Medien vor. Das erarbeitete Referat wird vor der Klasse präsentiert. Zusätzlich kann den Schülern die Aufgabe gestellt werden, eine schriftliche Ausarbeitung zum Thema anzufertigen und gegebenenfalls ein Handout für die anderen Schüler der Klasse zu erstellen.

Didaktisches Potenzial
Die Schüler eignen sich in selbstorganisiertem Lernen neues Wissen an, vertiefen vorhandene Kenntnisse, strukturieren die erlernten Inhalte und bereiten diese methodisch und didaktisch für die Präsentation auf. Sofern das Referat in Partner- oder Gruppenarbeit gehalten wird, spielen soziale Kompetenzen, die somit erworben bzw. vertieft werden, ebenfalls eine wichtige Rolle.

Voraussetzungen
Die Schüler müssen die Referatsmethode als solche kennen lernen oder sie bereits kennen. Dazu gehören die grundsätzliche Struktur, der Ablauf und die Vorgehensweisen bei dieser Methode. Dies betrifft sowohl die Planung als auch die Durchführung der einzelnen Arbeitsschritte und der Präsentation.

Durchführung
Abb. 3.111 veranschaulicht die sieben Aktivitäten mit dazugehörigen Ergebnissen des *Referats* als Unterrichtsmethode.

Die erste Aktivität (*Recherchieren*) hat zum Ergebnis, dass Schüler Informationen zu einem vorgegebenen Thema gesammelt haben. Das Ergebnis der zweiten Aktivität (*Ordnen*) sind die Informationen, die von den Schülern nach Relevanz geordnet worden sind. Ergebnis der dritten Aktivität (*Gliedern*) ist eine Referatsgliederung, die von den Schülern

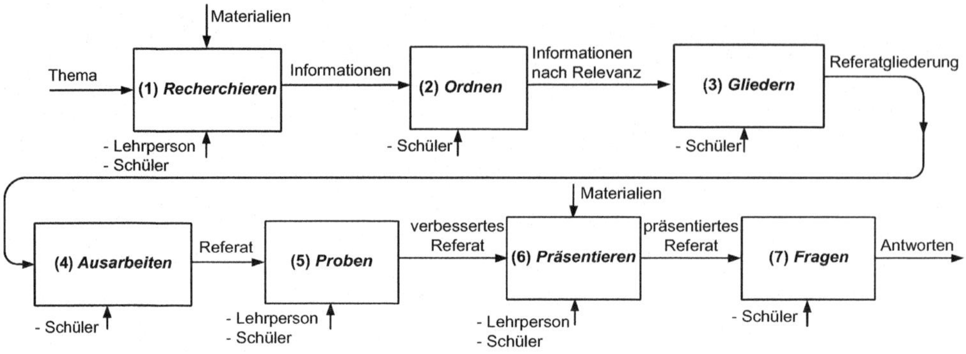

Abb. 3.111 Aktivitäten und Ergebnisse des *Referats*

mit Bezug zu Einleitung, Hauptteil und Schluss sowie einem Spannungsbogen strukturiert ist. Das Ergebnis der vierten Aktivität (*Ausarbeiten*) ist das ausgearbeitete Referat, das in der fünften Aktivität (*Proben*) vom Schüler nach Erprobung verbessert ist. Das Ergebnis der sechsten Aktivität (*Präsentieren*) ist das Referat, das im Plenum präsentiert worden ist. Das Ergebnis der siebten Aktivität (*Fragen*) sind beantwortete Fragen zum Referat durch den Schüler.

Aufgabe als Lehrperson
Die Aufgaben der Lehrperson umfassen vor allem Hilfestellungen bei der Recherche (z. B. Angabe von Quellen, Bereitstellung von Literatur), bei der Gliederung und bei offenen Fragen. Auch kann die Lehrperson die Schüler beim Testlauf des Referats unterstützen. Schließlich ist die Lehrperson verantwortlich für die Bewertung der gesamten erbrachten Leistung der Schüler.

3.17.2 Unterrichtsbeispiel

In Bezug zu den GI-Bildungsstandards exemplifiziert das Unterrichtsbeispiel den Inhaltsbereich *Informatik, Mensch und Gesellschaft* sowie den Prozessbereich *Darstellen und Interpretieren.* Die Lehrperson gibt eine Einführung in die Thematik: Internetsicherheit, Datenschutz und Antivirensoftwares.

(1) Recherchieren
Die Schüler recherchieren Informationen zu ihrem gewählten Thema. Die Lehrperson stellt das Internet oder auch konkrete Materialien, wie Bücher zur Verfügung.

Informationen. Die recherchierten Informationen können Bücher, Artikel oder Internet-Links sein, die in einem Ordner oder in sonstiger Form zusammengetragen werden (siehe Abb. 3.112).

- Datensicherheit http://www.datensicherheit.de//
- Datensicherheit https://glossar.hs-augsburg.de/Datensicherheit http://www.dud.de/ http://www.dud.de/
- Datenschutz und Datensicherheit http://www.dud.de/
- Sensible Daten schützen http://www.km-security.de/?gclid=CJ7l6J_Qwc8CFRYo0wod8NEFKw
- Datensicherheit http://www.verivox.de/themen/datensicherheit/
- ....

Abb. 3.112 Informationen

(2) Ordnen

Die Schüler ordnen die Informationen nach Relevanz.

Information nach Relevanz. Am Ende dieses Schrittes liegen die Informationen bereit, physisch und/oder auf einem PC, nach Relevanz geordnet (siehe Abb. 3.113).

(3) Gliedern

Die Schüler gliedern die geordneten Informationen passend zum Thema. Die Gliederung kann von Schüler zu Schüler ganz unterschiedlich aussehen, solange sie gut begründet werden kann.

Referatsgliederung. Die Gliederung sollte in schriftlicher Form oder als Text-Datei auf dem PC vorliegen (siehe Abb. 3.114).

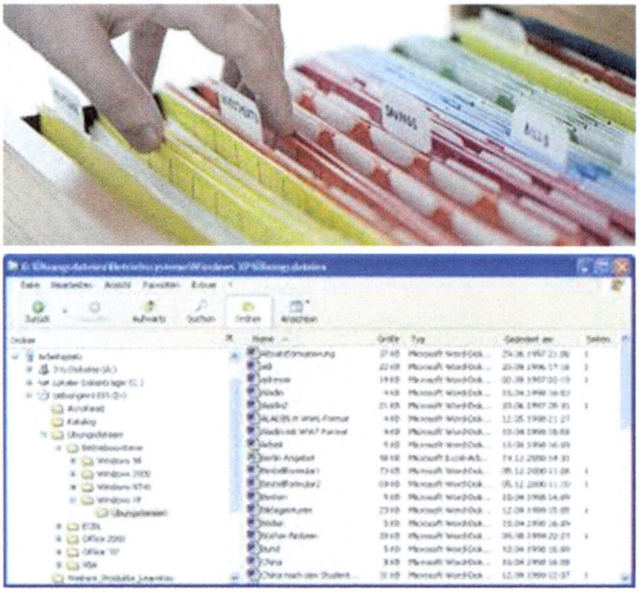

Abb. 3.113 Informationen nach Relevanz

1. Datenschutz
   1.1 Was ist Datenschutz?
   1.2 Datenschutzgesetze
   1.3...
   ...
2. Datensicherheit
   2.2 Was ist Datensicherheit?
   2.3...
3. Probleme Maßnahmen
   3.1....
   3.2...
   ...
4. ...
5. Quellenangabe

Abb. 3.114 Referatsgliederung

(4) Ausarbeiten

Die Schüler arbeiten das Referat mit ihren gesammelten und geordneten Informationen aus, anhand der selbsterstellten Gliederung.

Referat. Je nach Absprache sollte dann am Ende dieses Schrittes eine PowerPoint-Präsentation oder eine Präsentation mit Folien für den Tageslichtprojektor erstellt sein (siehe Abb. 3.115).

(5) Proben

Die Schüler proben ihre Präsentation und verbessern ihre alte Präsentation. Die Lehrperson unterstützt die Schüler bei diesem Vorgang. Bei diesem Schritt sollten sich die Schüler eine Vorstellung zum Zeitmanagement machen sowie Karteikarten oder Kommentare zu ihrer Präsentation entwerfen.

Verbessertes Referat. Das Ziel besteht darin, dass am Ende eine fertige und bereits überarbeitete Version der Präsentation vorliegt (siehe Abb. 3.116).

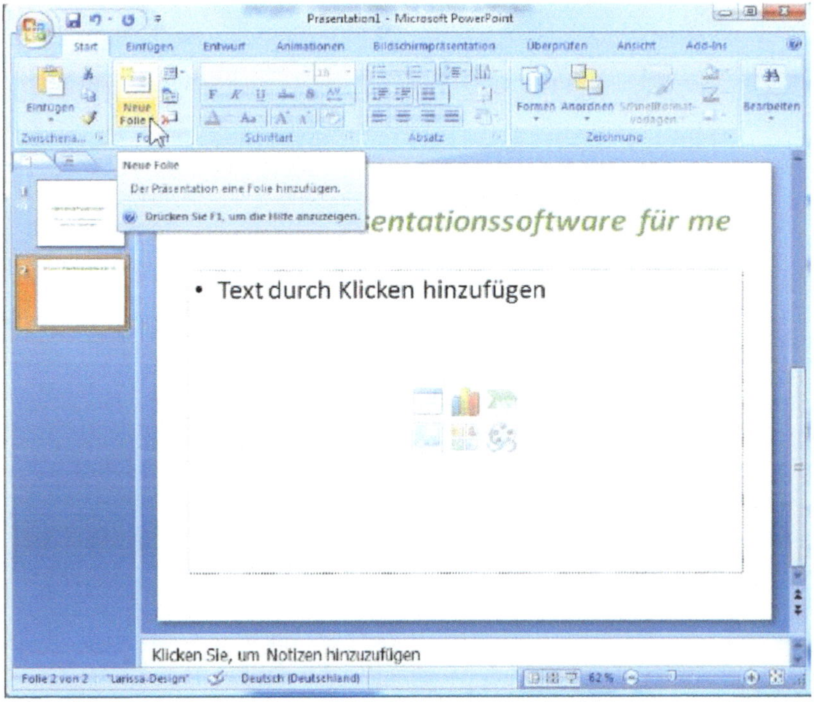

Abb. 3.115 Referat

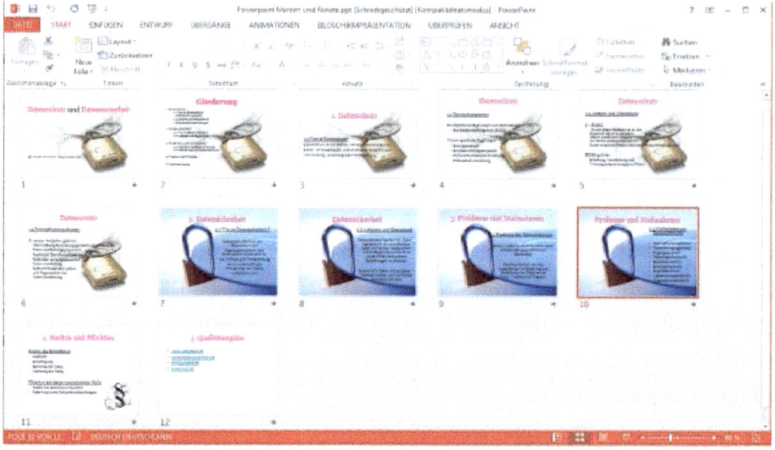

Abb. 3.116 Verbessertes Referat

Abb. 3.117 Präsentiertes Referat

(6) Präsentieren

Präsentiertes Referat. Die Schüler präsentieren ihr Referat im Plenum. Abb. 3.117 zeigt die letzte Folie des Referats.

(7) Fragen

Die Schüler gehen auf die Fragen ihrer Mitschüler oder des Lehrers ein.

Antworten. Sie beantworten die Fragen zu ihrem Referat, die aus dem Plenum hervorgegangen sind (siehe Abb. 3.118).

Abb. 3.118 Fragen und Antworten

3.18 Reziprokes Lehren

Meltem Öztürk

3.18.1 Charakterisierung

Reziprokes Lehren ist eine Unterrichtsmethode, um Schülern kognitive Strategien kennenlernen zu lassen, die beim Lesen und Verstehen von Texten helfen. Unter solchen kognitiven Strategien sind beispielsweise Techniken zum Zusammenfassen von Texten, zum Stellen von Fragen, zum Erklären und Voraussetzen von Textinhalten. *Reziprokes Lehren* ist eine dialogische Unterrichtsmethode zwischen einer Lehrperson und Schülern.

Didaktisches Potenzial
Hauptsächlich ermöglicht diese Methode, Schülern das Erlernen von Strategien zum besseren Textverständnis. Einige Studien, wie beispielsweise die Hattie-Studie (2014) zeigen, dass diese Methode durch einen hohen Lerneffekt (Effektstärke nach Hattie $d = 0{,}74$) gekennzeichnet ist. Durch die Methode wird sichergestellt, dass alle Schülerinnen und Schüler einer Lerngruppe aktiv am Prozess der Texterschließung beteiligt sind, da jede/jeder für eine Aufgabe verantwortlich ist. Der Austausch in der Gruppe sorgt dafür, dass die für das Verstehen von Texten so wichtige Anschlusskommunikation stattfindet. Nebenbei werden außerdem einige Lesestrategien kooperativ eingeübt, Vermutungen zum Textinhalt aufgestellt, Unverstandenes benannt, sowie Inhalte zusammengefasst (vgl. Bildungsserver Berlin-Brandenburg 2017).

Voraussetzungen
Eine wichtige Voraussetzung für die Umsetzung des reziproken Lehrens im Unterricht stellt die Konkretisierung einer Diskussion dar. Dabei zeigt die Lehrperson explizit auf, wie solche Diskussionen zu führen sind. Eine gute Strukturierung und Organisation des Lerninhaltes durch die Lehrperson spielen eine wesentliche Rolle.

Durchführung
Abb. 3.119 veranschaulicht die vier Aktivitäten mit dazugehörigen Ergebnissen des *Reziproken Lehrens.*

Die erste Aktivität (*Zusammenfassen*) hat zum Ergebnis, dass ein Textabschnitt inhaltlich zusammengefasst und ergänzt ist. Das Ergebnis der zweiten Aktivität (*Fragen stellen*) besteht darin, dass Fragen zum Textabschnitt gestellt sind. Ergebnis der dritten Aktivität (*Klarstellen*) sind Bewertungen und Klärungen zum Textabschnitt (Begriffe und Textstellen), die unklar sind, werden gemeinsam geklärt. Ergebnis der vierten Aktivität (*Vorhersagen)* sind Voraussagen über den Inhalt des nachfolgenden Textabschnittes.

Aufgabe als Lehrperson
Die Lehrperson führt zunächst in einem ersten Zyklus alle Aktivitäten an einem Beispieltext idealtypisch vor. Anschließend werden in einem zweiten Zyklus von den Schülern weitere Textabschnitte mit denselben Aktivitäten fortgesetzt. Die Lehrperson übergibt somit die Verantwortung an die Schüler und korrigiert an Stellen, wo es nötig wird. Hilfekärtchen können Schülern als Stütze dienen, die vor dem Unterricht durch die Lehrperson vorbereitet wurden. Dabei handelt es sich um Kärtchen, die z. B. auf Vorder- und Rückseite die jeweilige Strategie und helfende Formulierungen darstellen.

3.18.2 Unterrichtsbeispiel

In Bezug zu den GI-Bildungsstandards exemplifiziert das Unterrichtsbeispiel den Inhaltsbereich *Information und Daten* sowie den Prozessbereich *Begründen und Bewerten.*

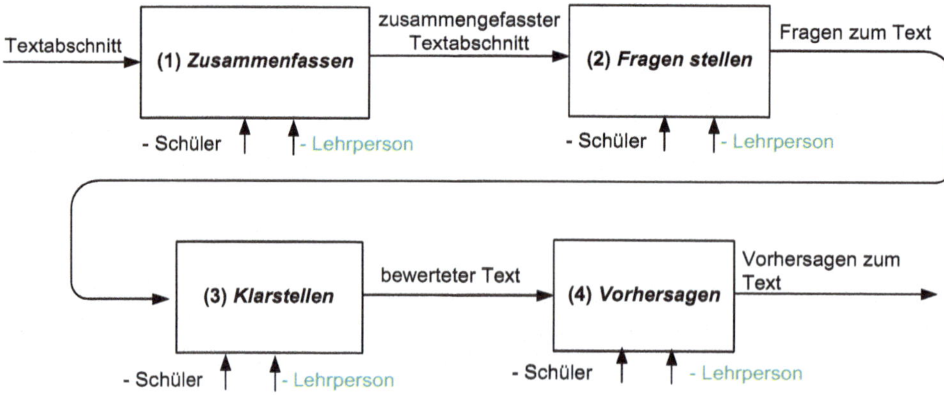

Abb. 3.119 Aktivitäten und Ergebnisse des *Reziproken Lehrens*

Die Unterrichtsstunde ist ein Bestandteil der Unterrichtseinheit „Datenbankentwurf" und dient als Vertiefung in die Thematik „Objekte und ihre Beziehungen". Bei der Umsetzung der Methode im Unterricht wird jedem Lernenden in der Schülergruppe jeweils eine Lesestrategie als Aufgabe gegeben werden, d. h. während der Beschäftigung mit einer Textpassage soll Schüler 1 den Text zusammenfassen, Schüler 2 Fragen dazu stellen, Schüler 3 Unklarheiten beseitigen und Schüler 4 Vorhersagen über die nächste Textpassage versuchen. Wenn die verschiedenen Strategien eingeübt sind, werden die „Rollen" getauscht, d. h. jeder Lernende erhält im nächsten Textabschnitt eine andere Lesestrategie zugeteilt, so dass sie am Ende der Unterrichtsstunde in der Lage sind, jede der Strategien anzuwenden.

Abb. 3.120 zeigt den Text, der als Informationsmaterial für die Unterrichtsstunde vorbereitet ist.

Objekte

Der Turnverein TV Jahn bietet Sportgruppen in vielen Sportarten an. Es sind möglicherweise mehrere Sportgruppen mit gleicher Sportart, aber mit unterschiedlicher Leistungsstufe bzw. getrennt für Männer und Frauen eingerichtet. Für jede Sportgruppe wird ein bestimmter Kursbeitrag pro Jahr verlangt.

Jedes Mitglied zahlt einen jährlichen Beitrag und kann an beliebig vielen Sportgruppen teilnehmen. Man kann aber auch passives Mitglied sein. Von den Mitgliedern des Turnvereins werden außerdem Name, Vormame, Geschlecht und Geburtsdatum gespeichert.

Jede angebotene Sportgruppe stellt ein **Objekt** mit den **Attributen** *Sportart, Leistungsstufe, Geschlecht und Kursbeitrag dar,* welche jeweils mit bestimmten **Attributwerten** belegt sind. Sie werden in einem abgerundeten Rechteck, einer **Objektkarte,** aufgelistet. Abb. 1 zeigt zwei Beispiele.

Abb. 1

Genauso kann jedes Mitglied durch seine Attributwerte als Objekt beschrieben werden. Die objektkarten von *Mitglied1* und *Mitglied2* sind in Abb. 2 dargestellt.

Abb. 2

Objekte können auch als Datensätze in einer Tabelle dargestellt werden. Jede Zeile mit den Attributwerten entspricht einem Objekt. Die Attribute entsprechen den Spalten. Attributwerte von Objekten können über Abfragen aus der Tabelle gewonnen werden.

Objektbeziehungen

Die Information darüber, welches Mitglied nun in welcher Sportgruppe aktiv ist, stellt man durch ein **Objektdiagramm** dar. Die Objekte werden wieder als abgerundete Rechtecke, die Beziehungen durch Verbindungslinien zwischen den Objekten gezeichnet (Abb. 1 auf Seite 99). Die Leserichtung des Bezeichners für die Beziehung wird mit > markiert.

So sind zum Beispiel Siegfried (Mitglied1) und Marie (Mitglied2) in der Tanzgruppe (Sportgruppe2) aktiv. Maria spielt zudem noch Fußall (Sportgruppe1).

Abb. 3.120 Informationsmaterial

(1) Zusammenfassen

Zusammengefasster Textabschnitt. Abb. 3.121 zeigt den Text, den Schüler 1 zusammenfasst hat.

(2) Fragen stellen

Fragen zum Text. Abb. 3.122 zeigt die Fragen, die Schüler 2 zum Text gestellt hat.

(3) Klarstellen

Bewerteter Text. Abb. 3.123 umfasst die Antworten von Schüler 3; zudem klärt er Unklarheiten.

(4) Vorhersagen

Schüler 4 darf als einziger auf die Überschrift „Objekte und Beziehengen in einer Datenbank" des nächsten Informationsmaterials blicken und stellt Vermutungen oder Vorhersagen auf, die sich auf den Inhalt des nächsten Textes beziehen.

Vorhersagen zum Text. Schüler 4 stellt Vorhersagen auf, und zwar zur Repräsentation von Objekten und deren Beziehungen in einer relationalen Datenbank (siehe Abb. 3.124).

Jedes Objekt wird durch seine Attribute mit den
dazugehörigen Attributwerden beschrieben.
Sie können in einer Objektkarte aufgelistet werden.
Beziehungen zwischen Objekten werden in einem
Objektdiagramm durch Verbindungslinien
dargestellt werden

Abb. 3.121 Zusammengefasster Text

Abb. 3.122 Fragen zum Text

Welche Objekte lassen sich aus dem Text entnehmen?
Welche Attribute lassen sich aus dem Text entnehmen?
Was ist mit einer Objektkarte gemeint?
Wie stellt man Beziehungen zwischen Objekten dar?

Abb. 3.123 Bewerteter Text

Im Text heißt es, dass mehrere Sportgruppen
oder Mitglieder sind, die als Objekte gesehen
werden können.
Attribute des Objektes Sportgruppe sind z. B.:
Sportart, Leistungsstufe, Geschlecht, Kursbeitrag.
...

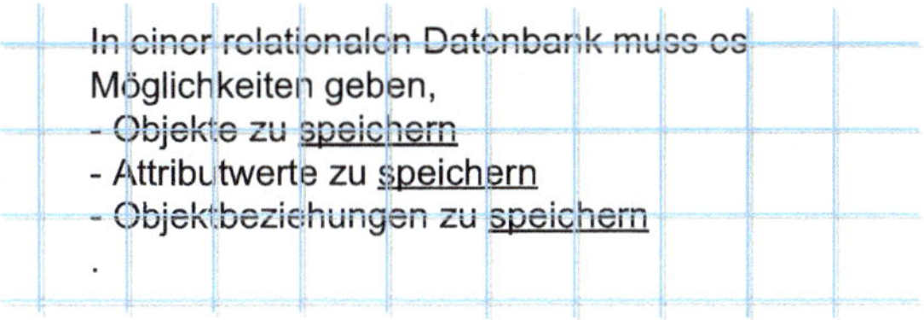

Abb. 3.124 Vorhersagen zum Text

3.19 Stationenarbeit

Michelle Herder

3.19.1 Charakterisierung

Die Stationenarbeit ist eine schülerzentrierte Unterrichtsmethode, in der Schüler eigentätig anhand vorbereiteter Materialien lernen, die an Stationen bereitgestellt sind.

Die Anzahl und die Typen der einzelnen Stationen sind in erster Linie abhängig von der Komplexität des Themas und den angestrebten Lernzielen. Weitere Faktoren können die Klassengröße sowie die Lerninteressen und Lernniveaus der Schüler sein. Die Arbeitsmaterialien, die von der Lehrperson vorbereitet werden, sollten klar formuliert und strukturiert sein. Eine Unterteilung der Arbeitsaufträge in unterschiedliche Leistungsniveaus sollte berücksichtigt werden.

Didaktisches Potenzial
Diese Methode ermöglicht eine selbstständige, schülerzentrierte Erarbeitung eines bestimmten Themas, welches von verschiedenen Blickwinkeln betrachtet werden kann. Sie eignet sich gut zur Einführung eines Themas und gleichzeitigem Einüben des neuen Sachverhalts. Abhängig von der Qualität der *Stationenarbeit* (gut strukturierte Hinführung und Rundgang, Vorbereitung der Materialien, Klarheit der Lehrkraft) werden die Kompetenzbereiche Fachwissen und Erkenntnisgewinnung gefördert, je nach Sozialform auch der Kompetenzbereich Kommunikation.

Voraussetzungen
Die Unterrichtsmethode erfordert eine genaue strukturierte Vorbereitung der Materialien durch die Lehrkraft, welche auch logisch aufeinander abgestimmt sein sollten. Für das hier vorgestellte Beispiel ist außerdem eine ausreichende Schulausstattung mit multimediafähigen Computern von Nöten, auf denen das Programmierprogramm „Robot Karol" installiert sein sollte. Die Lernenden sollten zur Bearbeitung ausreichend motiviert werden. Allgemein ist diese Methode jahrgangsübergreifend zu empfehlen.

Durchführung
Abb. 3.125 zeigt die vier Aktivitäten mit dazugehörigen Ergebnissen, die die *Stationenarbeit* auszeichnen.

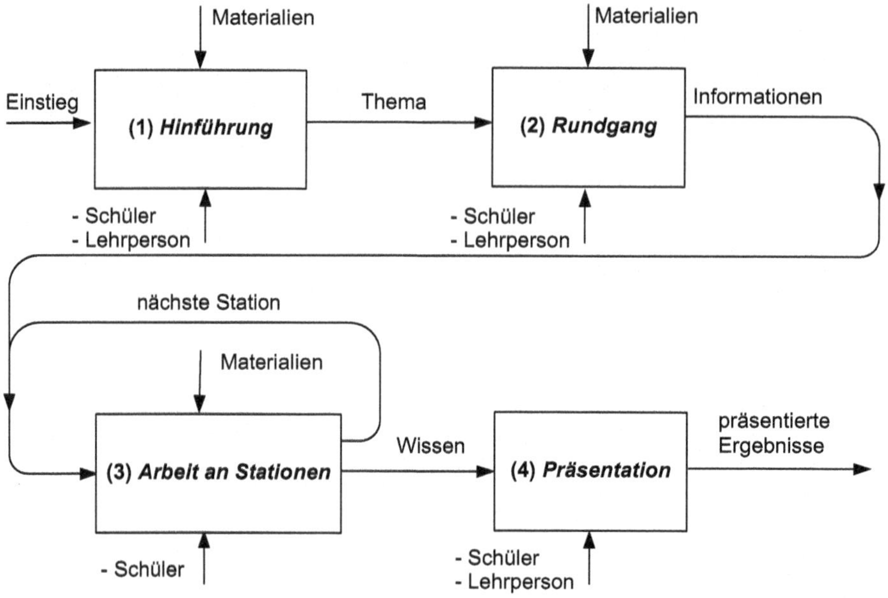

Abb. 3.125 Aktivitäten und Ergebnisse der *Stationenarbeit*

Das Ergebnis der ersten Aktivität (*Hinführung*) ist die Darstellung des Themas für die Schüler durch die Lehrperson Ergebnis der zweiten Aktivität (*Rundgang*) sind Informationen an den einzelnen Stationen für die Schüler, die sie sich nicht selbst aus Arbeitsaufträgen erschließen können (die Stationen können in einem oder mehreren Räumen verteilt sein). Die dritte Aktivität (*Arbeit an Stationen*) umfasst die Arbeit an den Stationen: Die Schüler durchlaufen die einzelnen Stationen selbstständig in einer vorgegebenen Zeit und erarbeiten sich Wissen. Das Ergebnis der vierten Aktivität (*Präsentation*) umfasst die Präsentation des erarbeiteten Wissens.

Aufgabe als Lehrperson

Stationenarbeit zielt auf die selbstständige und schülerzentrierte Wissenserarbeitung ab. Die Lehrkraft führt in Schritt (1) in das Thema ein und vermittelt grundlegendes Wissen, welches für die Bearbeitung der Stationen unabdingbar ist. Nach Schritt (2), indem die Lehrkraft die einzelnen Stationen durchspricht, tritt die Lehrperson in den Hintergrund und lässt die Schüler die Aufgaben individuelle bearbeiten.

Je nach Thema muss die Lehrkraft Materialien anfertigen und diese gegebenenfalls differenzieren.

3.19.2 Unterrichtsbeispiel

In Bezug zu den GI-Bildungsstandards exemplifiziert das Unterrichtsbeispiel den Inhaltsbereich *Sprachen und Automaten* sowie den Prozessbereich *Modellieren und Implementieren.*

Das Unterrichtsbeispiel hat das Thema „Einführung in das Programmieren mit Hilfe des Programms Robot Karol“ zum Inhalt. Die Schüler sollen in dieser 45-minütigen Unterrichtseinheit anhand des Programms „Robot Karol“ in das Programmieren eingeführt werden und sich Grundkonzepte selbstständig an den Stationen erarbeiten. Abb. 3.126 zeigt die Bedienoberfläche von „Robot Karol“.

(1) Hinführung

Die Schüler haben bereits eine Einführung in die Theorie des Programmierens bekommen und kennen den Hintergrund und den Nutzen des Programmierens.

Thema. Die Lehrperson gibt das Stundenthema vor und gibt eine Einführung in das Programm „Robot Karol“. Dazu öffnet die Lehrperson die Bedienoberfläche (gemeinsam mit den Schülern) und zeigt mit Hilfe eines Beamers die Programmstruktur auf. Danach zeigt die Lehrkraft den Schülern die Befehle, die Robot Karol ausführen kann (siehe Abb. 3.127).

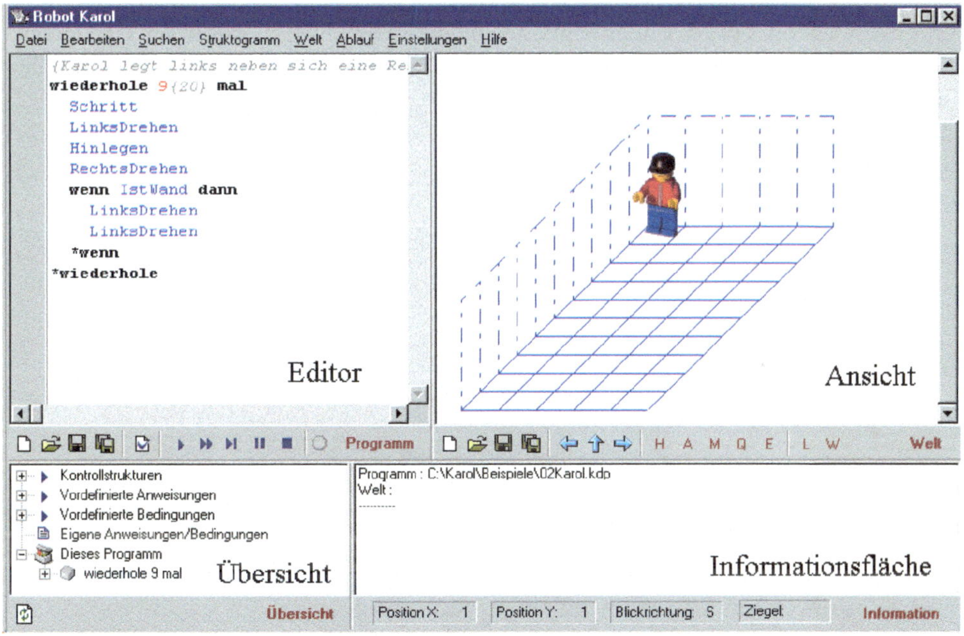

Abb. 3.126 Bedienoberfläche von „Robot Karol“.

Abb. 3.127 Befehle

`Schritt`: Er geht 1x nach vorne
`DreheLinks`: Linksdrehung
`DreheRechts`: Rechtsdrehung
`Hinlegen`: Roter Stein wird abgelegt
`Aufheben`: Roter Stein wird wieder aufgehoben
`MarkeSetzen`: Gelbe Markierung wird auf den Boden gelegt

Um den Schülern eine Vorstellung zu geben, wie der Roboter arbeitet und um sie zu motivieren, spielt die Lehrkraft ein kurzes Video ab (siehe Abb. 3.128), in dem der Roboter eine komplexe Aufgabe löst (vgl. ComeniusWiki 2017).

(2) Rundgang

Die Lehrkraft geht mit den Schülern zu den einzelnen Stationen und bespricht die Arbeitsblätter (siehe Abb. 3.129).

Information. Die Lehrperson erklärt den Schülern zum einen die (gewohnte) Differenzierung auf den Arbeitsblättern und weist hier auf die Kennzeichnungen hin. Zum anderen erklärt die Lehrkraft mündlich, wie die Lösungen in den Tausch-Ordner hochgeladen werden müssen.

(3) Arbeit an Stationen

Die Schüler arbeiten selbstständig an den Stationen und lösen dort die Aufgaben. Für die weiterführende Station 3) werden verschieden Niveaustufen angeboten. Hier wird exemplarisch nur das G-Niveau gezeigt. Bei einem höheren Niveau würde der Tipp fehlen. Stationen 2 und 3 sollen am PC gelöst werden und in den Tausch-Ordner der Schule hochgeladen werden.

Wissen. Nach der erfolgreichen Bearbeitung könnten die Stationen 1, 2 und 3 so aussehen, wie sie Abb. 3.130 zeigt.

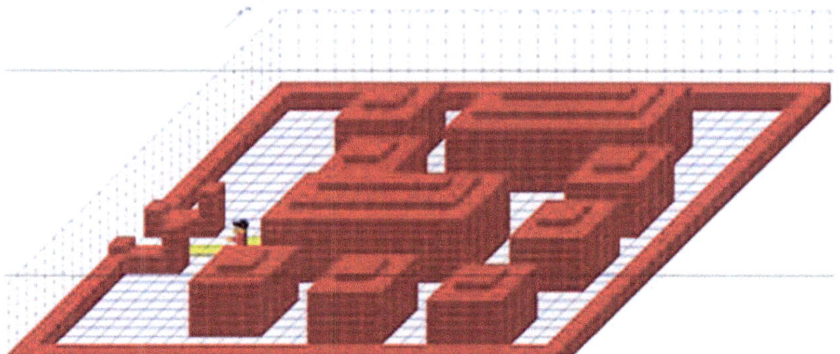

Abb. 3.128 Video

Arbeitsblatt Nr. 3 G/M	Arbeitsblatt Nr. 3 E

Abb. 3.129 Arbeitsblatt

Station1) Robot Karol legt ein Quadrat.

Ihr kennt nun einige Befehle von Robot Karol, nun sollt ihr etwas programmieren.

Robot Karol soll nun ein Quadrat mit roten Steinen legen. Schreibe die Befehle in den Editor.
Lösung:

Station2) Robot Karol wiederholt sein Programm.

Du hast nun gelernt, wie Robot Karol etwas bauen kann. Aber: Jeden Befehl einzeln aufzuschreiben kostet viel Zeit und Mühe. Deswegen kann Karol Befehle wiederholen.

Das funktioniert so:
Erstelle eine neue, größere Welt (10,10,5).
Schreibe in den Editor:

```
wiederhole 4 mal
      hinlegen
      Schritt
*wiederhole.
```

Notiere was passiert:
Der Roboter wiederholt 4 Mal den Befehl Hinlegen und führt danach einen Schritt aus.

<u>Weitere Wiederhole Befehle!</u>

Was passiert wenn du zwei Wiederhole Befehle kombinierst?

Probiere aus und notiere!

Station3) Der Roboter baut eine Gartenmauer.

Robot Karol hat einen Garten, für die er eine Mauer bauen möchte. Lasse ihn etwas bauen, dass wie auf dem Bild aussieht. Schreibe deine Befehle in den Editor und lade deine Ergebnisse hoch.

Tipp: Nutze hierfür die wiederhole Funktion (Siehe Station 3). Wenn du nicht weiter kommst, liegen Lösungshilfen am Pult.
Lösung:

```
wiederhole 4 mal
   wiederhole 4 mal
      Hinlegen
      Schritt
      MarkeSetzen
      Schritt
      MarkeSetzen
   *wiederhole
   LinksDrehen
*wiederhole
```

Abb. 3.130 Stationen

Abb. 3.131 Präsentation

Robot Karol am 28.06.2016

Robot Karol kann Befehle ausführen.
Diese heißen z.B:
- Schritt
- DreheLinks
- Hinlegen

Um etwas zu programmieren schreibt man es in den Editor.
Robot Karol kann auch bestimmte Befehle mehrfach ausführen. Dazu schreib man am Anfang der sogenannten Schleife: wiederhole und am Ende *wiederhole.

(4) Präsentation
Am Ende der Stunde sollen einzelne Schüler ihre Ergebnisse vorstellen. Hierfür wird zuerst im Plenum besprochen, was gelernt wurde und wo Schwierigkeiten bestanden.

Präsentierte Ergebnisse. Die Schüler füllen zusammen am Overheadprojektor eine Folie mit Gelerntem aus. Diese Folie wird als Hefteintrag abgeschrieben (siehe Abb. 3.131).

3.20 WebQuest

Manuel Haas

3.20.1 Charakterisierung

Frei übersetzt bedeutet WebQuest „abenteuerliche Spurensuche im Internet". Sie können auch als computergestützte Lehr-/ und Lernarrangements bezeichnet werden. *WebQues*t ist eine rechercheorientierte Unterrichtsmethode, die internetbasierte Dienste und Internettechnologien in den Lernprozess einbezieht. WebQuests können über das Internet aufgerufen werden, oder sie sind lokal auf Rechnern der Schüler als HTML-Dateien abgelegt. In der Regel sind sie nach einer einheitlichen Struktur aufgebaut (Einführung – Aufgaben – Auswertung/Abschluss).

Im Rahmen von WebQuests arbeiten Schüler aktiv an der Aneignung von Wissen. Sie sammeln in Teams zu einer konkreten Problemstellung alle relevanten Informationen und machen diese über eine Ergebnispräsentation anderen Lernenden zugänglich. Aufgabenstellung, Orientierung und Hilfestellungen erhalten sie dafür über eine speziell zu diesem

Zweck veröffentlichte Website: die WebQuest-Seite. Diese Seite ist meist offen im Netz zugänglich, so dass viele Lehrende und Lernende vom einmal erarbeiteten Material profitieren können.

Didaktisches Potenzial

Mit einem WebQuest steht eine Art Gerüst zur Verfügung, das den Lernenden den strukturierten Umgang mit Internetquellen erleichtert. Es geht dabei nicht primär um die Suche nach Informationen, sondern um die Frage, wie mit Informationen angemessen umzugehen ist.

Aufgrund ihrer Struktur können WebQuests auf unterschiedlichen Kompetenzstufen der Lernenden eingesetzt werden. Ungeübte Lerner können Instruktionen erhalten, Fortgeschrittenen wird über das Internet Freiraum eröffnet, sich mit der Fragestellung vertiefend und nach eigenen Interessensschwerpunkten zu beschäftigen. WebQuests stellen eine Möglichkeit dar, im Unterricht lernerzentriert zu arbeiten sowie Computer und Internet sinnvoll einzusetzen.

Voraussetzungen

Die Methode erfordert eine ausreichende Ausstattung der Schule mit Computern mit Internetzugang. Die Lernenden sollten Spaß am Umgang mit Computern haben. Nicht jedes Thema eignet sich für die Unterrichtsmethode „WebQuest", die Passung sollte geprüft werden.

Für jede Aufgabenstellung sollte genügend Material für die Schüler vorhanden sein. Es sollte die Frage geklärt sein, ob ein eigenes WebQuest erstellt oder ein bereits vorhandenes verwendet wird. Damit geht die Frage einher, ob die Lehrperson ausreichend mit dem Umgang mit dem Computer vertraut ist. Sollte ein vorhandenes WebQuest benutzt werden, sollten die darin befindlichen Links auf Gültigkeit überprüft werden.

Durchführung

Abb. 3.132 veranschaulicht die sieben Aktivitäten mit dazugehörigen Ergebnissen eines *WebQuests*.

Das Ergebnis der ersten Aktivität (*Vorbereitung*) besteht darin, dass die Lehrperson ein Suchkonzept vorbereitet. Sie stellt anhand eigener Recherchen eine Sammlung interessanter Internetlinks zusammen. Die zweite Aktivität (*Einführung*) hat als Ergebnis, dass die Schüler von der Lehrperson eine Problemdarstellung erhalten, die in der dritten Aktivität (A*ufgabenerstellung*) als Aufgabenstellung konkretisiert wird. Das Ergebnis der vierten Aktivität (*Materialsammlung*) umfasst die Bereitstellung einer Materialsammlung mit Verweisen auf CD-ROMs und Printmaterialien. In der fünften Aktivität (*Recherche*) recherchieren die Schüler Materialien, wobei die Lehrperson die Schüler als Coach berät. In der sechsten Aktivität (*Evaluation*) haben die Schüler die Möglichkeit, ihren Lernprozess zu reflektieren und zu bewerten. Das Ergebnis der siebten Aktivität (*Präsentation*) umfasst die Erstellung eines Präsentationsdokumentes einschließlich der Präsentation im Internet oder als PowerPoint-Vortrag.

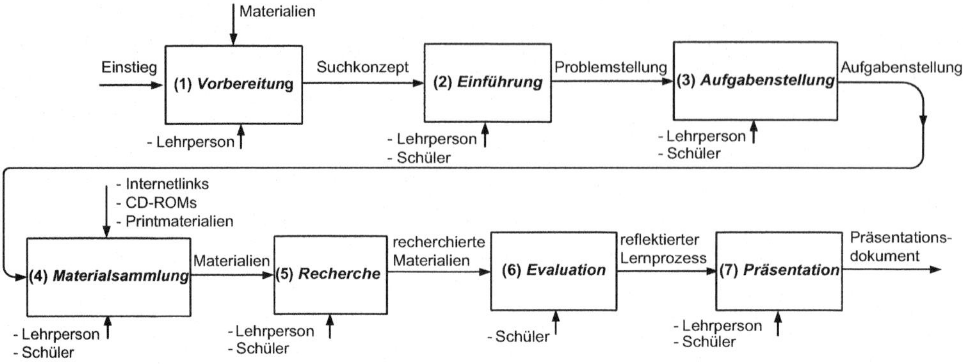

Abb. 3.132 Aktivitäten und Ergebnisse eines *WebQuest*

Aufgabe als Lehrperson
Die Rolle der Lehrperson entwickelt sich weg von der Wissensvermittlung und hin zum Lernbegleiter. Im Zentrum der Wissensvermittlung stehen die Lernenden. Die Lehrperson bereitet lediglich ein Suchkonzept vor. Dazu stellt die Lehrperson anhand eigener Recherchen eine Sammlung interessanter Internetlinks zusammen.

3.20.2 Unterrichtsbeispiel

In Bezug zu den GI-Bildungsstandards exemplifiziert das Unterrichtsbeispiel den Inhaltsbereich *Informatik, Mensch und Gesellschaft* sowie den Prozessbereich *Modellieren und Implementieren.* Das Unterrichtsbeispiel hat das Thema *Software* zum Inhalt.

(1) Vorbereitung
Im Rahmen der Unterrichtseinheit „Standardanwendungen" wird in der Stunde zur Audiobearbeitung konkret auf die Software „Audacity" eingegangen. Audacity ist ein kostenloses Programm, mit dem man Musik aufnehmen und bearbeiten kann (siehe Abb. 3.133).

Aufgrund der Vielfalt der Funktionen dieser Software bietet es sich an, die Klasse in fünf Gruppen einzuteilen. Für alle Gruppen wird ein gemeinsames WebQuest erstellt, das separate Aufgabenbereiche für die einzelnen Gruppen bietet (siehe Abb. 3.134).

Vor der Unterrichtsstunde ist es Aufgabe der Lehrperson, die Ressourcen für die Schüler zu organisieren und zu aktualisieren.

(2) Einführung
Das WebQuest beginnt mit der Einführung, die für alle Schüler gleich ist.

Problemstellung. Es wird auf eine authentische Situation Bezug genommen (siehe Abb. 3.135).

Gegebenenfalls wird den Schülern an dieser Stelle noch die Download-Quelle (http://audacity.de) zur Verfügung gestellt. Damit ist die thematische Orientierung erfolgt.

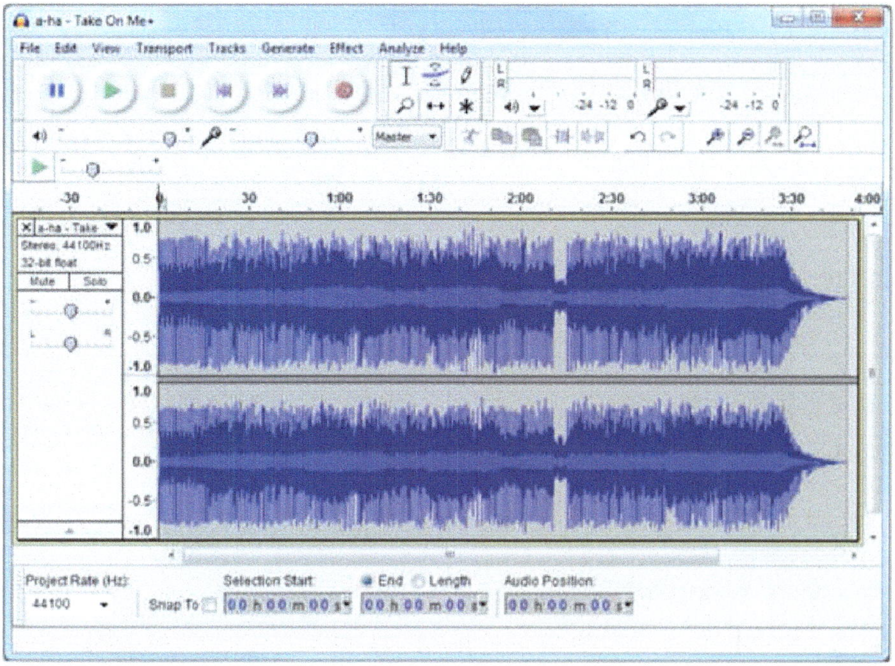

Abb. 3.133 Audacity

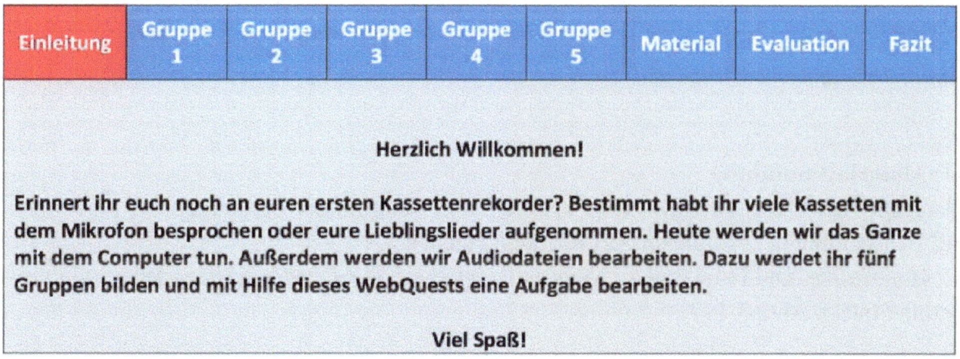

Abb. 3.134 WebQuest

(3) Aufgabenstellung
Nun folgen fünf verschiedene Aufgabenstellungen unter fünf verschiedenen Links des WebQuests. Die Schüler, die inzwischen Gruppen gebildet haben, schauen sich jeweils nur die Seite an, die für ihre eigene Gruppe relevant ist.

Aufgabenstellung. In Abb. 3.136 sind mögliche Aufgaben für die vier Gruppen beschrieben.

Ihr habt heute ein Programm kennengelernt, mit dem man nicht nur Audiodateien aufnehmen kann, sondern auch vielfältig bearbeiten kann. Außerdem lassen sich Schallplatten im Handumdrehen digitalisieren. Ihr wisst nun, was es kann und wie man es bedient und könnt es euch auch zuhause auf eurem Rechner installieren, Audacity ist kostenlos.

Abb. 3.135 Einführung

Gruppe 1:
- Untersucht die Benutzeroberfläche von „Audacity".
- Beschreibt die Funktion der unterschiedlichen Schaltflächen im Hauptfenster.
- Welche Dateitypen kann man mit Audacity öffnen?
- Unter welchen Dateiformaten kann man Projekte speichern? Wie geht das?

Gruppe 2:
- Schließt ein Headset an den Computer an.
- Nimmt einen improvisierten Text auf (1 Min.)
- Schneidet die „äh"s raus.
- Statt „oder" soll Stille herrschen
- Die letzten 10 Sek. rückwärtslaufen lassen.
- Speichert die Datei in MP3 Format ab.

Gruppe 3:
- Schließt den Plattenspieler an den Computer.
- Spielt die Platte über Audacity ab.
- Repariert die unschönen Kratzer auf der Platte.
- Wendet mind. 3 Effekte an und erklärt sie.

Gruppe 4:
- Importiert die MP3-Datei.
- Lasst den Refrain im Look abspielen.
- Benutzt den Effekt „Fade-in" und „Fade-out".
- Verändert die Tonhöhe.
- Fügt „Hall" hinzu.

Abb. 3.136 Aufgabenstellungen

(4) Materialsammlung

Nach der Aufgabenstellung werden den Schülern Materialien bekanntgegeben, die ihnen zur Bearbeitung der Aufgaben zur Verfügung stehen.

Materialien. Die Hinweise zu Materialien sind im WebQuest von der Lehrperson vorbereitet (siehe Abb. 3.137).

(5) Recherche

Anhand dieser Materialien gehen die Lernenden in ihren Gruppen in die Recherchephase über und machen sich mit der Software vertraut.

Recherchierte Materialien. Die recherchierten Materialien geben den Schülern nützliche Tipps zur Bedienung von Audacity. In Gruppen wird eine PowerPoint-Präsentation vorbereitet.

(6) Evaluation

Auf der nächsten Seite des WebQuest, der Evaluation, finden die Schülerinnen und Schüler die Bewertungskriterien zu ihrer Arbeit.

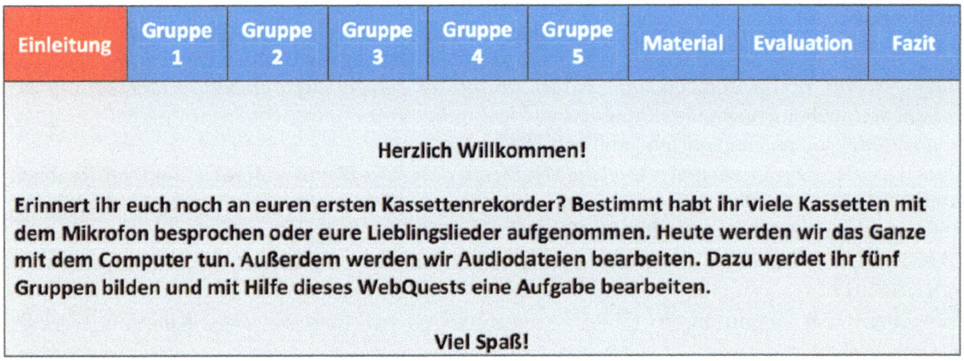

Abb. 3.137 WebQuest von der Lehrperson

Reflektierter Lernprozess. Die Bewertungskriterien können von Anfang an bereits als Orientierung für den Arbeitsaufwand gelten. Bewertet wird nach Verständlichkeit, Umsetzung der Aufgaben, Darstellung, Zusammenarbeit in der Gruppe und Abschlusspräsentation.

(7) Präsentation

Präsentationsdokument. Abb. 3.138 zeigt einen Ausschnitt aus der Präsentation der Gruppe 4, in der der Export einer Datei mit Audacity gezeigt wird.

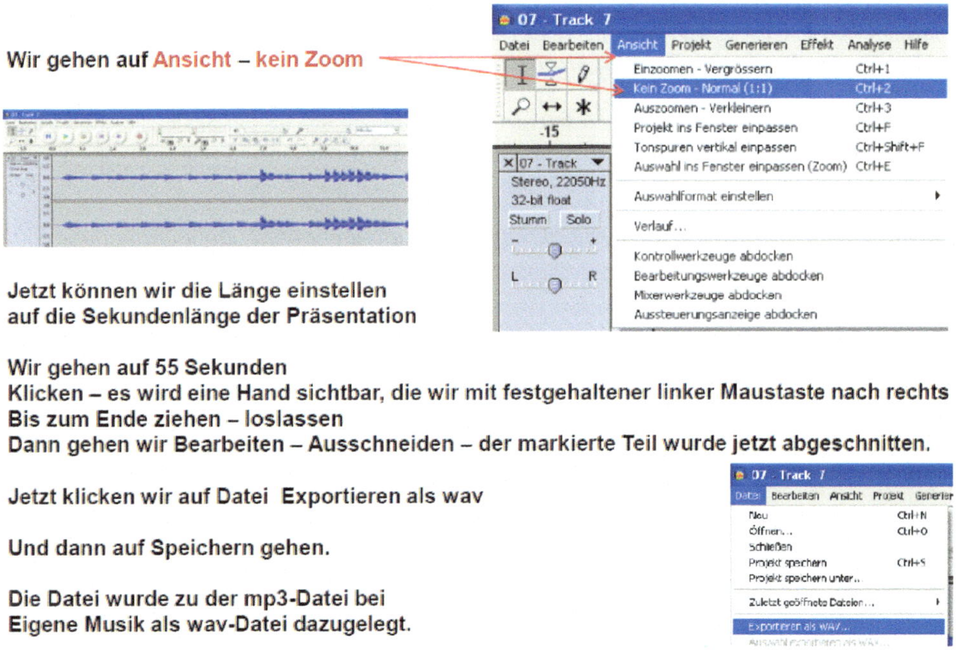

Abb. 3.138 Dateiexport mit Audacity

Literatur

Bildungsserver Berlin-Brandenburg (2017). *Reziprokes Lesen*. http://bildungsserver.berlin-brandenburg.de/themen/sprachbildung/lesecurriculum/lesen-im-unterricht/lesen-in-allen-faechern/reziprokes-lesen/. Zugegriffen am 01.10.2017

Boles, D. (2013). *Programmieren spielend gelernt mit dem Java-Hamster-Modell*. Stuttgart. Teubner.

ComeniusWiki. (2017). *Programmieren lernen mit Robot Karol*. http://cgd.zum.de/wiki/Programmieren_lernen_mit_Robot_Karol

Consideo (2017). iModeler. Abgerufen am 1.10.2017 von http://www.consideo.de. Zugegriffen am 01.10.2017

Flewelling, G. & Higginson, W. (2003). *A handbook on rich learning tasks*. Kingston: Queen's University.

Fothe, M. (2006). Ein Rollenspiel zum Verschlüsseln. *LOG IN, 138/139,* 82–85.

Gallenbacher, J. (2012*). Abenteuer Informatik*. Wiesbaden: Spektrum.

GI (Gesellschaft für Informatik). (2008). Bildungsstandards Informatik für die Sekundarstufe I. *LOG IN, 28* (150/151), Beilage.

GI (Gesellschaft für Informatik). (2016). Bildungsstandards Informatik für die Sekundarstufe II. *LOG IN, 36* (183/184), Beilage.

Haller, H. (2017). iMapping. http://www.imapping.info/. Zugegriffen am 01.10.2017

Hartmann, W., Näf, M. & Reichert, R. (2006). *Informatikunterricht planen und durchführen*. Berlin: Springer.

Hubwieser, P. (2000). *Didaktik der Informatik: Grundlagen, Konzepte, Beispiele* (Kapitel 3 Datenmodellierung). Berlin: Springer.

Hubwieser, P. (2007). *Didaktik der Informatik: Grundlagen, Konzepte, Beispiele*. Berlin: Springer.

JFLAP (2015). Interactive Formal Languages and Automata Package. http://www.jflap.org/. Abgerufen am 1.10.2017

Magenheim, J. (2013). *Informatik macchiato*. Frankfurt: Pearson.

Menzel, C. & Mayer, R. (2005). The IDEF family of languages. In P. Bernus, K. Martins & G. Schmidt (Hrsg.), *Handbook on Architectures of Information Systems* (S. 215–250). Berlin: Springer.

Skrotzky, P. (2017). Gefahren aus dem Internet. Ein Leitprogramm für die Sekundarstufen I und II über das richtige Verhalten im Internet. http://www.swisseduc.ch/informatik/internet/gefahren_aus_dem_internet/docs/leitprogramm_gefahren_aus_dem_inter-net.pdf. Zugegriffen am 01.10.2017

Sorting-Algorithm (2017) *Sorting Algorithm Animations*. http://www.sorting-algorithms.com/. Zugegriffen am 01.10.2017

Bewertung von Unterrichtsmethoden durch Informatiklehrer

4

Andreas Zendler und Dieter Klaudt

4.1 Einführung

Andreas Zendler und Dieter Klaudt

Herausfordernde Aufgaben der allgemeinen Didaktik wie auch der Fachdidaktiken sind Antworten auf die Fragen, welche Methoden für den Schulunterricht geeignet sind, welche Unterrichtsmethoden im Fachunterricht eingesetzt werden sollen und wie Unterrichtsmethoden den Lernvorgang unterstützen.

4.1.1 Unterrichtsmethoden im Informatikunterricht

Die Anzahl der Unterrichtsmethoden ist enorm (siehe Kap. 1). Für fast alle Unterrichtsfächer gibt es spezielle Aufbereitungen. Eine Ausnahme stellt das Unterrichtsfach Informatik dar, für das noch kein Standardwerk existiert, das ausführlich den Einsatz von Unterrichtsmethoden für den Informatikunterricht behandelt. In Büchern zur Informatikdidaktik informieren kurz gehaltene Kapitel über den Einsatz von Lernaufgaben, Gruppenarbeit, Lernprogramme, entdeckendes Lernen und Projektunterricht (Hartmann et al. 2006; Modrow und Strecker 2016), Problemlösen und Projektunterricht (Humbert 2006), Problemorientierung sowie Modellbildung und Simulation (Hubwieser 2007), Problemlösen, Experimente und Projektunterricht (Schubert und Schwill 2012). In der englischsprachigen

A. Zendler (✉) • D. Klaudt
University of Education Ludwigsburg, Ludwigsburg, Deutschland
E-Mail: zendler@ph-ludwigsburg.de

A. Zendler (Hrsg.), *Unterrichtsmethoden für den Informatikunterricht*,
https://doi.org/10.1007/978-3-658-20675-8_4

Literatur findet man Beschreibungen zum Einsatz von „solving problems“ (Koffmann und Brinda 2003), „groupwork“ (Irons et al. 2004), „rich tasks“, „concept maps“ (Hazzan et al. 2011), „visualisations“ (Fincher und Petre 2004; Agneli et al. 2013).

4.1.2 Lernphasen und Wissensprozesse

In vielen lern-lehrtheoretischen Ansätzen werden Lernphasen unterschieden, für die auch unterrichtsmethodische Hilfestellungen formuliert sind. Roth (1971), dessen Ansatz „Pädagogische Psychologie des Lernens“ sechs Lernphasen (*Motivation, Schwierigkeit, Lösung, Tun und Ausführen, Behalten und Einüben* sowie *Bereitstellen, Übertragung und Integration des Gelernten*) umfasst, macht etwa für seine erste Lernphase *Motivation* den Vorschlag: „an den Interessen der Lernenden anknüpfen, neue Interessen wecken, Kinder zum Handeln bringen“.

In der lerntheoretischen Position um Mandl (Reinmann-Rothmeier und Mandl 2001) besitzt das problemorientierte Lernen in Lernzyklen eine wichtige Rolle. Die Lernzyklen sind: *Vorausschauen und Reflexion, Konfrontation mit dem Einstiegsproblem, Ideenproduktion, multiple Perspektiven, Recherche und Verbesserung, Selbsttest und Selbstevaluation, öffentliche Darstellung, Fortschreitende Vertiefung, Reflexion und Rückblick.*

Bruner (1966, S. 48; dt. 1974) hebt in seiner Theorie des Entdeckungslernens drei Wissensprozesse (*acquisition of new information, transformation, evaluation*)[1] beim Lernvorgang hervor, für die Eigler et al. (1973, S. 89) prozessorientierte (z. B. Analyse des Problems, Produzieren von Hypothesen, Überprüfen von Hypothesen) und ergebnisorientierte Lernhilfen formulieren (z. B. Lenkung der Aufmerksamkeit, Geben von Hinweisen und Teillösungen).

4.2 Fragestellung

Vor dem Hintergrund, dass bisher der Einsatz von Unterrichtsmethoden im Informatikunterricht empirisch nicht klar gestellt ist, stehen drei Ziele im Fokus: (1) Bestandsaufnahme zu Unterrichtsmethoden im Fach Informatik: welche Unterrichtsmethoden werden aktuell im Informatikunterricht eingesetzt? (2) Unterrichtsmethoden für das Fach Informatik: welche Unterrichtsmethoden eignen sich für den Informatikunterricht? und (3) spezifischer Einsatz von Unterrichtmethoden für das Fach Informatik: in welchem Ausmaß unterstützen Unterrichtsmethoden den Lernvorgang im Informatikunterricht?

Mit den drei Zielen ist die folgende Forschungshypothese verbunden: „Unterrichtsmethoden für das Unterrichtsfach Informatik unterscheiden sich in der Unterstützung des Lernvorgangs.“

[1] Wissenserwerb, -transformation, -bewertung (siehe Straka und Macke 2006, S. 109).

4.3 Planung der Untersuchung

Auswahl der Unterrichtsmethoden. Nach Durchsicht einer Reihe von Handbüchern zu Unterrichtsmethoden (Ginnis 2001; Davis 2009; Petty 2009; Brenner und Brenner 2011; Wiechmann 2011; Reich 2017) standen über 50 Unterrichtsmethoden zur Auswahl. Die Durchsicht war dadurch charakterisiert, dass Unterrichtsmethoden der Probe standhalten mussten, dass sie als klar, umrissener, begrifflich herauslösbarer, selbstständiger Bestandteil des Unterrichts verstanden werden können.

Für die endgültige Auswahl der Unterrichtsmethoden wurden folgende Kriterien herangezogen: (1) tatsächlicher Einsatz der Unterrichtsmethoden im Informatikunterricht, (2) Einsatz der Unterrichtsmethoden in MINT-Fächern (Mathematik, Informatik, Physik, Chemie, Biologie, Technik), (3) empirisch untersuchte Unterrichtsmethoden. Aufgrund dieser Kriterien konnten die folgenden 20 Unterrichtsmethoden selektiert werden: Computersimulation, Concept-Mapping, direkte Instruktion, entdeckendes Lernen, Experimentmethode, Fallstudie, Gruppenpuzzle, Leitprogramm, Leittextmethode, Lernen durch Lehren, Lernaufgaben, Modellmethode, Planspiel, Portfoliomethode, problemorientierter Unterricht, Projektmethode, Referat, reziprokes Lehren, Stationenarbeit und WebQuest.

Prozesse beim Lernvorgang. In der didaktischen Literatur ist eine Vielzahl von Varianten zu finden, Lehren auf Lernen als zeitlich erstrecktes Handeln und auf Phasen zu beziehen, die im Verlauf des Lernens unterschieden werden können (Bruner 1966, 1974; Straka und Macke 2006; Olson 2007; Davis 2009). Allen Varianten gemeinsam ist, dass Lernen (1) einen Ausgangspunkt, (2) eine Verlaufsform und (3) einen (meist vorläufigen) Endpunkt besitzt. In der didaktischen Literatur wird dieses dreischrittige Muster als *Klassischer Dreischritt* bezeichnet mit den Schritten *Einstieg*, *Arbeitsphase* und *Abschluss.* Die drei Schritte unterscheiden sich in besonderem Maße in ihren didaktischen Funktionen und in den Wissensprozessen beim Lernvorgang. Insbesondere in der Arbeitsphase lassen sich wichtige Wissensprozesse beim Lernvorgang unterscheiden. Gemeint sind die Prozesse beim Wissenserwerb (*Aufbauen, Durcharbeiten*), bei der Wissenstransformation (*Anwenden, Übertragen*) und bei der Wissensbewertung (*Bewerten, Integrieren*).

Versuchsplan. Zur Überprüfung der Forschungshypothese wird ein RBF-20×6 Versuchsplan (Randomized Block Factorial design, 2-faktorieller Versuchsplan mit Messwiederholungen für die Faktoren A und B, siehe Abb. 4.1) verwendet (Winer et al. 1991; Kirk 2012).

Unabhängige Variablen. Faktor A umfasst die untersuchten $p = 20$ Unterrichtsmethoden $a_1, \ldots, a_{20}$: Computersimulation, Concept-Mapping, direkte Instruktion, entdeckendes Lernen, Experimentmethode, Fallstudie, Gruppenpuzzle, Leitprogramm, Leittextmethode, Lernen durch Lehren, Lernaufgaben, Modellmethode, Planspiel, Portfoliomethode, problemorientierter Unterricht, Projektmethode, Referat, reziprokes Lehren, Stationenarbeit und WebQuest. Unter Faktor B werden die $q = 6$ Wissensprozesse beim Lernvorgang $b_1, \ldots, b_6$ variiert: *Aufbauen, Durcharbeiten, Anwenden, Übertragen, Bewerten* und *Integrieren.*

Abhängige Variablen. Abhängige Variable ist die Bewertung der Unterrichtsmethoden bezogen auf die sechs Wissensprozesse. Die Bewertung wird auf einer sechsstufigen Skala von 0 („*keine Bedeutung*“) bis 5 („*sehr große Bedeutung*“) vorgenommen.

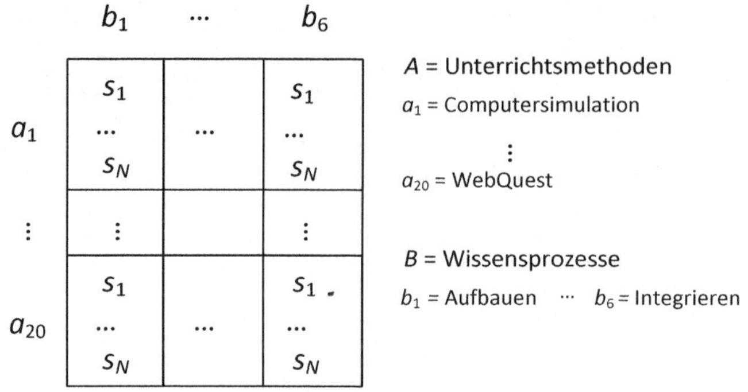

Abb. 4.1 Layout des verwendeten RBF-20×6 Versuchsplans

Poweranalyse. Mit einer Poweranalyse vom Typ II – N als Funktion von Power $(1-\beta)$, Δ und α – wird die Stichprobengröße für den RBF-20×6 Versuchsplan (Mueller und Barton 1989; Mueller et al. 1992) ermittelt: Die gewünschte Power $(1-\beta)$ sei 0,80, nur große Effekte (Δ = 0,80) bezogen auf die abhängige Variable werden als bedeutsam eingestuft, das Signifikanzniveau sei α = 0,05. Dann benötigte man eine Gesamtstichprobe von ca. N^*= 120 Informatiklehrern, wenn man die Powerberechnungen von Mueller und Barton (1989) bzw. Mueller et al. (1992) für ε-korrigierte F-Tests heranzieht.

Operationale Testhypothese. Vor dem Hintergrund des Versuchsplans, der Festlegung der unabhängigen und der abhängigen Variablen lässt sich die operationale Testhypothese wie folgt formulieren:

> „Unterrichtsmethoden für den Informatikunterricht unterscheiden sich in der Unterstützung des Lernvorgangs, operationalisiert durch die auf einer sechsstufigen Skala vorgenommenen Bewertungen der Wissensprozesse *Aufbauen, Durcharbeiten, Anwenden, Übertragen, Bewerten* und *Integrieren* durch Informatiklehrer."

4.4 Bewertung durch Informatiklehrer

Stichproben. Für die empirische Untersuchung wurden 120 Informatiklehrer an Gymnasien im Bundesland Baden-Württemberg angeschrieben, mit der Bitte einen Fragebogen zum Einsatz von Unterrichtsmethoden im Informatikunterricht zu beantworten. Die Informatiklehrer, die den Fragebogen zurückschickten, unterrichteten Informatik in den Klassenstufen 11 und 12/13. Im Durchschnitt unterrichteten sie ca. 7,5 Jahre Informatik; zusätzlich zum Unterrichtsfach Informatik unterrichteten alle Informatiklehrer das Unterrichtsfach Mathematik.

Fragebogen. Der Fragebogen bestand aus einer kurzen Einführung, in der die 20 Unterrichtsmethoden und die 6 Wissensprozesse aufgeführt wurden. Zum Fragebogen wurde den Informatiklehrern ein Booklet (Zendler und Klaudt 2014) überlassen, in dem die 20 Unterrichtsmethoden nach einem einheitlichen Schema beschrieben sind, mit (1)

Kurzbeschreibung und Erklärung, (2) konkreten Durchführungsschritten, (3) Beispielen aus der Literatur, die den Einsatz der Unterrichtsmethode im Informatikunterricht nachweisen.

Aufgabenstellung. Die $p = 20$ Unterrichtsmethoden und die $q = 6$ Wissensprozesse wurden anschließend in einer Matrix alphabetisch sortiert dargeboten, mit den Unterrichtsmethoden in den Zeilen und den Wissensprozessen in den Spalten. Für jede der $20 \times 6 = 120$ Matrixzellen musste die folgende Aussage bewertet werden: *„Die Unterrichtsmethode <abc> unterstützt den Wissensprozess <xyz>.“* Bewertungen wurden auf einer sechsstufigen Skala von 0 („*keine Bedeutung*“) bis 5 („*sehr große Bedeutung*“) vorgenommen.

Rücklaufquote. Zur Gewinnung einer möglichst hohen Rücklaufquote wurden die Fragebögen in versiegelten, personalisierten Umschlägen mit Rückkuvert per Post verschickt, frankiert mit Briefmarken, die Blumenmotive zeigten (vgl. zur Erhöhung von Rücklaufquoten die Empfehlungen bei Dillman 2000). Die Rücklaufquote betrug 20,0 % ($N = 24$ vollständig ausgefüllte Fragebögen von 31 eingegangenen Fragebögen), was als normal für Umfragen per Post betrachtet werden kann (vgl. Vaux und Briggs 2005).

4.5 Ergebnisse

4.5.1 Deskriptive Auswertung

Abb. 4.2 enthält als Heatmap die visualisierten Mittelwerte ($N = 24$) für die 20 Unterrichtsmethoden bezogen auf die sechs Wissensprozesse beim Lernvorgang: *Aufbauen, Durcharbeiten, Anwenden, Übertragen, Bewerten* und *Integrieren*. Zudem enthält die Abbildung den Gesamtmittelwert je Unterrichtsmethode über alle Wissensprozesse. Die Unterrichtsmethoden sind nach diesem Gesamtmittelwert sortiert.

Abb. 4.2 zeigt zunächst, dass der problemorientierte Unterricht für die Unterstützung des Lernvorgangs im Informatikunterricht am besten von den Informatiklehrern bewertet wurde, gefolgt von fünf weiteren Unterrichtsmethoden: Lernaufgaben, entdeckendes Lernen, Computersimulation, Projektmethode und direkte Instruktion.

Bei detaillierterer Betrachtung der Heatmap fällt auf, dass sich der problemorientierte Unterricht durch hohe Werte (>3,50) für alle Wissensprozesse auszeichnet. Die Unterrichtsmethode Lernaufgaben ist gekennzeichnet durch hohe Werte für die Wissensprozesse *Durcharbeiten* und *Anwenden*. Die Unterrichtsmethode entdeckendes Lernen zeigt hohe Werte für den Wissensprozess *Aufbauen*. Besonders hohe Werte (>4,00) für den Wissensprozess *Aufbauen* hat die Unterrichtsmethode direkte Instruktion, die zudem relativ hohe Werte (>3,00) für die Wissensprozesse *Durcharbeiten* und *Anwenden* besitzt. Während die Unterrichtsmethode Computersimulation charakterisiert ist durch relative hohe Werte für die ersten vier Wissensprozesse, fällt die Projektmethode auf durch relativ hohe Werte für die Wissensprozesse *Anwenden, Übertragen* und *Bewerten*.

In der Heatmap sind zudem die folgenden Unterrichtsmethoden bemerkenswert: die Modellmethode wegen der relativ hohen Werte beim Wissensprozess *Anwenden*, das Leitprogramm wegen der relativ hohen Werte bei den Wissensprozessen *Aufbauen*,

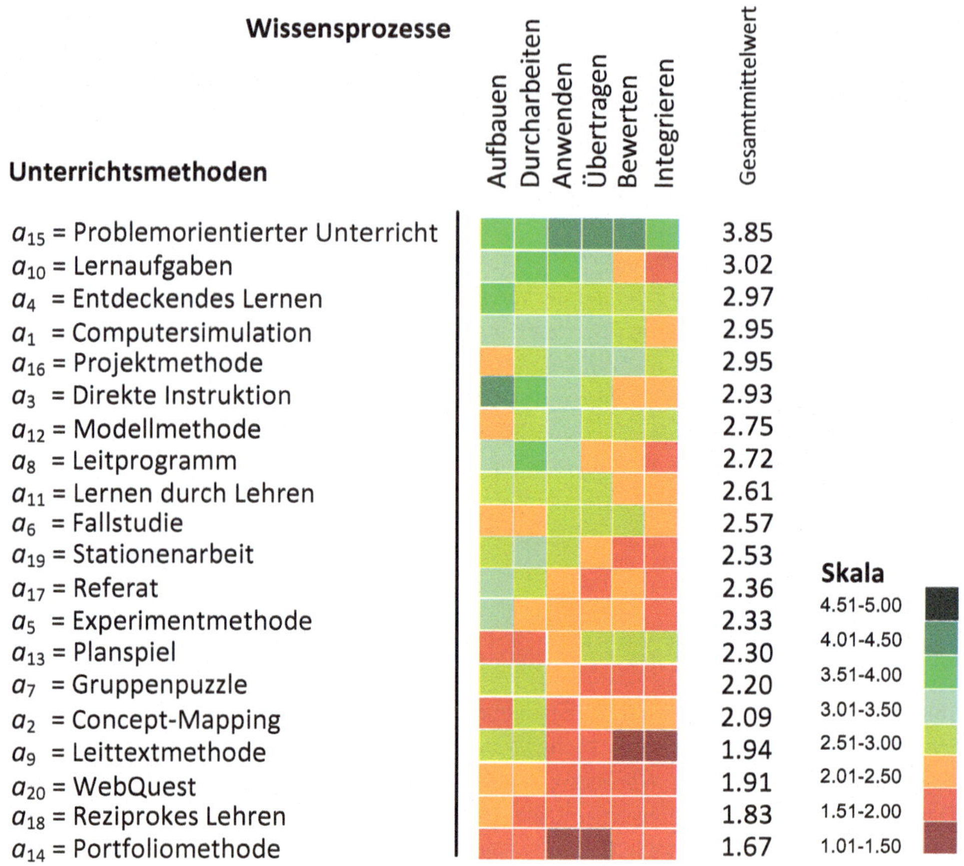

Abb. 4.2 Visualisierte Mittelwerte für die Wissensprozesse beim Lernvorgang

Durcharbeiten und *Anwenden*, die Stationenarbeit wegen der relativ hohen Werte beim Wissensprozess *Durcharbeiten*, das Referat und die Experimentmethode wegen der relativ hohen Werte beim Wissensprozess *Aufbauen*.

Die folgenden Unterrichtsmethoden hatten in allen Wissensprozessen relativ niedrige Werte (<3,00): Lernen durch Lehren, Fallstudie, Gruppenpuzzle, Concept-Mapping und Leittextmethode. Relativ schlecht (<2,50) wurden WebQuest, reziprokes Lehren und die Portfoliomethode in allen Wissensprozessen bewertet.

4.5.2 Clusteranalytische Auswertung

Als Datenbasis für die clusteranalytische Auswertung wird die alphabetisch sortierte 20 × 6 Datenmatrix mit den Mittelwerten der Unterrichtsmethoden hinsichtlich der Wissensprozesse herangezogen. Als clusteranalytische Methode wird das Verfahren nach

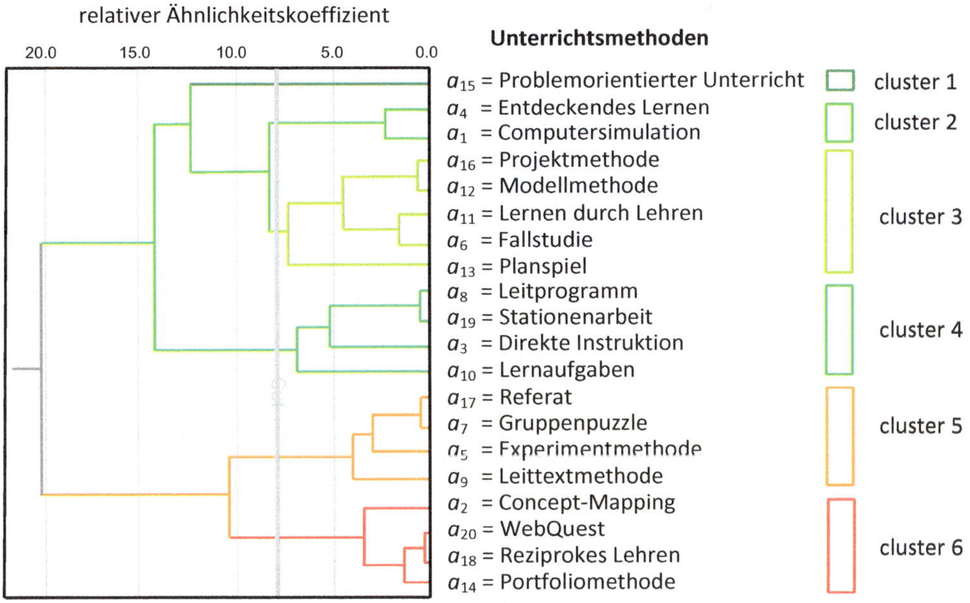

Abb. 4.3 Clusterlösung zu den Unterrichtsmethoden ($N = 24$)

Ward verwendet mit der quadrierten euklidischen Distanz als Distanzmaß (Everitt et al. 2001). Bei der Wahl des Abbruchkriteriums wird der C-Index nach Hubert und Levin (1976) berücksichtigt.

Abb. 4.3 veranschaulicht die Clusterlösung für die Unterrichtsmethoden. Aus dem Dendrogramm lässt sich entnehmen, dass sich sechs Cluster mit Unterrichtsmethoden ergaben. Im Dendrogramm fällt Cluster 1 besonders auf, denn es enthält nur eine Unterrichtsmethode, den *problemorientierten Unterricht.*

Cluster 1

Dieses Cluster enthält den problemorientierten Unterricht als einzige Unterrichtsmethode. Es ist charakterisiert durch hohe Werte für die Wissensprozesse *Aufbauen, Durcharbeiten, Anwenden, Übertragen, Bewerten* und *Integrieren.* Das Dendrogramm zeigt, dass diese Unterrichtsmethode aufgrund des Wertes für den C-Index (siehe „Cut" in Abb. 4.3) nicht mit anderen Unterrichtsmethoden fusioniert werden kann.

Cluster 2

Zu diesem Cluster gehören die beiden Unterrichtsmethoden entdeckendes Lernen und Computersimulation. Diese zeichnen sich durch relative hohe Werte aus hinsichtlich der Wissensprozesse *Aufbauen, Durcharbeiten, Anwenden, Übertragen* und *Bewerten,* wobei sich entdeckendes Lernen durch hohe Werte beim Prozess des Wissenserwerbs *Aufbauen* auszeichnet.

Cluster 3
Dieses Cluster ist dasjenige mit den meisten Unterrichtsmethoden. Es besteht aus den folgenden fünf Unterrichtsmethoden: Projektmethode, Modellmethode, Lernen durch Lehren, Fallstudie und Planspiel. Diese sind dadurch gekennzeichnet, dass sie teilweise hohe Werte beim Wissensprozess *Anwenden* haben. Interessant ist die Projektmethode, die hohe Werte bei den Wissensprozessen *Anwenden, Übertragen* und *Bewerten* hat.

Cluster 4
Dieses Cluster besteht aus vier Unterrichtsmethoden: Leitprogramm, Stationenarbeit, direkte Instruktion und Lernaufgaben. Auffallend für dieses Cluster sind die relativ hohen Werte bei den Wissensprozessen *Aufbauen, Durcharbeiten* und *Anwenden*. Hervorzuheben sind die direkte Instruktion, die sehr hohe Werte beim Wissensprozess *Aufbauen* hat, und Lernaufgaben, die hohe Werte bei den Wissensprozessen *Aufbauen, Durcharbeiten, Anwenden* und *Übertragen* hat.

Cluster 5
Dieses Cluster umfasst vier Unterrichtsmethoden: Referat, Gruppenpuzzle, Experimentmethode und Leittextmethode. Die Unterrichtsmethoden in diesem Cluster sind charakterisiert durch niedrige Werte hinsichtlich der Wissensprozesse *Anwenden, Übertragen, Bewerten* und *Integrieren*.

Cluster 6
Dieses Cluster, welches das homogenste Cluster der Clusterlösung für die Unterrichtsmethoden darstellt, besteht aus vier Unterrichtsmethoden: Concept-Mapping, WebQuest, reziprokes Lehren und Portfoliomethode. Die Unterrichtsmethoden in diesem Cluster sind charakterisiert durch niedrige Werte hinsichtlich aller Wissensprozesse.

4.6 Schlussfolgerungen

Zunächst ist festzustellen, dass die ermittelten Befunde die in der Einleitung formulierte Forschungshypothese unterstützen, dass sich Unterrichtsmethoden für das Unterrichtsfach Informatik in der Unterstützung des Lernvorgangs unterscheiden.

Es fällt auf, dass der problemorientierte Unterricht in Bezug zu fast allen Wissensprozessen am besten abschneidet, Lernaufgaben eignen sich gut für die Wissensprozesse *Durcharbeiten* und *Anwenden*, entdeckendes Lernen passt gut zum Wissensprozess *Aufbauen*. Während die Computersimulation für die ersten vier Wissensprozesse (*Aufbauen, Durcharbeiten, Anwenden, Übertragen*) brauchbar ist, ist es die Projektmethode für drei Wissensprozesse (*Anwenden, Übertragen, Bewerten*). Die direkte Instruktion ist die Unterrichtsmethode, die sich am besten für den Wissensprozess *Aufbauen* eignet; sie eignet sich zudem für die Wissensprozesse *Durcharbeiten* und *Anwenden*. Die Modellmethode kann für den Wissensprozess *Anwenden* eingesetzt werden, ebenso das Leitprogramm, das zusätzlich gut geeignet ist für den Wissensprozess *Durcharbeiten*. Referat und Experimentmethode lassen sich gut für den Wissensprozess *Aufbauen* einsetzen, während sich die Stationenarbeit für das *Durcharbeiten* eignet. Interessant ist die Unterrichtsmethode Planspiel, welche die letzten drei Wissensprozesse *Übertragen, Bewerten* und *Integrieren* besser unterstützt als die ersten drei Wissensprozesse *Aufbauen, Durcharbeiten* und *Anwenden*. Unterrichtmethoden, die sich nicht für den Informatikunterricht eignen, sind: WebQuest, reziprokes Lehren, Portfoliomethode.

Umgekehrt lässt sich mit den erhaltenen Ergebnissen auch die Frage beantworten, welche Wissensprozesse durch welche Unterrichtsmethode am adäquatesten unterstützt werden. Zunächst ist festzustellen, dass die Wissensprozesse beim Lernvorgang ganz unterschiedlich von den Unterrichtsmethoden unterstützt werden. Der Wissensprozess *Aufbauen* wird durch die Unterrichtsmethoden problemorientierter Unterricht, entdeckendes Lernen, Computersimulation, Leitprogramm, direkte Instruktion, Lernaufgaben, Referat und Experimentmethode unterstützt. Ähnliches gilt für den Wissensprozess *Durcharbeiten,* der positiv von den Unterrichtsmethoden problemorientierter Unterricht, Computersimulation, Leitprogramm, Stationenarbeit, direkte Instruktion und Lernaufgaben beeinflusst wird. Die Wissensprozesse *Anwenden* und *Übertragen* werden besonders dann unterstützt, wenn die Unterrichtsmethoden problemorientierter Unterricht, Computersimulation, Projektmethode, Modellmethode und Lernaufgaben zur Anwendung kommen. Die Wissensprozesse *Bewerten* und *Integrieren* werden durch wenige Unterrichtsmethoden unterstützt: eignen sich für den Wissensprozess *Bewerten* noch zumindest zwei Unterrichtsmethoden, nämlich problemorientierter Unterricht und Projektmethode, so bleibt für den Wissensprozess *Integrieren* nur der problemorientierte Unterricht.

Die ersten drei Wissensprozesse (*Aufbauen, Durcharbeiten, Anwenden*) werden von den Unterrichtsmethoden wesentlich besser unterstützt als die letzten drei Wissensprozesse (*Übertragen, Bewerten, Integrieren*). Der Wissensprozess *Bewerten* wird nur von zwei Unterrichtsmethoden (problemorientierter Unterricht, Projektmethode) relativ gut unterstützt, der Wissensprozess *Integrieren* sogar nur von einer Unterrichtsmethode (problemorientierter Unterricht).

Für den Einsatz von Unterrichtsmethoden im Informatikunterricht lassen sich folgende Empfehlungen aussprechen: (1) Für das Aufbauen von Wissen sollte die direkte Instruktion in Kombination mit dem problemorientierten Unterricht eingesetzt werden, ergänzt um Lernaufgaben, damit der Wissensprozess *Durcharbeiten* initiiert wird. (2) Für den Wissensprozess *Anwenden* sollte der problemorientierte Unterricht in Kombination mit Lernaufgaben zum Einsatz kommen. (3) Zur Unterstützung der Wissensprozesse *Übertragen, Bewerten* und *Integrieren* sollte auch der problemorientierte Unterricht eingesetzt werden, unterstützt durch die Projektmethode (*Übertragen, Bewerten*) und das Planspiel (*Übertragen, Bewerten, Integrieren*). (4) Um Abwechslung in den Informatikunterricht zu bringen und um die Motivation der Lernenden zu erhöhen, wird empfohlen, Unterrichtsmethoden substituierend einzusetzen, sofern sie ähnliche Wissensprozesse unterstützen. Aus der clusteranalytischen Auswertung und der Heatmap kann zum Beispiel entnommen werden, dass Projektmethode und Modellmethode ähnlich sind mit

Bezug zu den Wissensprozessen, ebenso Leitprogramm und Stationenarbeit sowie entdeckendes Lernen und Computersimulation.

Die in dieser Untersuchung gefundenen Befunde zum Einsatz von Unterrichtsmethoden im Informatikunterricht bestätigen die Empfehlungen, die in Standardwerken zur Informatikdidaktik gegeben werden. Dies gilt für die Unterrichtsmethoden problemorientierter Unterricht, Lernaufgaben, entdeckendes Lernen, Computersimulation, Projektmethode und Modellmethode, die in den Standardwerken favorisiert werden (vgl. Hartmann et al. 2006; Humbert 2006; Hubwieser 2007; Schubert und Schwill 2012; Modrow und Strecker 2016). Die Ergebnisse, die in der Literatur allgemein zu Unterrichtsmethoden genannt werden, lassen sich teilweise auf den Informatikunterricht übertragen, z. B. die positiven Effektgrößen der direkten Instruktion und der Fallstudie (vgl. Hattie 2009; Hattie et al. 2013). Nicht übertragen lassen sich die positiven Befunde, die für die Unterrichtsmethode reziprokes Lehren in der Literatur berichtet werden. Für den Informatikunterricht ist diese Methode aufgrund der empirischen Befunde ungeeignet.

In die Untersuchung konnten die Daten von $N = 24$ Informatiklehrern, die an Gymnasien unterrichten, einbezogen werden. Obwohl diese Informatiklehrer für das Bundesland Baden-Württemberg als repräsentativ angesehen werden können, wurde die in der Poweranalyse geforderte Stichprobengröße für die gewünschte Power von $(1-\beta) = 0{,}80$ nicht erreicht. Deshalb sollte eine mit entsprechenden Ressourcen ausgestattete Folgeuntersuchung durchgeführt werden mit einer wesentlich größeren Stichprobe, um die in dieser Untersuchung erzielten Ergebnisse zu verifizieren und zu validieren. Unterrichtsmethoden, die in der vorliegenden Untersuchung als sehr ungünstig für den Informatikunterricht bewertet wurden, wie WebQuest, reziprokes Lehren, Portfoliomethode brauchen dazu nicht weiter berücksichtigt zu werden.

Die Ergebnisse in der vorliegenden Untersuchung zeigten überdies, dass die Wissensprozesse *Bewerten* und *Integrieren* nur von einer Unterrichtsmethode, dem problemorientierten Unterricht, adäquat gefördert werden. Für die Informatikdidaktik im Bereich der Methodenentwicklung stellt sich daher die dringliche Aufgabe, Unterrichtsmethoden zu entwickeln, die diese Wissensprozesse beim Lernvorgang unterstützen. Ausgangspunkte für die Entwicklung solcher Unterrichtsmethoden lassen sich nach Ansicht der Autoren im Kontext kompetenzorientierter Lernaufgaben und im fächerübergreifenden Unterricht finden.

Literatur

Agneli, C., Kadijevich, D. & Schulte, C. (2013). *Improving computer science education*. London: Routledge Chapman & Hall.

Brenner, G. & Brenner, K. (2011). *Lernen lehren: Methoden für alle Fächer: Sekundarstufe I und II*. Berlin: Cornelsen Scriptor.

Bruner, J. S. (1966). *The process of education*. Cambridge: Harvard University Press.

Bruner, J. S. (1974). *Entwurf einer Unterrichtstheorie*. Berlin: Berlin-Verlag.

Davis, Gross B. (2009). *Tools for teaching*. San Francisco: Jossey-Bass.

Dillman, D. A. (2000). *Mail and Internet surveys: the tailored design method*. New York: Wiley.

Eigler, G., Judith, H., Künzel, M. & Schönwäldler, A. (1973). *Grundkurs lehren und lernen*. Weinheim: Beltz.
Everitt, B. S., Landau, S. & Leese, M. (2001). *Cluster analysis*. London: Arnold.
Fincher, S. & Petre, M. S. (2004). *Computer science education research*. London: RoutledgeFalmer.
Ginnis, P. (2001). *The teacher's toolkit. Classroom achievement*. Carmarthen: Crown House Publishing.
Hartmann, W., Näf, M. & Reichert, R. (2006). *Informatikunterricht planen und durchführen*. Berlin: Springer.
Hattie, J. (2009). *Visible learning*. New York: Routledge.
Hattie, J., Beywl, W. & Zierer, K. (2013). *Lernen sichtbar machen*. München: Schneider.
Hazzan, O., Lapidot, T. & Ragonis, N. (2011). *Guide to teaching computer science: an activity-based approach*. New York: Springer.
Hubert, L. J. & Levin, J. R. (1976). A general statistical framework for assessing categorical clustering in free recall. *Psychological Bulletin, 83*, 1072–1080.
Hubwieser, P. (2007). *Didaktik der Informatik*: Grundlagen, Konzepte, Beispiele. Berlin: Springer.
Humbert, L. (2006). *Didaktik der Informatik*. Wiesbaden: Teubner.
Irons, A., Alexander, S. & Alexander, S. (2004). *Improving computer science education*. London: Routledge Chapman & Hall.
Kirk, E. (2012). *Experimental design*. Belmont: Wadsworth.
Koffmann, E. & Brinda, T. (2003). Teaching programming and problems solving. In L. Cassel & R. A. Reis (2003). *Informatics curricula and teaching methods*. (S. 125–130). Amsterdam: Kluwer Academic Publishers.
Modrow, E. & Strecker, K. (2016). *Didaktik der Informatik*. Berlin: de Gruyter.
Mueller, K. E. & Barton, C. N. (1989). Approximate power for repeated-measures ANOVA lacking sphericity. *Journal of the American Statistical Association, 84*(406), 549–555.
Mueller, K. E., LaVange, L. E., Ramey, S. L. & Ramey, C. T. (1992). Power calculations for general linear multivariate models including repeated measures applications. *Journal of the American Statistical Association, 87*(420), 1209–1226.
Olson, D. R. (2007). Jerome Bruner: The cognitive revolution in educational theory. New York: Continuum.
Petty, G. (2009). *Teaching today: a practical guide*. Cheltenham: Nelson Thornes.
Reich, K. (2017). Unterrichtsmethoden im konstruktiven und systemischen Methodenpool. http://methodenpool.uni-koeln.de/index.html. Zugegriffen am 01.10.2017
Reinmann-Rothmeier, G. & Mandl, H. (2001). Unterrichten und Lernumgebungen gestalten. Forschungsbericht. In A. Krapp & B. Weidenmann (Hrsg.), *Pädagogische Psychologie* (S. 613–658). Weinheim: Beltz.
Roth, G. (1971). *Pädagogische Psychologie des Lehrens und Lernens*. Hannover: Schrödel.
Schubert, S. & Schwill, A. (2012). *Didaktik der Informatik*. Heidelberg: Spektrum.
Straka, G. A. & Macke, G. (2006). *Lern-lehr-theoretische Didaktik*. Münster. Waxmann.
Vaux, A. & Briggs, C. S. (2005). Conducting mail and Internet surveys. In F. T. L. Leong & J. T. Austin, *The psychology research handbook* (S. 186–209). Thousand Oaks, CA: Sage.
Wiechmann, J. (Hrsg.) (2011). *Zwölf Unterrichtsmethoden* (5. Auflage). Weinheim: Beltz.
Winer, B. J., Brown, D. R. & Michels, K. M. (1991). *Statistical principles in experimental design*. Boston: McGraw-Hill.
Zendler, A. & Klaudt, D. (2014). *Booklet für den Fragebogen zum Umgang mit Unterrichtsmethoden im Informatikunterricht*. Berlin: epubli.

Unterrichtsmethoden im Kontext bedeutsamer Lerntheorien

5

Andreas Zendler, Cornelia Seitz, Andreas Fest und Dieter Klaudt

5.1 Einführung

Unterrichtsmethoden spielen für erfolgreiches Lernen in allen Fächern eine zentrale Rolle, zumal im Informatikunterricht (Koffmann und Brinda 2003; Fincher und Petre 2004; Irons et al. 2004; Hartmann et al. 2006; Humbert 2006; Hubwieser 2007; Hazzan et al. 2011; Schubert und Schwill 2012; Agneli et al. 2013; Modrow und Strecker 2016; siehe Kap. 1, 2 und 3 in diesem Band). Seit kurzem liegt eine empirische Untersuchung zur Einschätzung von Unterrichtsmethoden durch Informatiklehrer vor – in Bezug zu Wissensprozessen beim Lernvorgang im Informatikunterricht (Zendler und Klaudt 2016a, b, siehe auch Kap. 4 in diesem Buch). Die Ergebnisse zeigen, dass bestimmte Unterrichtsmethoden besonders für den Informatikunterricht prädestiniert sind, nämlich problemorientierter Unterricht, Lernaufgaben, entdeckendes Lernen, Computersimulation, Projektmethode und direkte Instruktion.

Begründungen, warum Lernen mit einzelnen Unterrichtsmethoden besser funktioniert, liefern die Kognitionspsychologie (siehe z. B. Anderson 2013; Eysenck und Keane 2015), zunehmend die Neurowissenschaft (Purves und Augustine 2012; Baer und Paradiso 2015) und neuerdings die Neurodidaktik (Mareschal und Butterworth 2013; Collins 2015). Traditionell stellen Lerntheorien Empfehlungen für effizientes und effektives Lernen zur Verfügung, auf deren Befunde bestimmte Unterrichtsmethoden entstanden sind. In diesem

A. Zendler (✉) • C. Seitz • A. Fest • D. Klaudt
University of Education Ludwigsburg, Ludwigsburg, Deutschland
E-mail: zendler@ph-ludwigsburg.de

A. Zendler (Hrsg.), *Unterrichtsmethoden für den Informatikunterricht*,
https://doi.org/10.1007/978-3-658-20675-8_5

Abschnitt wird deshalb zunächst über relevante Befunde bedeutsamer Lerntheorien und dann über Unterrichtsmethoden im Informatikunterricht berichtet, bevor dann die zweiteilige Fragestellung vorgestellt wird.

5.1.1 Bedeutsame Lerntheorien

In der Geschichte des Lehrens und Lernens wurden viele Lerntheorien entwickelt (vgl. Merriam et al. 2006; Olson und Hergenhahn 2012; Lefrançois 2012). Frühe Lerntheorien gehen zurück auf Plato (428–347 v. Chr.), der in seiner *Epistemologie* Lernen als Wiedererinnerung (Anamnesis, ἀνάμνησις) an Ideen erklärt, welche die Seele vor ihrem Eintritt in den Körper an einem „überhimmlischen" Ort geschaut hat und an die sie sich daher im Prozess der Erkenntnis erinnert (Seitschek 2007; Silverman 2014). Ein weiterer früher und für behavioristische Lerntheorien einflussreicher Lerntheoretiker ist John Locke (1632–1704), nach dem der Mensch als „tabula rasa" (leeres Blatt) auf die Welt kommt. Nach Locke ist jedes Verhalten durch Erfahrungen mit der Umwelt erlernt und nicht angeboren (Woolhouse 2007).

Heute werden in der einschlägigen Literatur zur Schulpsychologie/Pädagogischen Psychologie vielfach drei wesentliche Lerntheorien unterschieden: behavioristische, kognitivistische und konstruktivistische Lerntheorie (vgl. Santrock 2011; Slavin 2014; Woolfolk 2015). Im Folgenden werden diese drei Lerntheorien nach einem einheitlichen Schema beschrieben, das auf Merriam et al. (2006) zurückgeht, mit Ergänzungen von Kerres (2013) und Woolfolk (2015). Das Schema umfasst acht Kriterien: Resultat des Lernens, Forderungen an didaktisches Design, Prinzip der Lehre, Rolle des Lehrenden, Rolle der Lernenden, Rolle der Gleichaltrigen, Kontrolle des Lernweges, Kontrolle des Lernerfolgs.

Behavioristische Lerntheorie

Die Kernannahme der behavioristischen Lerntheorie (Vertreter: Thorndike, Pavlov, Watson, Guthrie, Hull, Tolman, Skinner u. a.) besteht darin, dass Lernen durch eine Reiz-Reaktions-Kette ausgelöst wird. Resultat des Lernens sind Reiz-Reaktions-Verbindungen. Die Forderung an das didaktische Design ist die Aufteilung von Lehrinhalten in kleinere Lerneinheiten. Das Prinzip der Lehre besteht im Vortragen von Lerninhalten. Lehrende greifen zentral in den Lernprozess ein. Die Rolle des Lernenden besteht in der passiven Aufnahme von Wissen und im Befolgen von Anweisungen, ohne dass Gleichaltrige in den Lernprozess mit einbezogen werden. Der Lernweg wird durch den Lehrenden bestimmt. Die Kontrolle des Lernerfolges findet regelmäßig nach jedem Lernschritt statt.

Kognitivistische Lerntheorie

Die zentrale These der kognitivistischen Lerntheorie (Vertreter: Koffka, Köhler, Lewin, Ausubel, Bruner, Gagné u. a.) besagt, dass Lernen durch den Auf- und Umbau kognitiver Strukturen geschieht. Das Lernresultat besteht in generalisierbarem Wissen und in Problemlösefertigkeiten. Schwerpunkte an das didaktische Design ist die Anpassung von Lernmaterial an Lernvoraussetzungen/-fortschritte. Das Prinzip der Lehre besteht in der Transmission von Lerninhalten, unterstützt durch Anleitungen. Die Rolle der Lehrenden umfasst die didaktische Aufbereitung von Informationen für Problemstellungen. Die Rolle des Lernenden besteht darin, Informationen aktiv zu verarbeiten, Informationen zu organisieren und zu reorganisieren. Gleichaltrige können mit in den Informationsverarbeitungsprozess einbezogen werden und beeinflussen diesen dann. In Abhängigkeit vom Lernfortschritt erfolgt die Kontrolle des Lernweges durch Fremd- und Selbststeuerung durch Lehrende bzw. Lernende. Die Kontrolle des Lernerfolgs findet regelmäßig nach sinnhaften Lerneinheiten statt, eingebunden in Lernaufgaben.

Konstruktivistische Lerntheorie
Der Hauptgedanke der konstruktivistischen Lerntheorie (Vertreter: Maturana, Varela, Piaget, Wygotski, Bandura, Salomon, u. a.) besagt, dass Lernende eine individuelle Repräsentation der Welt erschaffen (konstruieren). Das Resultat des Lernens ist kontextualisiertes, in Situationen anwendbares Wissen. Forderungen an das didaktische Design ist die Einbindung von Lerninhalten in Anwendungskontexte (Situierung). Das Prinzip der Lehre besteht in der Ko-Konstruktion von Wissen mit Lernenden. Die Rolle der Lehrenden besteht darin, dass der Lehrende eigenverantwortliche und soziale Lernprozesse der Lernenden coacht. Die Rolle der Lernenden umfasst, aktiv Wissen mit anderen zu *ko*-konstruieren, wobei aktives Denken, Erklären und Deuten im Vordergrund stehen. Gleichaltrige nehmen am Prozess der Wissenskonstruktion aktiv mit teil. Der Lernweg wird von den Lernenden durch Selbststeuerung im Kontext selbstwirksamen Lernens kontrolliert. Auch die Kontrolle des Lernerfolgs findet dadurch statt, dass Lernende diese (u. a. mit Lehrenden) im Kontext selbstwirksamen Lernens übernehmen.

5.1.2 Unterrichtsmethoden und Lerntheorien

Unterrichtsmethoden sind meistens aus der unterrichtlichen Praxis entstanden, beispielsweise die Experimentmethode, die Leittextmethode, das Gruppenpuzzle. Auf der anderen Seite gibt es (wenige) Unterrichtsmethoden, die eindeutig als Reaktion auf lerntheoretische Ergebnisse entstanden sind, etwa das Leitprogramm im Kontext der behavioristischen Lerntheorie. Tatsächlich werden in der aktuellen Literatur zur Schulpsychologie/ Pädagogischen Psychologie bestimmte Unterrichtsmethoden im Kontext von Lerntheorien behandelt und auf deren Grundlage Empfehlungen und Begründungen für Unterrichtsmethoden zum praktischen Einsatz im Schulunterricht gegeben.

Die Bedeutung der behavioristischen Lerntheorie wird für das Leitprogramm explizit herausgestellt (Burton et al. 2004; Kerres 2013). Für die folgenden Unterrichtsmethoden wird ausdrücklich die Bedeutung der kognitivistischen Lerntheorie behandelt: Concept-Mapping;[1] Gruppenpuzzle,[2] problemorientierter Unterricht.[3] Die Bedeutung der konstruktivistischen Lerntheorie wird für die folgenden Unterrichtsmethoden

[1] Siehe Woolfolk (2015, S. 288); Santrock (2011, S. 282).

[2] Siehe Santrock (2011, S. 232).

[3] Siehe Woolfolk (2015, S. 294); Santrock (2011, S. 301).

besonders hervorgehoben: Entdeckendes Lernen,[4] reziprokes Lehren,[5] problemorientierter Unterricht,[6] Projektmethode,[7] Lernaufgaben,[8] Gruppenpuzzle.[9] Für andere wichtige Unterrichtsmethoden, wie Computersimulation, Fallstudie, Modellmethode waren solche expliziten Einordnungen nicht recherchierbar, obwohl auch diese von den Ergebnissen der Lerntheorien profitieren könnten.

5.2 Fragestellung

Vor dem Hintergrund, dass bisher die Einordnung von Unterrichtsmethoden zum Informatikunterricht in den Kontext von Lerntheorien nicht geklärt ist, stehen zwei Ziele im Vordergrund des Interesses: (1) Bedeutung von Lerntheorien für Unterrichtsmethoden im Informatikunterricht: Welche Lerntheorien sind bedeutsam für welche Unterrichtsmethoden im Informatikunterricht? (2) Empfehlungen von Lerntheorien für Unterrichtsmethoden im Informatikunterricht: Welche Empfehlungen für den praktischen Einsatz im Informatikunterricht lassen sich für Unterrichtsmethoden aus Sicht von Lerntheorien ableiten?

Mit den zwei Zielen ist die folgende Forschungshypothese verbunden: „Die Bedeutung der Lerntheorien für Unterrichtsmethoden im Informatikunterricht unterscheiden sich."

5.3 Planung der Untersuchung

Auswahl der Unterrichtsmethoden. In Anlehnung an die Untersuchung von Zendler und Klaudt (2016a; siehe auch Kap. 4 in diesem Buch) wurden für die endgültige Auswahl der Unterrichtsmethoden folgende zwei Kriterien herangezogen: (1) Einsatz der Unterrichtsmethoden im Informatikunterricht, (2) Empirisch untersuchte Unterrichtsmethoden. Aufgrund dieser Kriterien wurden die folgenden 20 Unterrichtsmethoden selektiert: Computersimulation, Concept-Mapping, direkte Instruktion, entdeckendes Lernen, Experimentmethode, Fallstudie, Gruppenpuzzle, Leitprogramm, Leittextmethode, Lernen durch Lehren, Lernaufgaben, Modellmethode, Planspiel, Portfoliomethode, problemorientierter Unterricht, Projektmethode, Referat, reziprokes Lehren, Stationenarbeit und WebQuest.

Die 20 Unterrichtsmethoden für den Informatikunterricht sind ausführlich in Kap. 2 und 3 dieses Buches beschrieben bzw. exemplifiziert sowie in einem Booklet (Zendler und Klaudt 2016a, b) zusammengefasst, das für die Unterrichtsmethoden jeweils auch die historischen Wurzeln belegt.

---

[4] Siehe Slavin (2014, S. 238).

[5] Siehe Slavin (2014, S. 241).

[6] Siehe Woolfolk (2015, S. 351); Slavin (2014, S. 252); Santrock (2011, S. 320).

[7] Siehe Santrock (2011, S. 320).

[8] Siehe Woolfolk (2015, S. 349).

[9] Siehe Slavin (2014, S. 246).

Expertenumfrage. Die Beurteilung von Unterrichtsmethoden im Kontext bedeutsamer Lerntheorien macht es erforderlich, auf Experten zurückzugreifen, denn es handelt sich bei dieser Beurteilung um einen komplexen Sachverhalt für den umfangreiches Wissen notwendig ist, sowohl aus dem Bereich der Unterrichtsmethoden für den Informatikunterricht als auch aus dem Bereich der Lerntheorien. In dieser Untersuchung wird deshalb eine Expertenumfrage durchgeführt, die indiziert ist, „when it is impossible to observe, measure, or experiment on the phenomenon in question using more direct methods.“ (Benoit und Wiesehomeier 2009, S. 497)

Versuchsplan. Zur Überprüfung der Forschungshypothese wird ein RBF-3×20 Versuchsplan (Randomized Block Factorial design, 2-faktorieller Versuchsplan mit Messwiederholungen für die Faktoren *A* und *B,* siehe Abb. 5.1) verwendet (vgl. Winer et al. 1991; Kirk 2012).

Unabhängige Variablen. Faktor *A* umfasst die $p = 3$ Lerntheorien a_1, a_2, a_3: *behavioristisch, kognitivistisch* und *konstruktivistisch.* Unter Faktor *B* werden die $q = 20$ Unterrichtsmethoden $b_1, \ldots, b_{20}$ variiert: Computersimulation, Concept-Mapping, direkte Instruktion, entdeckendes Lernen, Experimentmethode, Fallstudie, Gruppenpuzzle, Leitprogramm, Leittextmethode, Lernen durch Lehren, Lernaufgaben, Modellmethode, Planspiel, Portfoliomethode, problemorientierter Unterricht, Projektmethode, Referat, reziprokes Lehren, Stationenarbeit und WebQuest.

Abhängige Variablen. Abhängige Variable ist die Bewertung der Unterrichtsmethoden aus Sicht der drei Lerntheorien. Die Bewertung wird – je Lerntheorie – auf einer sechsstufigen Skala von 0 („keine Bedeutung“) bis 5 („sehr große Bedeutung“) vorgenommen.

Operationale Testhypothese. Vor dem Hintergrund des Versuchsplans, der Festlegung der unabhängigen und der abhängigen Variablen lässt sich die operationale Testhypothese wie folgt formulieren:

„Die Bedeutung der Lerntheorien für Unterrichtsmethoden im Informatikunterricht unterscheiden sich, operationalisiert durch die auf einer sechsstufigen Skala vorgenommenen Bewertungen im Kontext der behavioristischen, kognitivistischen und konstruktivistischen Lerntheorien durch Hochschullehrer für Informatikdidaktik.“

	b_1	b_2	b_3	…	b_{20}
a_1	s_1, s_2, s_3	s_1, s_2, s_3	s_1, s_2, s_3	…	s_1, s_2, s_3
a_2	s_1, s_2, s_3	s_1, s_2, s_3	s_1, s_2, s_3	…	s_1, s_2, s_3
a_3	s_1, s_2, s_3	s_1, s_2, s_3	s_1, s_2, s_3	…	s_1, s_2, s_3

***A* = Lerntheorie**
a_1 = behavioristisch
a_2 = kognitivistisch
a_3 = konstruktivistisch

***B* = Unterrichtsmethode**
b_1 = Computersimulation … b_{20} = WebQuest

s_1 = Experte #1
s_2 = Experte #2
s_3 = Experte #3

Abb. 5.1 Layout des verwendeten RBF-20×3 Versuchsplans

5.4 Bewertung durch Experten

Stichprobe. Für die Expertenumfrage konnten drei Hochschullehrer s_1, s_2, s_3 der Pädagogischen Hochschule Ludwigsburg im Bundesland Baden-Württemberg gewonnen werden. Diese wurden gebeten, einen Fragebogen zu beantworten, mit dem die Bedeutung der drei bedeutsamen Lerntheorien für Unterrichtsmethoden beurteilt werden sollte. Die Hochschullehrer unterrichteten Informatik, Mathematik und Schulpsychologie bzw. Pädagogische Psychologie an der Pädagogischen Hochschule Ludwigsburg (Baden-Württemberg).

Fragebogen. Der Fragebogen bestand aus einer kurzen Einführung, in der die 20 Unterrichtsmethoden und die drei Lerntheorien aufgeführt wurden. Zum Fragebogen wurde den Hochschullehrern ein Booklet (Zendler und Klaudt 2016a, b) überlassen, in dem die 20 Unterrichtsmethoden nach einem einheitlichen Schema beschrieben sind, mit Kurzbeschreibung und Erklärung, konkreten Durchführungsschritten, Beispielen aus der Literatur, die den Einsatz der Unterrichtsmethode im Informatikunterricht nachweisen. Zudem wurde den Hochschullehrern ein Handout zur Verfügung gestellt, in dem die drei Lerntheorien nach einem einheitlichen Schema beschrieben sind.

Aufgabenstellung. Die $p = 3$ Lerntheorien und die $q = 20$ Unterrichtsmethoden wurden anschließend in einer Matrix alphabetisch sortiert dargeboten, mit den Unterrichtsmethoden in den Zeilen und den Lerntheorien in den Spalten. Für jede der $3 \times 20 = 60$ Matrixzellen musste die folgende Aussage bewertet werden: *„Die Bedeutung der Lerntheorie <abc> für die Unterrichtsmethode <xyz>.“* Bewertungen wurden auf einer sechsstufigen Skala von 0 (*„keine Bedeutung“*) bis 5 (*„sehr große Bedeutung“*) vorgenommen.

5.5 Ergebnisse

5.5.1 Deskriptive Auswertung

Die in den Abb. 5.2 bis 5.4 dargestellten *Shaded Scatterplots* visualisieren die Beurteilungen der 20 Unterrichtsmethoden bezogen auf die drei Lerntheorien, welche die Experten s_1, s_2 und s_3 abgaben. In den Abbildungen sind die Unterrichtsmethoden nach dem Grad der Übereinstimmung durch die Experten sortiert und nach Bedeutung für die einzelnen Lerntheorien.

Abb. 5.2 zeigt zunächst, dass die Unterrichtsmethoden Leitprogramm und direkte Instruktion von den Experten im Kontext der behavioristischen Lerntheorie einheitlich hoch bewertet wurden. Relativ einheitlich wurden zwar auch andere Unterrichtsmethoden (problemorientierter Unterricht, entdeckendes Lernen, Experimentmethode, Leitprogramm, Concept-Mapping, Lernen durch Lehren, Planspiel, Portfoliomethode, Projektmethode, Computersimulation, Referat, Lernaufgaben, Stationenarbeit) bewertet, aber sie haben im Kontext der behavioristischen Lerntheorie eine nur geringe Bedeutung. Bei den anderen Unterrichtsmethoden (Modellmethode, WebQuest, Fallstudie, Gruppenpuzzle, reziprokes Lehren, Leittextmethode) sind sich die Experten uneinig. Zum Teil messen sie diesen eine hohe Bedeutung zu, zum Teil nicht.

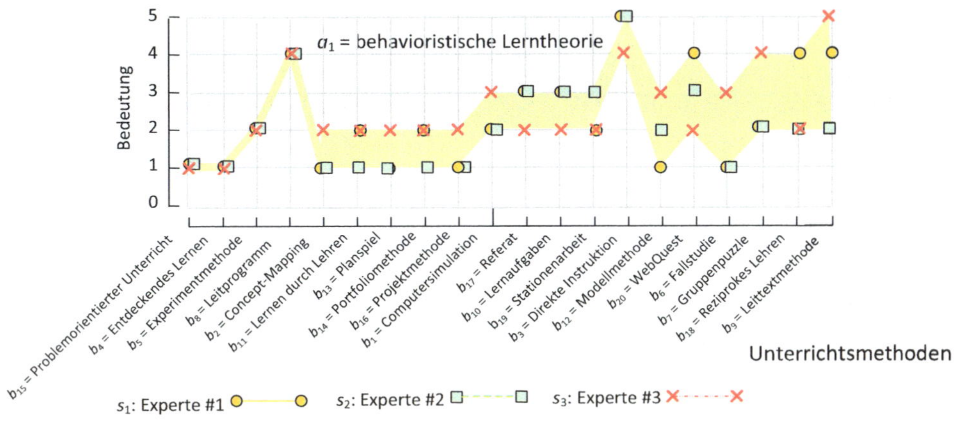

Abb. 5.2 Bedeutung der behavioristischen Lerntheorie

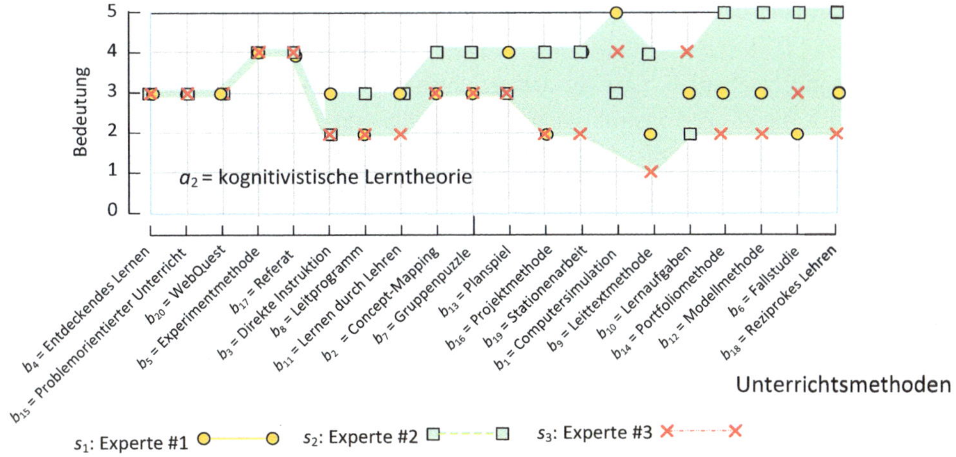

Abb. 5.3 Bedeutung der kognitivistischen Lerntheorie

Abb. 5.3 veranschaulicht, dass die Unterrichtsmethoden Experimentmethode und Referat von den Experten im Kontext der kognitivistischen Lerntheorie einheitlich hoch bewertet wurden. Einheitlich wurden auch entdeckendes Lernen, problemorientierter Unterricht und WebQuest bewertet, aber sie haben aufgrund der Expertenbewertungen im Kontext der kognitivistischen Lerntheorie nicht die hohe Bedeutung. Aus kognitivistischer Sicht sind von den Experten noch als bedeutsam einzuschätzen: Concept-Mapping, Gruppenpuzzle, Planspiel und Computersimulation. Bei den Unterrichtsmethoden Portfoliomethode, Modellmethode, Fallstudie und reziprokes Lehren, Leittextmethode gibt es einen Experten (#2), der die Unterrichtsmethode im Kontext der kognitivistischen Lerntheorie hoch bewertete, die anderen beiden Experten (#1 und #3) bewerten diese eher niedrig.

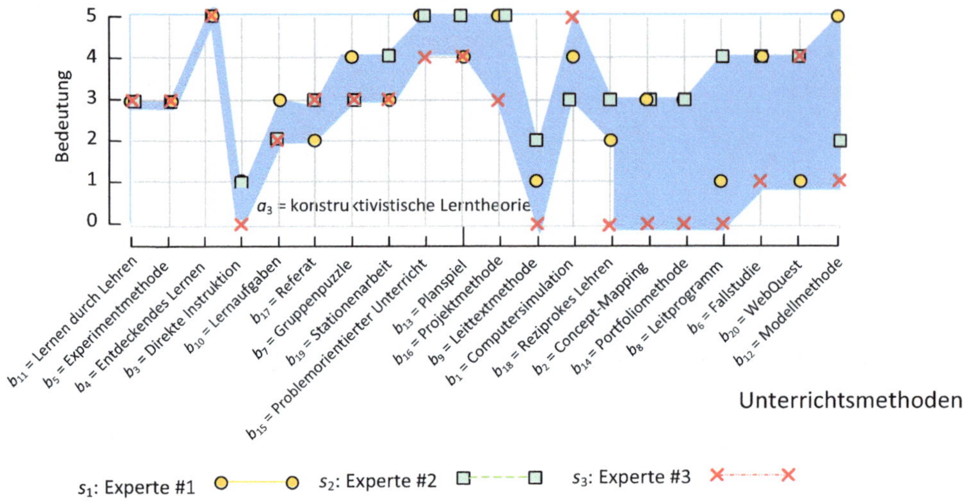

Abb. 5.4 Bedeutung der konstruktivistischen Lerntheorie

Abb. 5.4 macht deutlich, dass die Unterrichtsmethode entdeckendes Lernen von den Experten im Kontext der konstruktivistischen Lerntheorie einheitlich sehr hoch bewertet wurde. Hoch, aber nicht ganz einheitlich, wurden von den Experten auch eingeschätzt: problemorientierter Unterricht, Planspiel, Projektmethode und Computersimulation. Wegen der niedrigen Bewertungen durch die Experten passen die folgenden Unterrichtsmethoden nicht zur konstruktivistischen Sichtweise: direkte Instruktion, Leittextmethode, Leitprogramm. Bei mehreren Unterrichtsmethoden (Fallstudie, WebQuest, Modellmethode) sind sich die Experten uneinig, ob diese Unterrichtsmethoden überhaupt mit der konstruktivistischen Sichtweise vereinbar sind.

5.5.2 Statistische Analyse

Zur Überprüfung, ob die drei Experten die 20 Unterrichtsmethoden mit Bezug zu den drei Lerntheorien konkordant beurteilten, werden drei statistische Hypothesen formuliert, die auf dem Signifikanzniveau von $\alpha = 0{,}05$ und mit dem Konkordanzkoeffizienten nach Kendall (Kendall’s W) geprüft werden (vgl. Gwet 2014; Wirtz und Caspar 2002; Bortz et al. 2008). Beim Einsatz des Konkordanzkoeffizienten nach Kendall ist zu beachten, dass die Alternativhypothese im Sinne von Beurteiler-Übereinstimmung formuliert ist und die Nullhypothese im Sinne von Beurteiler-*Nicht*übereinstimmung.

Statistische Hypothesen. Die Hypothesen lauten:

i) die Experten s_1, s_2, s_3 beurteilen im Kontext der behavioristischen Lerntheorie (a_1) die 20 Unterrichtsmethoden $b_1, b_2, \ldots, b_{20}$ konkordant:

$$H_0 : s_1 \neq s_2 \neq s_3 \quad \left(H_1 : s_1 = s_2 = s_3\right);$$

ii) die Experten s_1, s_2, s_3 beurteilen im Kontext der kognitivistischen Lerntheorie (a_2) die 20 Unterrichtsmethoden b_1, b_2, …, b_{20} konkordant:

$$H_0 : s_1 \neq s_2 \neq s_3 \quad (H_1 : s_1 = s_2 = s_3);$$

iii) die Experten s_1, s_2, s_3 beurteilen im Kontext der konstruktivistischen Lerntheorie (a_3) die 20 Unterrichtsmethoden b_1, b_2, …, b_{20} konkordant:

$$H_0 : s_1 \neq s_2 \neq s_3 \quad (H_1 : s_1 = s_2 = s_3).$$

Ergebnisse. Die Tab. 5.1 enthält die Auswertung zur Beurteilerübereinstimmung.

Die Prüfgröße zur Überprüfung, ob die drei Experten die 20 Unterrichtsmethoden im Kontext der behavioristischen Lerntheorie (a_1) konkordant beurteilten, ist auf dem α-Niveau von 0,05 signifikant ($\chi^2_{(19)} = 37{,}68$, $p < 0{,}007$), das heißt, die entsprechende H_0 wird zugunsten von H_1 verworfen: Die drei Experten beurteilten die 20 Unterrichtsmethoden konkordant.

Die Prüfgröße zur Überprüfung, ob die drei Experten die 20 Unterrichtsmethoden im Kontext der kognitivistischen Lerntheorie (a_2) konkordant beurteilten, ist auf dem α-Niveau von 0,05 nicht signifikant ($\chi^2_{(19)} = 20{,}20$, $p < 0{,}384$), das heißt, die entsprechende H_0 wird nicht verworfen: Die drei Experten beurteilten die 20 Unterrichtsmethoden nicht konkordant.

Die Prüfgröße zur Überprüfung, ob die drei Experten die 20 Unterrichtsmethoden im Kontext der konstruktivistischen (a_3) konkordant beurteilten, ist auf dem α-Niveau von 0,05 signifikant ($\chi^2_{(19)} = 39{,}06$, $p < 0{,}005$), das heißt, die entsprechende H_0 wird zugunsten von H_1 verworfen: Die drei Experten beurteilten die 20 Unterrichtsmethoden konkordant.

5.5.3 Territorialanalyse

Als Datenbasis für die Territorialanalyse wird die alphabetisch sortierte 3 × 20 Datenmatrix mit den Unterrichtsmethoden für den Informatikunterricht hinsichtlich der behavioristischen, kognitivistischen und der konstruktivistischen Lerntheorien herangezogen.

Für die Territorialanalyse werden zwei Maße verwendet: zum einen die Bedeutung, welche die Experten den Unterrichtsmethoden im Kontext einer Lerntheorie beigemessen haben, zum anderen die Expertenübereinstimmung, die mit Hilfe des Standardfehlers des

Tab. 5.1 Beurteilerübereinstimmung

Lerntheorien	*N*	*W*	χ^2	*df*	*p*
behavioristische Lerntheorie (a_1)	3	0,664	37,68*	19	0,006
kognitivistische Lerntheorie (a_2)	3	0,354	20,20*	19	0,383
konstruktivistische Lerntheorie (a_3)	3	0,685	39,06*	19	0,004

* $\chi^2_{(19)\,\text{krit}} = 30{,}14$

Mittelwertes (abgebildet auf den Wertebereich [0, 1]) angegeben wird. Die Abb. 5.5 veranschaulicht die erhaltenen Territorien als *Shaded Quadrant Scatter Charts* mit den Unterrichtsmethoden im Kontext der behavioristischen, kognitivistischen und konstruktivistischen Lerntheorien.

Territorien I

Diese Territorien enthalten die Unterrichtsmethoden für den Informatikunterricht, die von den Experten einheitlich als sehr bedeutsam für die jeweiligen Lerntheorien beurteilt wurden. Für die behavioristische Lerntheorie sind dies die direkte Instruktion und das Leitprogramm. Für die kognitive Lerntheorie sind dies die Experimentmethode, Lernen durch Lehren und das Referat. Für die konstruktivistische Lerntheorie sind dies entdeckendes Lernen, die Experimentmethode, das Planspiel und der problemorientierte Unterricht.

Territorien II

Diese Territorien enthalten die Unterrichtsmethoden für den Informatikunterricht, die von den Experten einheitlich, aber relativ unbedeutsam für die jeweiligen Lerntheorien beurteilt wurden. Für die behavioristische Lerntheorie sind dies: Computersimulation, Concept-Mapping, Lernaufgaben, entdeckendes Lernen, Lernaufgaben, Lernen durch Lehren, Planspiel, Portfoliomethode, problemorientierter Unterricht, Projektmethode, Stationenarbeit. Für die kognitive Lerntheorie sind dies: Concept-Mapping, direkte Instruktion, entdeckendes Lernen, Gruppenpuzzle, Leitprogramm, Planspiel, problemorientierter Unterricht, WebQuest. Für die konstruktivistische Lerntheorie sind dies: Direkte Instruktion, Gruppenpuzzle, Lernaufgaben, Lernen durch Lehren, Referat und Stationenarbeit.

Territorien III

Diese Territorien enthalten die Unterrichtsmethoden für den Informatikunterricht, die von den Experten uneinheitlich und relativ unbedeutsam für die jeweiligen Lerntheorien beurteilt wurden. Für die behavioristische Lerntheorie sind dies: Fallstudie, Leitprogramm, Modellmethode, reziprokes Lehren und WebQuest. Für die kognitive Lerntheorie sind dies: Fallstudie, Leittextmethode, Lernaufgaben, Modellmethode, Portfoliomethode, Projetmethode, reziprokes Lehren und Stationenarbeit. Für die konstruktivistische Lerntheorie sind dies: Concept-Mapping, Fallstudie, Leitprogramm, Leittextmethode, Portfoliomethode und reziprokes Lehren.

Territorien IV

Diese Territorien enthalten die Unterrichtsmethoden für den Informatikunterricht, die von den Experten zum Teil als bedeutsam, aber uneinheitlich für die jeweiligen Lerntheorien beurteilt wurden. Für die behavioristische Lerntheorie ist dies die Leittextmethode. Für die kognitive Lerntheorie ist dies die Computersimulation. Für die konstruktivistische Lerntheorie sind dies die direkte Instruktion und die Projektmethode.

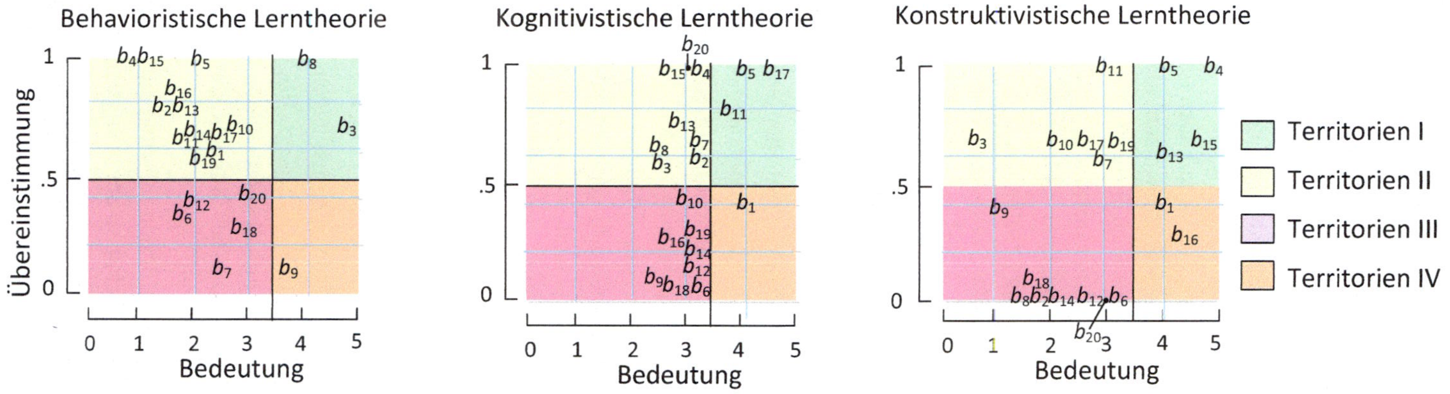

Unterrichtsmethoden

b_1 = Computersimulation
b_2 = Concept-Mapping
b_3 = Direkte Instruktion
b_4 = Entdeckendes Lernen
b_5 = Experimentmethode
b_6 = Fallstudie
b_7 = Gruppenpuzzle
b_8 = Leitprogramm
b_9 = Leittextmethode
b_{10} = Lernaufgaben
b_{11} = Lernen durch Lehren
b_{12} = Modellmethode
b_{13} = Planspiel
b_{14} = Portfoliomethode
b_{15} = Problemorientierter Unterricht
b_{16} = Projektmethode
b_{17} = Referat
b_{18} = Reziprokes Lehren
b_{19} = Stationenarbeit
b_{20} = WebQuest

Abb. 5.5 Territorien mit den Unterrichtsmethoden im Kontext der drei Lerntheorien

5.6 Schlussfolgerungen

Zunächst ist festzustellen, dass die ermittelten Befunde die in der Einleitung formulierte Forschungshypothese unterstützen, dass sich die Bedeutung von Lerntheorien für Unterrichtsmethoden für den Informatikunterricht unterscheiden. Dies zeigten die Beurteilungen durch Experten, insbesondere für die behavioristische und die konstruktivistische Lerntheorie.

Die Ergebnisse machen deutlich, dass sich Unterrichtsmethoden für den Informatikunterricht im Zusammenhang mit bestimmten Lerntheorien positionieren lassen: direkte Instruktion und Leitprogramm im Kontext der behavioristischen Lerntheorie; Experimentmethode, Lernen durch Lehren und Referat im Zusammenhang mit der kognitivistischen Lerntheorie; entdeckendes Lernen, Experimentmethode, Planspiel, problemorientierter Unterricht im Umfeld mit der konstruktivistischen Lerntheorie.

Aus der Expertenumfrage wurde ersichtlich, dass den Unterrichtsmethoden direkte Instruktion und Leitprogramm eine große Bedeutung im Kontext der behavioristischen Lerntheorie beigemessen wurde. Daher lassen sich zu den methodenimmanenten Empfehlungen für direkte Instruktion und Leitprogramm weitere Empfehlungen aus Sicht der behavioristischen Lerntheorie ableiten (vgl. Woolfolk 2015, Kap. 7), etwa: Assoziationen von Lernaufgaben mit positiven Ereignissen, adäquater Einsatz von positiven und negativen Verstärkern, Verwendung von Modellen für erwünschte Verhaltensweisen.

Die Expertenumfrage machte deutlich, dass den Unterrichtsmethoden Experimentmethode, Lernen durch Lehren und Referat eine große Bedeutung im Kontext der kognitivistischen Lerntheorie beigemessen wurde. Mithin können zu den methodenimmanenten Vorschlägen für die Experimentmethode, Lernen durch Lehren und das Referat weitere Vorschläge aus Sicht der kognitivistischen Lerntheorie gemacht werden (vgl. Woolfolk 2015, Kap. 8), etwa: Sicherstellung von Aufmerksamkeit der Lernenden auf den Unterricht, Hilfestellungen für Lernende zur Verknüpfung von Informationen mit Vorwissen, Organisation von Lernmaterialien in klarer und organisierter Form.

Die Expertenumfrage zeigte, dass den Unterrichtsmethoden entdeckendes Lernen, Experimentmethode, Planspiel, problemorientierter Unterricht eine große Bedeutung im Kontext der konstruktivistischen Lerntheorie beigemessen wurde. Daher lassen sich zu den methodenimmanenten Empfehlungen für entdeckendes Lernen, Experimentmethode, Planspiel und problemorientierter Unterricht weitere Empfehlungen aus Sicht der konstruktivistischen Lerntheorie ableiten (vgl. Woolfolk 2015, Kap. 10), etwa Betonung des Wertes von Anregung und Ermunterung, Förderung selbstgesteuerten Lernens (Selbstmotivation, Lerntechniken, Selbstkontrolle), Einsatz eines Bündels von Möglichkeiten für praktisches Familienengagement.

Bei der Beurteilung der Unterrichtsmethoden für den Informatikunterricht im Kontext der kognitivistischen Lerntheorie waren die Ergebnisse am wenigsten eindeutig. So war eine einheitliche Zuordnung für die folgenden Unterrichtsmethoden zu dieser Lerntheorie nicht möglich: entdeckendes Lernen, WebQuest, Concept-Mapping, Gruppenpuzzle, Lernaufgaben und Computersimulation. Viele der genannten Unterrichtsmethoden haben sicherlich kognitivistische Aspekte, allerdings müssten diese in Veröffentlichungen klarer herausgestellt werden.

Die erhaltenen Befunde bestätigen Ergebnisse, die in der Literatur zu finden sind. Aus Sicht der behavioristischen Lerntheorie stimmen die Befunde aus der Expertenbefragung mit denen in der Literatur (z. B. Kerres 2013) überein. Die Unterrichtsmethode des Leitprogramms ist die Methode, die von den Empfehlungen der behavioristischen Lerntheorie am meisten profitieren kann. Die Unterrichtsmethoden Experiment und das Referat sind aus der Expertenbefragung eindeutig der kognitivistischen Sichtweise zuzuordnen, werden aber in der Literatur nur selten im Zusammenhang mit dieser Lerntheorie diskutiert. Die erhaltenen Befunde zu den anderen Unterrichtsmethoden sind allerdings mit den Empfehlungen in der Literatur kompatibel: Concept-Mapping wird bei Woolfolk (2015) und Santrock (2011), Gruppenpuzzle bei Santrock (2011) und der problemorientierte Unterricht wiederum bei Woolfolk (2015) und Santrock (2011) im Kontext der kognitivistischen Lerntheorie diskutiert. Unterrichtsmethoden, die am eindeutigsten in der Literatur im Zusammenhang mit der konstruktivistischen Sicht diskutiert werden, sind entdeckendes Lernen, Gruppenpuzzle und reziprokes Lehren bei Slavin (2014), Lernaufgaben bei Woolfolk (2015), problemorientierter Unterricht bei Woolfolk (2015) und Slavin (2014) sowie die Projektmethode bei Santrock (2011). Auch wurde durch die Experten die Zuordnung der Unterrichtsmethode Lernen durch Lehren zur konstruktivistischen Lerntheorie – mit Einschränkung – bestätigt. Auch in der Literatur wird diese Unterrichtsmethode auf jeden Fall mit der konstruktivistischen Lerntheorie in Verbindung gebracht (siehe z. B. Grzega und Schöner 2008; Mitchell und Sackney 2011).

Forschungsmethodisch wurde auf Expertenurteile zurückgegriffen. Es könnte kritisiert werden, dass die Anzahl von drei in die Studie einbezogenen Experten zu wenig ist, um aussagekräftige Ergebnisse zu gewinnen. Dieser Kritik kann entgegengehalten werden, dass der Rückgriff auf Experten den Variationsspielraum objektiver Urteile gegenüber herkömmlichen Stichproben *a priori* reduziert, zumal bei einer so komplexen Aufgabe wie der Beurteilung von Lerntheorien für Unterrichtsmethoden. Der große Vorteil von Expertenurteilen liegt aber in deren Praktikabilität: Sie sind kostengünstig und können forschungstechnisch schnell umgesetzt werden, auch bei komplexen Aufgabestellungen (vgl. Hora 2008; Spurgin 2009).

Aus den Ergebnissen lassen sich einige wichtige Forschungslinien ableiten, die in umfangreicheren Forschungsprojekten behandelt werden sollten. Die Ergebnisse in dieser Studie zeigten, dass sich Unterrichtsmethoden für den Informatikunterricht mit Empfehlungen aus der Literatur zu Lerntheorien ergänzen lassen. Will man noch mehr Nutzen aus den Forschungsergebnissen zu den einzelnen Lerntheorien ziehen, dann sollten (1) neue Unterrichtsmethoden für den Informatikunterricht entwickelt werden, die konsequent auf den Ergebnissen der bedeutsamen Lerntheorien aufbauen, (2) neue Unterrichtsmethoden für den Informatikunterricht entwickelt werden, welche die in den Lerntheorien angesprochenen Wissensprozesse beim Lernvorgang (z. B. Wissen andocken, Wissen integrieren, Wissen transferieren) explizit umsetzen, und (3) neue Unterrichtsmethoden im realen Informatikunterricht untersucht werden, und zwar vergleichend in Bezug zu spezifischen informatischen Inhalten. Wichtige Anregungen für diese drei Forschungslinien lassen sich aus aktuellen Forschungsergebnissen der Neurodidaktik gewinnen, wie etwa intelligentes Üben, selektiver Lernzugang, Bedeutung von Emotionen für das Lernen (vgl. Sala und Anderson 2011; Baer und Paradiso 2015; Mareschal und Butterworth 2013; Collins 2015; Immordino-Yang 2015).

Abschließend sei ergänzt, dass die erhaltenen Befunde einen wichtigen Beitrag darstellen für den Aufbau einer Theorie der Unterrichtsmethoden für den Informatikunterricht, eines Systems von (vorläufig) empirisch bestätigten Hypothesen über Unterrichtsmethoden für den Informatikunterricht. Ausgangspunkt dafür sollten die Ergebnisse sein, welche die Lerntheorien als *fundamentale Hypothesen* liefern. Darauf aufbauen können dann als *spezifische Hypothesen* die empirischen Ergebnisse, die Hattie (2009) zu Unterrichtsmethoden liefert. Ergänzt werden können diese spezifischen Hypothesen dann konsekutiv durch *elementare Hypothesen*, die sich aus empirischen Vergleichen von Unterrichtsmethoden für den Informatikunterricht im Kontext unterschiedlicher informatischer Lerninhalte und verschiedener Altersstufen bestätigen (zum Theorieaufbau, vgl. Bunge 1967).

Literatur

Agneli, C., Kadijevich, D. & Schulte, C. (2013). *Improving computer science education*. London: Routledge Chapman & Hall.

Anderson, J. R. (2013). *Cognitive psychology*. Duffield: Worth Publishers.

Baer, M. & Paradiso, M. (2015). *Neuroscience: Exploring the brain*. Philadelphia: Lippincott Williams & Wilk.

Benoit, K. & Wiesehomeier, N. (2009). Expert judgment. In S. Pickel, G. Pickel, H.-J. Lauth & D. Jahn (Hrsg.), *Methoden der vergleichenden Politik- und Sozialwissenschaften* (S. 479–516). Wiesbaden: Verlag für Sozialwissenschaften.

Bortz, J., Lienert, G. A. & Boehnke, K. (2008). *Verteilungsfreie Verfahren in der Biostatistik*. Berlin: Springer.

Bunge, M. (1967). *Scientific research I: The search for system*. Berlin: Springer.

Burton, J. K., Moore, D. M. & Magliaro, S. G. (2004). Behaviorism and instructional design. In D. H. Jonassen (Hrsg.), *Handbook of research on educational communications and technology* (S. 3–35). New York: Lawrence Erlbaum.

Collins, S. (2015). *Neuroscience for learning and development: How to apply neuroscience and psychology for improved learning and training*. London: Kogan Page.

Eysenck, M. W. & Keane, M. T. (2015). *Cognitive psychology*. Abingdon: Taylor & Francis.

Fincher, S. & Petre, M. S. (2004). *Computer science education research*. London: RoutledgeFalmer.

Grzega, J. & Schöner, M. (2008). The didactic model LdL (Lernen durch Lehren) as a way of preparing students for communication in a knowledge society. *Journal of Education for Teaching 34*(3), 167–175.

Gwet, K. L. (2014). *Handbook of inter-rater-reliability*. Gaithersburg: Advanced Analytics.

Hartmann, W., Näf, M. & Reichert, R. (2006). *Informatikunterricht planen und durchführen*. Berlin: Springer.

Hattie, J. (2009). *Visible learning*. New York: Routledge.

Hazzan, O., Lapidot, T. & Ragonis, N. (2011). *Cognitive psychology*. New York: Springer.

Hora, S. C. (2008). Expert Judgment. In E. L. Melnick & B. S. Everitt, *Encyclopedia of quantitative risk analysis and assessment.* New York: Wiley.
Hubwieser, P. (2007). *Didaktik der Informatik.* Berlin: Springer.
Humbert, L. (2006). *Didaktik der Informatik.* Wiesbaden: Teubner.
Immordino-Yang, M. H. (2015). *Emotions, learning, and the brain: Exploring the educational implications of affective neuroscience.* New York: Ww Norton & Co.
Irons, A., Alexander, S. & Alexander, S. (2004). *Improving computer science education.* London: Routledge Chapman & Hall.
Kerres M. (2013). *Mediendidaktik.* München: Oldenbourg.
Kirk, E. (2012). *Experimental design.* Belmon: Wadsworth.
Koffmann, E. & Brinda, T. (2003). Teaching programming and problems solving. In L. Cassel & R. A. Reis (2003). Teaching programming and problem solving (S. 125–130). Amsterdam: Kluwer Academic Publishers.
Lefrançois, G. R. (2012). *Theories of human learning.* Belmont, CA: Wadsworth.
Mareschal, D. & Butterworth, B. (2013). *Educational neuroscience.* New York: Wiley & Sons.
Merriam, S. B., Caffarella, R. S. & Baumgartner, L. (2006) *Learning in adulthood. A comprehensive guide.* San Francisco: Jossey-Bass.
Mitchell, C & Sackney, L. (2011). *Profound improvement building vapacity for learning vommunities.* New York: Routledge.
Modrow, E. & Strecker, K. (2016). *Didaktik der Informatik.* Berlin: de Gruyter.
Olson, M. H. & Hergenhahn, B. R. (2012). *An introduction to theories of learning.* Upper Saddle River, NJ: Prentice-Hall.
Purves, D. & Augustine, G. J. (2012). *Neuroscience.* Paris: De Boeck Université.
Sala, S. D. & Anderson, M. (2011). *Neuroscience in education: The good, the bad, and the ugly.* Oxford: Oxford University Press.
Santrock, J. W. (2011). *Educational psychology.* New York: Mcgraw-Hill.
Schubert, S. & Schwill, A. (2012). *Didaktik der Informatik.* Heidelberg: Spektrum.
Seitschek, H. O. (2007). Wiedererinnerung. In C. Schäfer (Hrsg.), *Platon-Lexikon* (S. 330–333). Darmstadt: WBG.
Silverman, A. (2014). Plato's middle period metaphysics and epistemology. In E. Zalta (Hrsg.), *The Stanford Encyclopedia of Philosophy. Stanford*: University Press.
Slavin, R. E. (2014). *Educational psychology: Theory and practice.* Upper Saddle River, NJ: Pearson Education.
Spurgin, A. J. (2009). *Human reliability assessment theory and practice.* Boca Raton: CRC Press.
Winer, B. J., Brown, D. R. & Michels, K. M. (1991). *Statistical principles in experimental design.* Boston: McGraw-Hill.
Wirtz, M. & Caspar, F. (2002). *Beurteilerübereinstimmung und Beurteilereliabiltät.* Göttingen: Hogrefe.
Woolfolk, A. (2015). *Educational psychology.* Upper Saddle River, NJ: Pearson.
Woolhouse R. (2007*). Locke: A biography.* Cambridge: Cambridge University Press.
Zendler, A., & Klaudt, D. (2016a). *Booklet I: Unterrichtsmethoden für den Informatikunterricht.* Berlin: epubli.
Zendler, A. & Klaudt, D. (2016b). Instructional methods to computer science education as investigated by computer science teachers. *Journal of Computer Science, 11*(8), 915–927.

6 Lerneffektivität ausgewählter Methoden

Andreas Zendler und The Instructional Method Group

Kap. 6 stellt Studien vor, die den Lernerfolg von Schülern untersuchen, wenn diese mit Unterrichtsmethoden vergleichend untersucht werden. Allen Studien gemeinsam ist, dass sie Antworten geben auf die Fragen, (1) ob sich bestimmte Unterrichtsmethoden im Informatikunterricht hinsichtlich des Lernerfolgs unterscheiden, und (2) ob diese Unterrichtsmethoden lernwirksam sind. Für die Studien wird jeweils ein dreifaktorieller Versuchsplan mit Messwiederholungen eingesetzt, mit dem Unterrichtsmethoden, Lernzeitpunkte, Geschlecht bzw. Klassenkontext kontrolliert werden können.

Abschn. 6.1 stellt eine Studie vor, die den Lernerfolg von Schülern untersucht bei Einsatz des Leitprogramms bzw. des reziproken Lehrens. Der Unterricht wird im Fach Informatik (Klassenstufe 7, Realschule) zum Unterrichtsthema Suchanfragen durchgeführt. Der Lernerfolg wird in Bezug zu (1) Begriffe/Definitionen, (2) analoges Suchen, (3) digitales Suchen und (4) Anwendungswissen festgestellt. Die empirischen Befunde zeigen, dass mit dem Leitprogramm höhere Lernerfolge erzielt werden als mit reziprokem Lehren.

Abschn. 6.2 stellt eine Studie vor, die den Lernerfolg von Schülern untersucht, wenn diese mit Computersimulation bzw. Planspiel unterrichtet werden. Der Unterricht wird im Fach Informatik (Klassenstufe 8, Realschule) zum Unterrichtsthema Algorithmus durchgeführt. Der Lernerfolg wird in Bezug zu wichtigen Konstrukten und Eigenschaften von Algorithmen vorgenommen. Die Ergebnisse machen deutlich, dass die Einführung neuer Lerninhalte zum Thema *Algorithmus* mit dem Planspiel besser vermittelt werden kann als mit Computersimulation.

Abschn. 6.3 stellt eine Studie vor, die den Lernerfolg von Schülern untersucht, wenn diese mit direkter Instruktion bzw. WebQuest unterrichtet werden. Der Unterricht wird im

A. Zendler (✉) • The Instructional Method Group
University of Education Ludwigsburg, Ludwigsburg, Deutschland
E-Mail: zendler@ph-ludwigsburg.de

A. Zendler (Hrsg.), *Unterrichtsmethoden für den Informatikunterricht*,
https://doi.org/10.1007/978-3-658-20675-8_6

Fach Informatik (Klassenstufe 9, Realschule) zum Unterrichtsthema QR-Code durchgeführt. Der Lernerfolg wird mit einem Multiple-Choice-Fragebogen zum Thema QR-Code untersucht. Die empirischen Befunde zeigen, dass mit direkter Instruktion höhere Lernerfolge erzielt werden als mit einem WebQuest.

Die empirischen Studien wurden an Realschulen in Zusammenarbeit mit der Pädagogischen Hochschule Ludwigsburg in den Jahren 2015 bis 2017 durchgeführt.

6.1 Reziprokes Lehren vs. Leitprogramm am Lerngegenstand *Suchanfragen*

Swetlana Reile, Andreas Fest und Andreas Zendler

Im Zeitalter der Digitalisierung ist das Internet nahezu in allen Bereichen des Alltags wiederzufinden und hat sowohl die Berufswelt als auch die Freizeit fest im Griff. Zu den digitalen Benefits zählt unter anderem die Internetrecherche. Binnen kurzer Zeit ermöglicht sie gegenüber den herkömmlichen Suchmethoden einen umfangreichen und übersichtlichen Zugang zu einer Unmenge von Daten. Die Recherche im Internet hat längst Einzug in den Schulalltag genommen. Laut einer repräsentativen Umfrage geben acht von zehn Lehrern an, ihre Schüler im Netz recherchieren zu lassen (BITKOM 2016). Die Anzahl der Schüler, welche zugeben, die Onlinerecherche für Hausaufgaben oder zur Referatsvorbereitung zu nutzen, ist mit neun von zehn Schüler beachtlich (BITKOM 2015). Dabei ist eine effektive und effiziente Informationsbeschaffung via Suchmaschinen keine selbstverständliche und in der Regel keine autodidaktisch erlernbare Fertigkeit. Insofern fällt der Schule eine besondere Aufgabe zu: Sie sollte Schüler unter anderem zur digitalen Selbstständigkeit befähigen. Darüber hinaus „brauchen SchülerInnen zum einen fachliche Orientierung zur Einordnung der Informatik in ihrem persönlichen Umfeld, zum anderen müssen sie aber auch anschlussfähiges Wissen für eine vertiefte informatische Bildung und Ausbildung erwerben" (GI – Gesellschaft für Informatik 2008, S. V).

In einer sich rasant verändernden Informationsgesellschaft ist die Forderung der GI sehr präsent und bedarf kompetente Lehrkräfte, die einen guten Informatikunterricht erteilen können. Besonders in Zeiten eines pädagogischen Konzeptwandels und der bildungspolitischen Diskussionen um Heterogenität sowie Individualisierung werden unter anderem Lehrpersonen vor eine herausfordernde Aufgabe gestellt. Um diesen Anforderungen gerecht zu werden, wird eine Hinwendung zum Unterricht und zu seinen Unterrichtsmethoden notwendig. Bei der Auseinandersetzung mit dem Thema Unterrichtsmethoden leuchtet ein, dass die vielfältigen kognitiven Fähig- und Fertigkeiten sowie unterschiedlichen Kompetenzen nicht durch eine Unterrichtsmethode allein vermittelt werden können. Aus diesem Grund ist es wichtig, dass Lehrpersonen ein breit gefächertes Repertoire an Unterrichtsmethoden besitzen sollten und diese auch situationsangemessen anwenden können (Hartmann et al. 2006).

6.1.1 Lerngegenstand

Das Systemkonzept hat eine große Bedeutung in der Informatik, insbesondere in Kombination mit den Prozesskonzepten *analyzing, investigating, problem solving and posing* sowie *questioning* (vgl. Zendler et al. 2011).

In den GI Standards (GI 2008) wird deshalb auch richtigerweise gefordert, dass Schüler aller Jahrgangsstufen Kompetenzen im Verstehen der „Grundlagen des Aufbaus von Informatiksystemen und deren Funktionsweisen" erwerben sollen. Schon „Schüler und Schülerinnen der Jahrgangsstufe 5 bis 7 benennen wesentliche Bestandteile von Informatiksystemen, ordnen Bestandteile eines Informatiksystems der Eingabe, der Verarbeitung und der Ausgabe zu (...) unterscheiden lokale von globalen Netzen" (GI 2008, S. 37).

Beispiele für Informatiksysteme sind zahlreich. Ein besonders wichtiger Typ von Informatiksystemen sind Suchsysteme (auch Suchmaschinen genannt). Suchsysteme stellen Funktionen zur Dokumentensuche bereit und antworten auf Suchanfragen mit einer Liste von Dokumenten, welche die gesuchten Informationen enthalten sollen (Hartmann et al. 2000, S. 21).

Für eine effektive und effiziente Informationsbeschaffung via Suchmaschinen sind Wissen über bzw. das Verständnis für die Funktionsweise des verwendeten Informatiksystems wichtig. Ein Suchsystem besteht im Wesentlichen aus fünf Komponenten: *Benutzerschnittstelle*, *Web-Roboter*, *Indexierung*, *Index* und einem *Anfragenvergleich*. Die Abb. 6.1 fasst das Zusammenspiel der Komponenten übersichtlich zusammen (aus Hartmann et al. 2000, S. 24).

Bevor die Informationsbeschaffung beginnen kann, müssen im Vorfeld Informationen im Internet von Suchmaschinen erfasst worden sein. Dieser Prozess wird vom *Web-Roboter* (*Crawler/Spider*) durchgeführt. Man kann sich einen Webcrawler als ein System aus Soft- und Hardware vorstellen, welches das Internet laufend und systematisch durchleuchtet und Webseiteninformationen auf Servern abspeichert. Die Datensammlung wird im nächsten Schritt entsprechend aufbereitet und *indexiert*. Der dabei virtuell entstehende (*Suchmaschinen-*)*Index* beinhaltet sowohl einzelne Indexbegriffe als auch Informationen darüber, auf welchen Seiten die Begriffe sich befinden (Webseitenverweise). Daraus folgt, dass Suchmaschinen nicht das gesamte Internet durchsuchen, sondern lediglich den zuvor bereitgestellten Suchmaschinenindex.

Sobald ein Nutzer eine Suchanfrage, beispielsweise über einen Internetbrowser (*Benutzerschnittstelle*), startet, wird diese Anfrage ebenfalls *indexiert* und schließlich mit dem Suchmaschinenindex auf Gemeinsamkeiten *verglichen*. Nach dem Anfragenvergleich erhält der Nutzer eine Suchergebnisliste mit Verweisen auf alle gefundenen Dokumente.

Klicksafe, eine EU-Initiative für mehr Sicherheit im Netz, hat zum Thema Suchmaschinen ein Zusatzmodul für den Unterricht konzipiert. Dabei wird der Ablauf einer digitalen Suche ebenfalls in fünf Schritte unterteilt und übersichtlich zusammengefasst. Die geplante Unterrichtskonzeption orientiert sich inhaltlich an der Unterteilung von Klicksafe, die wie folgt beschrieben wird (Kimmel 2016).

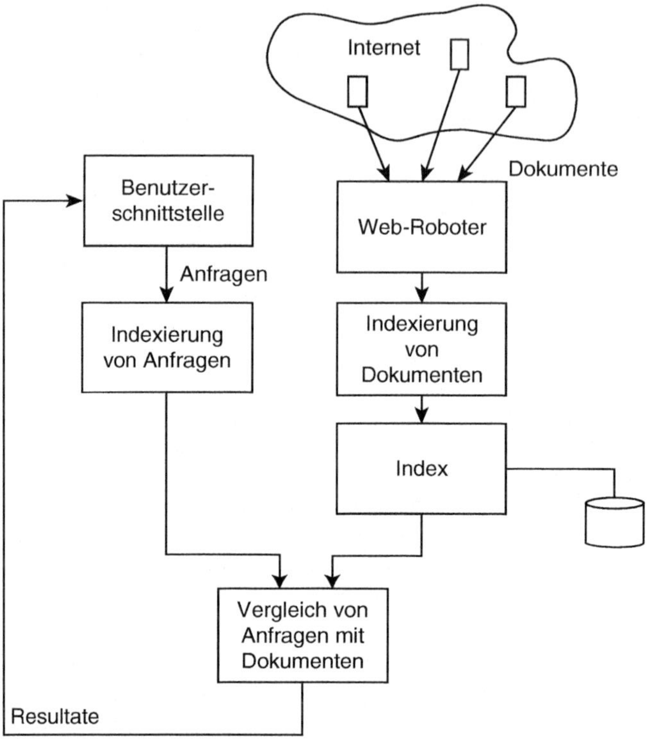

Abb. 6.1 Komponenten eines Suchsystems

(1) *Eingabe der Suchanfrage.* Der Suchlauf beginnt für den Benutzer mit der Eingabe des Suchbegriffs im Suchfeld. Dieser Schritt der Suche ist für den Nutzer sichtbar.
(2) *Die Suche nach dem richtigen Datenzentrum.* Die weltweite Auswahl von Datenzentren und deren Index-Servern erfolgt für den Anwender unsichtbar. Bei der Auswahl des richtigen Datenzentrums spielen räumliche Nähe, Geschwindigkeit und Auslastungsgrad eine entscheidende Rolle. Nachdem ein oder mehrere Datenzentren ausgewählt wurden, kann im anschließenden Schritt der auf den Servern gespeicherte Suchindex durchsucht werden.
(3) *Der Indexsuchlauf.* Auch dieser Schritt bleibt für den Benutzer verborgen. Hier sucht die Suchmaschine im Grunde genommen nach bestimmten Buchstabenmustern und erstellt ein erstes Suchergebnis. Es kann vorkommen, dass sich der Benutzer bei der Eingabe des Suchbegriffs vertippt hat und somit weniger Suchergebenisse erzielt. Um diesem Fall entgegenzuwirken, versucht die Suchmaschine, den Fehler zu erkennen und schlägt dem Benutzer einen ähnlichen Suchbegriff als Alternative vor.
(4) *Der Suchlauf nach dem richtigen Dokument.* Die Index-Server enthalten ausschließlich Wörter und Webadressen. Sie verweisen im Hintergrund auf sogenannte Doc-Server, die aufbereitetes Informationsmaterial beinhalten. Für die Ausgabe der Suchergebnisse spielt das ausgewählte Informationsmaterial samt Titel, Textauszügen und weitere Daten eine entscheidende Rolle.

(5) *Ausgabe der Suchergebnisse.* Im letzten Schritt erfolgt die Ausgabe der Suchergebnisse in Form von so genannten Snippets. In dieser Phase werden die gefundenen Suchinformationen dem Benutzer nutzerfreundlich und nach einer bestimmten Reihenfolge auf dem Bildschirm präsentiert. Jetzt kann der Benutzer die vorgeschlagenen Suchergebnisse mit einem Mausklick auswählen und wird direkt auf die Webseite verwiesen, auf der die nötige Information zu finden ist.

6.1.2 Fragestellung

Ein geschickt gewählter Methodenunterricht soll Schüler befähigen, sich aktiv mit ihrer Lebenswelt auseinanderzusetzen. Mit dem Leitprogramm und reziprokem Lehren wurden zwei, häufig in diversen Kontexten praktizierte Unterrichtsmethoden ausgewählt. Für beide Unterrichtsmethoden konnte neben unterschiedlichen Vorzügen, allgemein und unabhängig vom Fachunterricht die Lernwirksamkeit der Unterrichtsmethoden nachgewiesen werden.

Für den informatischen Kontext liegen empirische Ergebnisse bisher allerdings lediglich aus einer Einschätzung von Informatiklehrern vor (vgl. Kap. 5), so dass eine Untersuchung beider Unterrichtsmethoden im praktischen Unterrichtseinsatz indiziert ist. Zudem ist die Lernwirksamkeit der Unterrichtsmethode bezüglich einzelner informatischer Themenbereiche für die Unterrichtspraxis interessant.

Reziprokes Lehren
Reziprokes Lehren ist eine dialogische Unterrichtsmethode zwischen Lehrer und Lernenden, die der Bedeutungserfassung von Texten dient. Die Unterrichtsmethode geht auf Palincsar und Brown (1984) zurück.

Reziprokes Lehren baut auf dem Prinzip Lernen durch Lehren auf. Das reziproke Lehren ist gut mit den Annahmen der kognitivistischen Lerntheorie vereinbar, in der Lernen durch den Auf- und Umbau kognitiver Strukturen geschieht. Die Rolle des Lernenden besteht darin, Informationen aktiv zu verarbeiten, Informationen zu organisieren und zu reorganisieren. In Abhängigkeit vom Lernfortschritt erfolgt die Kontrolle des Lernweges durch Fremd- und Selbststeuerung durch Lehrende bzw. Lernende (vgl. Zendler 2018).

Eine erste Zusammenstellung von Untersuchungen zum reziproken Lehren haben Rosenshine und Meister (1994) vorgelegt. In ihrer Untersuchung war eine kooperative Variante des reziproken Lehrens unterrichtsüblichen Methoden zur Leseförderung überlegen – bei Einsatz von standardisierten Tests (d = 0,32) und bei Einsatz von selbst konstruierten Testverfahren (d = 0,88) (Rosenshine und Meister 1994). In der Ergebniszusammenfassung zweier Metaanalysen von Hattie (2009b) erreicht reziprokes Lehren mit einer Effektstärke von d = 0,74 sogar einen Platz unter den Top-Ten lernwirksamer Unterrichtsmethoden. Der Forschungsstand zum Einsatz des reziproken Lehrens für Lehrtexte verwendende Unterrichtsfächer ist umfangreich und kann überwiegend positive Ergebnisse beim Leseverständnis sowie der Selbstwirksamkeit der Schüler verzeichnen. Ähnliche Effekte sind für den naturwissenschaftlichen Bereich nachgewiesen (Schneeberger 2009; Palincsar et al. 1996).

Leitprogramm

Die Idee dieser Unterrichtsmethode hat Keller bereits 1968 beschrieben und auf Effizienz untersucht (Keller 1968). Heute stehen Leitprogramme als Lernsoftware für fast alle Fächer zur Verfügung. Der intensive Kontakt mit dem Lehrer grenzt diese Unterrichtsmethode von anderen Formen des Selbststudiums ab. Leitprogramme basieren auf dem Mastery-Learning-Konzept: Der Lernende muss ein Thema wirklich verstehen, bevor er sich dem nächsten zuwendet.

Das Leitprogramm ist eine Unterrichtsmethode, die individualisierende, auf Lernende zentrierte Selbststudienmaterialien in den Mittelpunkt des Unterrichts stellt.

Das Leitprogramm stellt eine Weiterentwicklung der „Keller-Plan"-Methode und Mastery Learning dar und wird oft mit Adjektiven wie zielereichendes, individualisiertes, aber auch mit instruiertem Lernen in Verbindung gebracht. Das Mastery-Learning-Konzept besagt: Es darf erst mit der nächsten Einheit fortgefahren werden, wenn etwa 80 % bis 90 % des Stoffs gemeistert sind (Frey und Frey-Eiling 2010). Bloom bezweckt mit seinem Mastery-Learning-Ansatz die Erreichung derselben Lernziele für alle Schüler und somit eine Harmonisierung der Schulleistungen auf höherem Niveau (Bloom 1973). Das Leitprogramm kann der behavioristischen Lerntheorie zugeordnet werden, in der die Aufteilung von Lehrinhalten in kleinere Lerneinheiten wichtig ist, und die Kontrolle des Lernerfolges regelmäßig nach jedem Lernschritt stattfindet (vgl. Zendler et al. 2018).

Die allgemein positiven Effekte zum Mastery-Learning werden zusätzlich durch die Metaanalyse von Hattie (2009b) belegt. Hierbei erreicht die Unterrichtsmethode eine Effektstärke von $d = 0{,}58$ und nimmt einen Platz im oberen Drittel seiner Rangliste der erfolgreichsten Unterrichtsmethoden ein. Für den Informatikunterricht in Deutschland wird das Leitprogramm als Erweiterung zum Mastery-Learning und zur Keller-Plan-Methode als „gut geeignet" bzw. als „eine der effektivsten Unterrichtsmethoden" eingestuft (Hartmann et al. 2006). Oftmals werden Vorzüge wie sorgfältige Stoffdarstellung, Möglichkeit zur Individualisierung und aktiven Auseinandersetzung, sofortige und individuelle Lernkontrollen sowie der Einsatz bei anspruchsvoller Lernstoffvermittlung für die Wirksamkeit der Unterrichtsmethode herangezogen (Hartmann et al. 2006; Frey und Frey-Eiling 2010). Schroeder und van den Boom (2007) berichten über positive Erfahrungen aus der informatischen Unterrichtspraxis und fordern den Einsatz im Informatikunterricht.

Unterrichtsbeispiele, die das Leitprogramm einsetzen, haben Hartmann et al. (2006) beschrieben und sind auf den Internetseiten von SwissEduc (2017) verfügbar. Darunter sind Leitprogramme zur Einführung in das Betriebssystem Unix, zur rekursiven Programmierung, über das richtige Verhalten im Internet, u. a.

Positionierung von reziprokem Lehren und Leitprogramm

Reziprokes Lehren und Leitprogramm lassen sich prägnant in dem Erschließungsschema von Wiechmann und Wildhirt (2015) positionieren, das aus drei Dimensionen besteht: Unterrichtssteuerung, Vermittlungsstil und Unterrichtsgestaltung (vgl. Abb. 6.2). Hinsichtlich der Dimensionen *Unterrichtssteuerung* und *Vermittlungsstil* werden beide

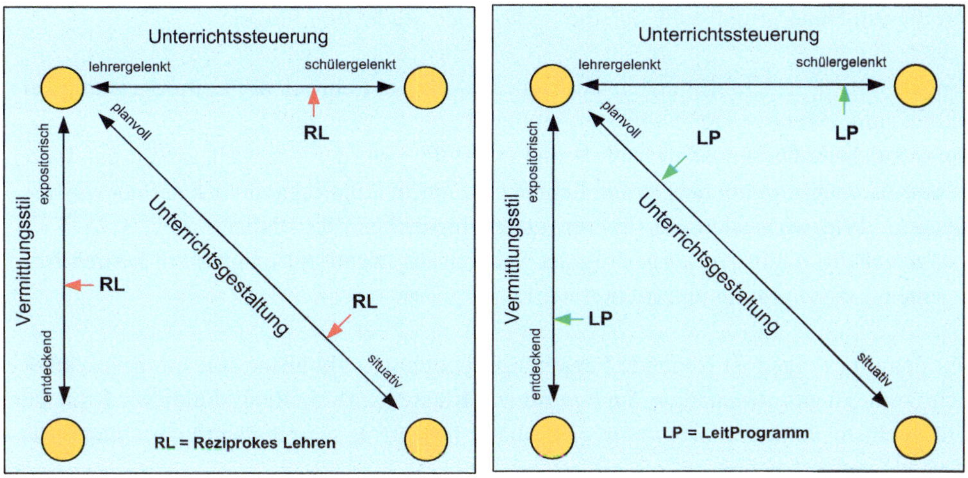

Abb. 6.2 Einordnung von reziprokem Lehren und Leitprogramm

Methoden ähnlich eingeordnet. Sowohl das reziproke Lehren als auch das Leitprogramm sprechen für eine mehr entdeckende Ausrichtung sowie ein Lernen, welches mehr von Schülern ausgeht. Während beim reziproken Lehren sich die Schüler im Gruppenprozess selbst untereinander steuern, entscheiden Schüler beim Leitprogramm eigenständig in Abhängigkeit ihres Lernfortschritts über Lerntempo sowie Lernmaterial.

In Bezug zur *Unterrichtsgestaltung* unterscheiden sich beide Unterrichtsmethoden. Das reziproke Lehren kann nur gelingen, wenn besondere situative Momente aufgegriffen werden, das Leitprogramm dagegen setzt auf umfassend planvolle Vorbereitungsarbeiten seitens der Lehrperson.

Mit dem Leitprogramm und dem reziprokem Lehren liegen zwei Unterrichtsmethoden vor, die in zwei Unterichtsdimensionen (Unterrichtssteuerung und Vermittlungsstil) ähnlich klassifiziert wurden. Sie unterscheiden sich allerdings sehr in der Unterrichtsgestaltung.

Die Einschätzung der Unterrichtsmethoden durch Informatiklehrer ergab erste Hinweise, welche Unterrichtsmethoden für welche Wissensprozesse zu guten Lernerfolgen bei Schülern führen könnte. Nach Einschätzung von Informatiklehrern eignet sich das Leitprogramm gut für die Wissensprozesse Aufbauen, Durcharbeiten und Anwenden, während sich das reziproke Lehren nach Ansicht der Lehrer für keinen Wissensprozess im Informatikunterricht eignet.

Hattie (2009b) dagegen fand in seiner Untersuchung allgemein heraus, dass das reziproke Lehren sehr lerneffektiv ist.

Mit den Befunden und Einschätzungen lässt sich allerdings nicht klären, welche der beiden Unterrichtsmethoden im praktischen Unterrichtseinsatz tatsächlich lerneffektiv sind, zumal im Informatikunterricht. Die vorliegende Studie konzentriert sich deshalb auf den empirischen Vergleich der Lernwirksamkeit beider Unterrichtsmethoden, um die Frage zu beantworten, wie lerneffektiv die beiden Methoden im konkreten Informatikunterricht sind.

Vor diesem Hintergrund stellt sich die vorliegende Studie drei Fragen:

Frage 1. Durch welche Unterrichtsmethode, reziprokes Lehren oder Leitprogramm, werden zum *Ablauf von Suchanfragen* größere Lernerfolge erzielt?
Frage 2. Gibt es Klassenunterschiede beim Lernerfolg, wenn der Unterrichtsinhalt zum *Ablauf von Suchanfragen* mit reziprokem Lehren bzw. einem Leitprogramm unterrichtet wird?
Frage 3. Wie wirkt sich das Lehren unterschiedlicher (Teil-)inhalte zum *Ablauf von Suchanfragen* auf den Lernerfolg der Schüler aus, wenn mit reziprokem Lehren bzw. einem Leitprogramm unterrichtet wird?

Mit den drei Fragen ist folgende Forschungshypothese verbunden: „Im Informatikunterricht zum Thema *Ablauf von Suchanfragen* (Klassenstufe 5, Realschule) wird mit der Unterrichtsmethode Leitprogramm ein höherer Lernerfolg erzielt als mit der Unterrichtsmethode reziprokes Lehren".

6.1.3 Forschungsmethode

6.1.3.1 Versuchsdesign

Versuchsplan. Zur Überprüfung der Forschungshypothese wird ein SPF-2 × 2•2 Versuchsplan (Split Plot Factorial design, dreifaktorieller Versuchsplan mit Messwiederholungen für den Faktor *B*, siehe Abb. 6.3) verwendet (Kirk 2013). (1) Unter dem Faktor *A* werden die $p = 2$ Unterrichtsmethoden behandelt (es wird mit Halbklassen geplant). (2) Faktor *B* ($q = 2$) repräsentiert den Zeitpunkt vor bzw. nach der Unterrichtseinheit. (3) Faktor *C* ($r = 2$) repräsentiert die Schulklasse. $s_1, \ldots, s_{4n}$ repräsentieren die einzelnen Schüler.

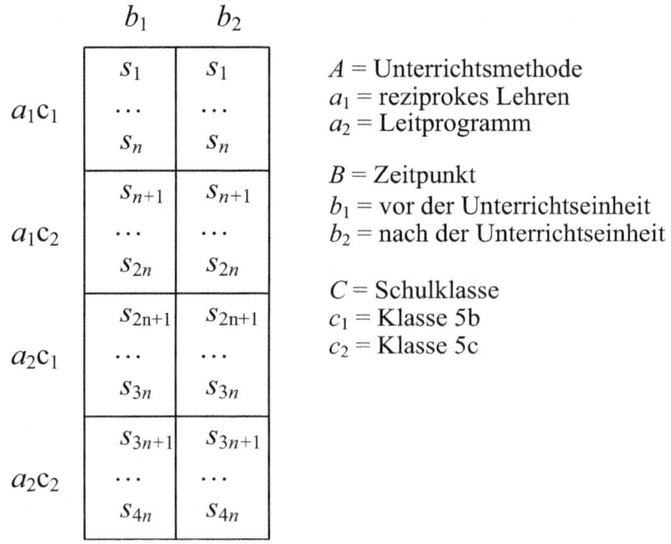

Abb. 6.3 Layout des SPF-2 × 2•2 Versuchsplans

Unabhängige Variablen. Faktor A umfasst die Unterrichtsmethoden, mit a_1 = reziprokes Lehren, a_2 = Leitprogramm. Faktor B stellt den Zeitpunkt dar, mit b_1 = vor der Unterrichtseinheit, b_2 = nach der Unterrichtseinheit. Faktor C repräsentiert die Schulklassen, mit c_1 = Klasse 5b, c_2 = Klasse 5c.

Abhängige Variablen. Für die Messung des Lernerfolges zum *Ablauf von Suchanfragen* wurde ein für vier Themenbereiche eingeteilter Leistungstest mit zwölf Items konzipiert, für jeden Themenbereich drei Items.

Poweranalyse. Mit einer Poweranalyse vom Typ II – N als Funktion von Power $(1-\beta)$, Δ und α – wird die Stichprobengröße für den SPF-2 × 2•2 Versuchsplan (Mueller und Barton 1989; Mueller et al. 1992) ermittelt: Die gewünschte Power $(1-\beta)$ sei 0,99, nur große Effekte (Δ = 0,80) bezogen auf die abhängige Variable werden als bedeutsam eingestuft, das Signifikanzniveau sei α = 0,05. Dann benötigte man eine Gesamtstichprobe von ca. N^* = 44 Lernenden (n_1^* = 22 Lernende unter a_1, n_2^* = 22 Lernende unter a_2), wenn man die Powerberechnungen aus PASS 15 (NCSS 2017) mit Bezug zu ε-korrigierten F-Tests heranzieht (Mueller und Barton 1989; Mueller et al. 1992).

Operationale Testhypothese. Vor dem Hintergrund des Versuchsplans, der Festlegung der unabhängigen und der abhängigen Variablen lässt sich die operationale Testhypothese wie folgt formulieren: „Im Informatikunterricht zum Thema Ablauf von Suchanfragen (Klassenstufe 5, Realschule) wird mit der Unterrichtsmethode Leitprogramm ein höherer Lernerfolg erzielt als mit der Unterrichtsmethode reziprokes Lehren, operationalisiert durch die Bewertung von Items eines Leistungstests zu den folgenden Themenbereichen: (1) Begriffe/Definitionen, (2) analoges Suchen, (3) digitales Suchen und (4) Anwendungswissen.

6.1.3.2 Versuchsdurchführung

Für das Unterrichtsvorhaben wurden zwei Klassen der Jahrgangstufe 5 mit je 24 Schülern der Realschule RKM (Realschule Korntal-Münchingen) ausgewählt. Für die Auswahl der Klassen waren folgende Kriterien wichtig: (1) Informatikunterricht wird in beiden Klassen angeboten, (2) die Möglichkeit zur Umsetzung des gleichen Unterrichtsthemas ist in beiden Klassen gegeben, (3) zeitliche Vorgaben bei der bei der Umsetzung des Unterrichts sind einzuhalten.

Für die Untersuchung wurde auf die Halbklassenorganisation der Schule zurückgegriffen. Das bedeutet für die Durchführung waren die zwei ausgewählten Klassen bereits in vier gleich große Gruppen eingeteilt. Insgesamt werden 24 Schüler, die nach dem Leitprogramm unterrichtet wurden, 24 vergleichbaren Schülern gegenübergestellt, die nach dem reziproken Lehren instruiert wurden. Es lernen sowohl in Klasse 5b als auch in Klasse 5c jeweils zwölf Schüler unter Einsatz des Leitprogramms und jeweils zwölf Schüler unter Einsatz des reziproken Lehrens.

6.1.3.3 Durchführung des Unterrichts mit reziprokem Lehren

Die Unterrichtsstunde wird analog zu den in Abschn. 2.18 beschriebenen Schritten zum reziprokem Lehren durchgeführt. Im Vergleich zum Leitprogramm bekommen die Schüler pro Vierergruppe einen einzigen Erarbeitungstext, welchen sie schrittweise mithilfe von Rollenkarten durcharbeiten sollen. Die Lernaufgaben sind abhängig von der jeweiligen Rolle, die ein Schüler in der Gruppe übernimmt.

1. Eingabe der Suchanfrage: Die Suchmaschinensuche funktioniert ähnlich wie eine Buchrecherche. Mit dem Unterschied, dass wir den Suchbegriff nicht an die Tafel schreiben, sondern in das Suchfeld der Suchmaschine. Max sucht für seine Klassenfahrt nach Bad Urach in der Schule auf der Internetseite www.google.de Informationen über die Bärenhöhle.
2. Suche und Auswahl der richtigen Informationsquelle Nach dem wir den Suchbegriff in die Suchmaschine eingegeben haben, überlegt Google welche Informationsquelle hier passend wäre. D.h. Google fragt sich wo kann etwas zu meinem Thema stehen? Diese Entscheidung trifft Google, um weniger durchsuchen zu müssen und so Zeit einzusparen.
3. Der Suchlauf durch das „Inhaltsverzeichnis" Nach dem die Suchmaschine jetzt weiß wo sie suchen soll, schaut sie in einem - für die Suchmaschine - erstellten „Inhaltsverzeichnis", ob sie hier zum Suchbegriff etwas finden kann
4. Der Suchlauf nach dem richtigen Dokumenten Im Inhaltsverzeichnis der Suchmaschinen sind nur Wörter und Internetadressen in Form von Links zu finden. Diese Links *(oder auch Hyperlinks genannt)* verweisen schließlich zu einem anderen Dokument oder einer anderen Internetseite. Links werden in der Regel blau geschrieben. In dieser Suchphase findet die Suchmaschine Informationen zum Suchbegriff. Sie merkt sich diese gefundenen Informationen in Form von kleinen Zusammenfassungen.
5. Ausgabe der Suchergebnisse Im letzten Schritt zeigt uns die Suchmaschine was sie gefunden hat. Sie zeigt zu jedem Suchergebnis eine kleine Zusammenfassung und zeigt gleich von welcher Internetadresse sie ihre Informationen genommen hat. Zu einem Suchbegriff kann es ganz viele Suchergebnisse geben.

Abb. 6.4 Erarbeitungstext zum reziprokem Lehren

Erarbeitungstext. Für die Unterrichtsstunde ist als Eingangsmaterial unter anderem ein Erarbeitungstext (Abb. 6.4) vorbereitet.

Methodendurchführung. Vor dem Hintergrund der Methodenerklärung aus Abschn. 2.18 wird jetzt kurz die Durchführung zur ersten Textpassage vorgestellt.

(1) *Zusammenfassen*: Mithilfe der Rollenanweisung fasst Schüler 1 den ersten Textabschnitt zusammen und gibt diesen als Ergebnis an Schüler 2 weiter. (2) *Fragen stellen*: Die Aufgabe von Schüler 2 besteht darin, auf Grundlage der Zusammenfassung durch Fragen, das Textverständnis der anderen Gruppenmitglieder zu überprüfen. (3) *Unklarheiten klären*: Schüler 3 darf die gestellten Fragen als erster beantworten und kann so bestehende Unklarheiten beseitigen. (4) *Voraussagen treffen*: Im letzten Schritt vervollständigt Schüler

4 in der Rolle des sogenannten *Hellsehers* den vorgegebenen Anweisungstext und gibt dadurch hypothetische Einblicke zum nächsten Textabschnitt.

6.1.3.4 Durchführung des Unterrichts mit dem Leitprogramm

Die Unterrichtsstunde wird analog zu den in Abschn. 2.8 beschriebenen Schritten zum Leitprogramm durchgeführt.

Das Leitprogramm besteht insgesamt aus drei Lernpaketen, die jeweils einen Pflicht- und einen Zusatzteil umfassen. Jedes Lernpaket umfasst entsprechende Arbeitsmaterialien und wird mit einem kurzen Kontrolltest abgerundet. Die Arbeitsaufträge innerhalb der Pakete sind überwiegend kompetenzorientiert und projektartig formuliert. Hierbei waren drei Kriterien wesentlich: (1) *Offenheit* – eine oder mehrere plausible Antwortmöglichkeiten, (2) *Informativität* – Bedeutung des Lösungswegs und (3) *Prozessbezug* – entdeckendes Lernen oder Faktenwissen (Sundermann und Selter 2006, S. 74 ff.).

Die Lernpakete. Die Inhalte von *Lernpaket 1* thematisieren im Wesentlichen die analoge Suchstruktur von Menschen. Die Schüler sollen die einzelnen Suchschritte mittels eines konkreten Rechercheauftrags selbst handlungsorientiert erleben und für eine schrittweise Suchabfolge sensibilisiert werden. In *Lernpaket 2* steht die Verknüpfung zwischen analogen und digitalen Suchschritten im Vordergrund. Die Schüler sollen. Parallelen zwischen beiden Suchstrukturen erkennen und enaktiv erleben. Die Aufgaben in *Lernpaket 3* zielen auf die bewusste Anwendung von Suchmaschinen ab. Die Schüler können einzelne Suchschritte der Suchmaschine an einem konkreten Beispiel praktisch durchführen und werden für geschickte Suchanfragen zur Informationsbeschaffung sensibilisiert.

6.1.4 Ergebnisse

Die Tab. 6.1 bis 6.4 enthalten die Datensätze zum SPF-2 × 2•2 Versuchsplan mit $n_{11} = 12$ Schülern und $n_{12} = 12$ der Klasse 5b, $n_{21} = 12$ und $n_{22} = 12$ Schülern der Klasse 5c. Von den Schülern werden jeweils Datensätze zum Lernerfolg für Begriffe/Definitionen, analoges Suchen, digitales Suchen und Anwendungswissen vor der Unterrichtseinheit und nach Unterrichtseinheit erhoben. In den Tabellen sind Mittelwerte und die Standardfehler der Mittelwerte enthalten.

Für die Analyse der empirischen Daten wird folgendes Vorgehen durchgeführt: (1) zunächst werden die Daten deskriptiv dargestellt, (2) dann werden univariate dreifaktorielle Varianzanalysen entsprechend des SPF-2 × 2•2 Versuchsplans gerechnet.

6.1.4.1 Befunde zum Lernerfolg

Die Ergebnisse zum Lernerfolg unter Einbeziehung des Klassenkontextes veranschaulichen die Abb. 6.5 bis 6.8. Sie zeigen Mittelwerte sowie 95 %-Konfidenzintervalle zum Lernerfolg für Begriffe/Definitionen, analoges Suchen, digitales Suchen und Anwendungswissen.

Tab. 6.1 Datensatz zum SPF-2 × 2•2 Versuchsplan (*Begriffe/Definitionen*)

		b_1	b_2			b_1	b_2
a_1c_1	s_1	6	8	a_2c_1	s_{25}	1	10
	s_2	4	5		s_{26}	6	10
	s_3	6	7		s_{27}	8	8
	s_4	6	8		s_{28}	3	10
	s_5	6	6		s_{29}	6	8
	s_6	4	6		s_{30}	4	10
	s_7	5	6		s_{31}	6	8
	s_8	3	8		s_{32}	5	10
	s_9	4	8		s_{33}	3	8
	s_{10}	6	4		s_{34}	8	10
	s_{11}	1	6		s_{35}	4	10
	s_{12}	6	8		s_{36}	4	6
	$\overline{x}$	4.8	6.7		$\overline{x}$	4.9	9.0
	$s_{\overline{x}}$	.64	.37		$s_{\overline{x}}$	.54	.37
		b_1	b_2			b_1	b_2
a_1c_2	s_{13}	1	4	a_2c_2	s_{37}	1	10
	s_{14}	6	6		s_{38}	6	10
	s_{15}	8	8		s_{39}	8	8
	s_{16}	3	6		s_{40}	3	10
	s_{17}	6	8		s_{41}	6	10
	s_{18}	4	6		s_{42}	4	10
	s_{19}	6	4		s_{43}	6	8
	s_{20}	5	6		s_{44}	5	10
	s_{21}	3	6		s_{45}	3	8
	s_{22}	8	6		s_{46}	8	10
	s_{23}	4	5		s_{47}	4	10
	s_{24}	4	4		s_{48}	4	8
	$\overline{x}$	4.8	5.8		$\overline{x}$	5.0	9.3
	$s_{\overline{x}}$	.54	.37		$s_{\overline{x}}$	.64	.37

A = Unterrichtsmethode
a_1 = reziprokes Lehren
a_2 = Leitprogramm

B = Zeitpunkt
b_1 = vor der Unterrichtseinheit
b_2 = nach der Unterrichtseinheit

C = Schulklasse
c_1 = Klasse 5b
c_2 = Klasse 5c

Abhängige Variable:
Lernerfolg

Lernerfolg zu Begriffe/Definitionen

Abb. 6.5 zeigt, dass mit dem Leitprogramm gegenüber dem reziproken Lehren eindeutig höhere Lernerfolge zum Begriffswissen erzielt worden sind, und zwar in beiden Klassen. Die 95 %-Konfidenzintervalle zeigen, dass die Lernerfolge für beide Unterrichtsmethoden relativ homogen sind.

Lernerfolg zu analogem Suchen

Abb. 6.6 veranschaulicht, dass in Bezug zum analogen Suchen in beiden Klassen wiederum mit dem Leitprogramm gegenüber dem reziproken Lehren höhere Lernerfolge erzielt wurden. Allerdings konnten mit keiner Unterrichtsmethode sehr gute Lernleistungen

Tab. 6.2 Datensatz zum SPF-2 × 2•2 Versuchsplan (*analoges Suchen*)

		b_1	b_2			b_1	b_2
	s_1	4	4		s_{25}	2	8
	s_2	3	8		s_{26}	4	11
	s_3	5	5		s_{27}	2	2
	s_4	2	6		s_{28}	2	10
	s_5	3	7		s_{29}	1	9
	s_6	5	4		s_{30}	5	9
a_1c_1	s_7	4	6	a_2c_1	s_{31}	2	8
	s_8	3	5		s_{32}	2	8
	s_9	2	6		s_{33}	1	11
	s_{10}	0	6		s_{34}	2	10
	s_{11}	6	2		s_{35}	5	11
	s_{12}	3	6		s_{36}	4	2
	$\overline{x}$	3.3	5.4		$\overline{x}$	2.7	8.3
	$s_{\overline{x}}$	.44	.64		$s_{\overline{x}}$	.44	.64
		b_1	b_2			b_1	b_2
	s_{13}	6	8		s_{37}	4	8
	s_{14}	5	8		s_{38}	1	8
	s_{15}	1	6		s_{39}	5	9
	s_{16}	6	7		s_{40}	4	9
	s_{17}	5	8		s_{41}	3	8
a_1c_2	s_{18}	4	7	a_2c_2	s_{42}	4	9
	s_{19}	4	3		s_{43}	3	10
	s_{20}	3	7		s_{44}	2	7
	s_{21}	2	5		s_{45}	3	10
	s_{22}	4	5		s_{46}	5′	2
	s_{23}	2	4		s_{47}	1	9
	s_{24}	3	5		s_{48}	1	10
	$\overline{x}$	3.8	6.1		$\overline{x}$	3.0	8.3
	$s_{\overline{x}}$	.44	.64		$s_{\overline{x}}$	.44	.64

A = Unterrichtsmethode
a_1 = reziprokes Lehren
a_2 = Leitprogramm

B = Zeitpunkt
b_1 = vor der Unterrichtseinheit
b_2 = nach der Unterrichtseinheit

C = Schulklasse
c_1 = Klasse 5b
c_2 = Klasse 5c

Abhängige Variable:
Lernerfolg

hervorgebracht werden, berücksichtigt man, dass 15 Punkte im Leistungstest für analoges Suchen erreicht hätten werden können. Auch beim analogen Suchen sind die Lernerfolge für beide Unterrichtsmethoden relativ homogen.

Lernerfolg zu digitales Suchen

In beiden Klassen stellten sich Lernerfolge bezüglich des digitalen Suchens ein, wenn mit dem beim Leitprogramm bzw. dem reziproken Lehren unterrichtet wurde (siehe Abb. 6.7). Das reziproke Lehren war hinsichtlich des Lernerfolges in beiden Klassen weniger effektiv. Die 95 %-Konfidenzintervalle machen deutlich, dass die Lernleistungen relativ homogen waren.

Tab. 6.3 Datensatz zum SPF-2 × 2•2 Versuchsplan (*digitales Suchen*)

		b_1	b_2			b_1	b_2
	s_1	7	10		s_{25}	4	10
	s_2	3	8		s_{26}	8	10
	s_3	9	10		s_{27}	2	8
	s_4	12	6		s_{28}	7	12
	s_5	10	10		s_{29}	8	6
	s_6	0	7		s_{30}	1	10
a_1c_1	s_7	6	5	a_2c_1	s_{31}	3	8
	s_8	5	10		s_{32}	3	11
	s_9	3	8		s_{33}	3	10
	s_{10}	4	2		s_{34}	7	12
	s_{11}	6	9		s_{35}	4	9
	s_{12}	7	7		s_{36}	2	6
	$\overline{x}$	6.0	7.7		$\overline{x}$	4.3	9.3
	$s_{\overline{x}}$	.76	.62		$s_{\overline{x}}$	.76	.62

		b_1	b_2			b_1	b_2
	s_{13}	3	10		s_{37}	4	8
	s_{14}	10	10		s_{38}	2	8
	s_{15}	6	6		s_{39}	10	6
	s_{16}	8	6		s_{40}	6	10
	s_{17}	9	10		s_{41}	8	10
a_1c_2	s_{18}	8	9	a_2c_2	s_{42}	6	12
	s_{19}	8	9		s_{43}	6	10
	s_{20}	6	10		s_{44}	6	8
	s_{21}	6	10		s_{45}	2	12
	s_{22}	9	10		s_{46}	6	10
	s_{23}	4	4		s_{47}	5	12
	s_{24}	10	8		s_{48}	4	12
	$\overline{x}$	7.3	8.5		$\overline{x}$	5.4	9.8
	$s_{\overline{x}}$	.76	.62		$s_{\overline{x}}$	.76	.62

A = Unterrichtsmethode
a_1 = reziprokes Lehren
a_2 = Leitprogramm

B = Zeitpunkt
b_1 = vor der Unterrichtseinheit
b_2 = nach der Unterrichtseinheit

C = Schulklasse
c_1 = Klasse 5b
c_2 = Klasse 5c

Abhängige Variable:
Lernerfolg

Lernerfolg zu Anwendungswissen
Die Lernerfolge zum Anwendungswissen sind ähnlich den Lernerfolgen zum digitalen Suchen: In beiden Klassen stellten sich unter beiden Unterrichtsmethoden Lernerfolge ein (Abb. 6.8). Das reziproke Lehren war hinsichtlich des Lernerfolges in beiden Klassen weniger effektiv. Die 95 %-Konfidenzintervalle zeigen, dass die Lernleistungen relativ homogen waren.

6.1.4.2 Statistische Auswertung

Zur statistischen Überprüfung, ob mit reziprokem Lehren ein höherer Lernerfolg erzielt wird als mit dem Leitprogramm, werden sieben statistische Hypothesen formuliert, die auf dem Signifikanzniveau von $\alpha = 0{,}05$ geprüft werden.

Tab. 6.4 Datensatz zum SPF-2 × 2•2 Versuchsplan (*Anwendungswissen*)

		b_1	b_2			b_1	b_2
	s_1	1.5	4.5		s_{25}	2.0	7.0
	s_2	2.5	4.5		s_{26}	4.0	7.0
	s_3	2.0	5.0		s_{27}	3.0	4.5
	s_4	3.0	6.0		s_{28}	1.5	6.5
	s_5	3.5	4.5		s_{29}	0.0	6.5
	s_6	2.0	5.0		s_{30}	3.5	5.0
a_1c_1	s_7	4.0	0.0	a_2c_1	s_{31}	0.0	4.0
	s_8	6.0	6.0		s_{32}	1.0	4.0
	s_9	4.0	4.0		s_{33}	2.0	5.5
	s_{10}	0.0	5.5		s_{34}	1.5	7.5
	s_{11}	5.5	4.0		s_{35}	3.5	8.0
	s_{12}	3.0	4.0		s_{36}	3.0	3.5
	$\overline{x}$	3.08	4.41		$\overline{x}$	2.08	5.75
	$s_{\overline{x}}$	.45	.48		$s_{\overline{x}}$	.45	.48

		b_1	b_2			b_1	b_2
	s_{13}	2.0	4.5		s_{37}	1.5	7.5
	s_{14}	2.5	6.5		s_{38}	6.0	3.5
	s_{15}	1.0	2.5		s_{39}	3.0	5.0
	s_{16}	6.0	6.0		s_{40}	2.0	5.0
	s_{17}	4.5	5.5		s_{41}	0.0	5.5
a_1c_2	s_{18}	5.0	5.0	a_2c_2	s_{42}	1.0	7.5
	s_{19}	2.0	2.5		s_{43}	3.0	5.0
	s_{20}	1.0	0.5		s_{44}	2.5	7.5
	s_{21}	1.5	5.5		s_{45}	3.0	5.0
	s_{22}	2.5	7.0		s_{46}	1.5	8.0
	s_{23}	3.0	4.5		s_{47}	3.0	7.0
	s_{24}	3.0	2.0		s_{48}	4.0	8.0
	$\overline{x}$	2.83	4.35		$\overline{x}$	2.54	6.20
	$s_{\overline{x}}$	.45	.48		$s_{\overline{x}}$	.45	.48

A = Unterrichtsmethode
a_1 = reziprokes Lehren
a_2 = Leitprogramm

B = Zeitpunkt
b_1 = vor der Unterrichtseinheit
b_2 = nach der Unterrichtseinheit

C = Schulklasse
c_1 = Klasse 5b
c_2 = Klasse 5c

Abhängige Variable:
Lernerfolg

Statistische Hypothesen. Die sieben statistischen Nullhypothesen lauten:

i) die Mittelwerte (Lernerfolg zu Begriffe/Definitionen, analogem Suchen, digitalem Suchen, Anwendungswissen) der Unterrichtsmethode μ_1 unter a_1 (reziprokes Lehren) sind größer gleich den Mittelwerten der Unterrichtsmethode μ_2 unter a_2 (Leitprogramm), das heißt:

$$H_0^A : \mu_1 \geq \mu_2 \left(H_1^A : \mu_1 < \mu_2\right);$$

ii) die Mittelwerte (Lernerfolg zu Begriffe/Definitionen, analogem Suchen, digitalem Suchen, Anwendungswissen) der Unterrichtsmethoden μ_1 unter b_1 (vor der Unterrichtseinheit) sind größer gleich den Mittelwerten μ_2 unter b_2 (nach der Unterrichtseinheit), das heißt:

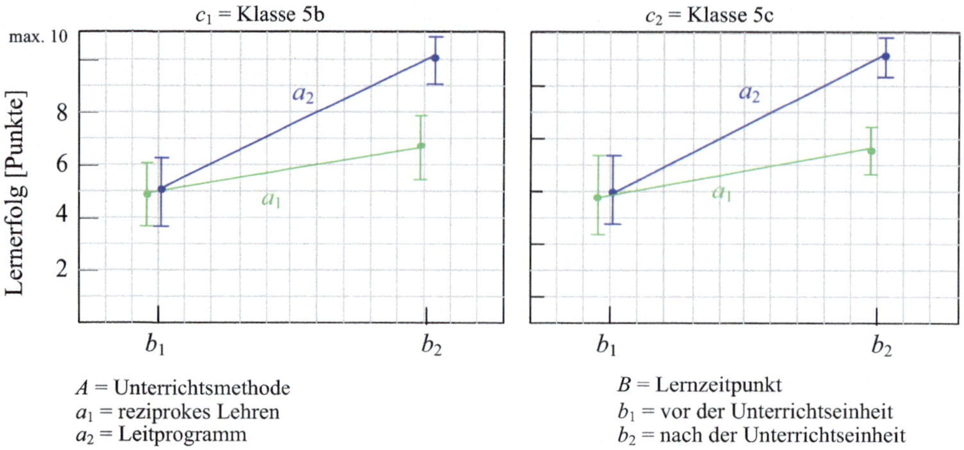

Abb. 6.5 Mittelwerte und 95 %-Konfidenzintervalle zu *Begriffe/Definitionen*

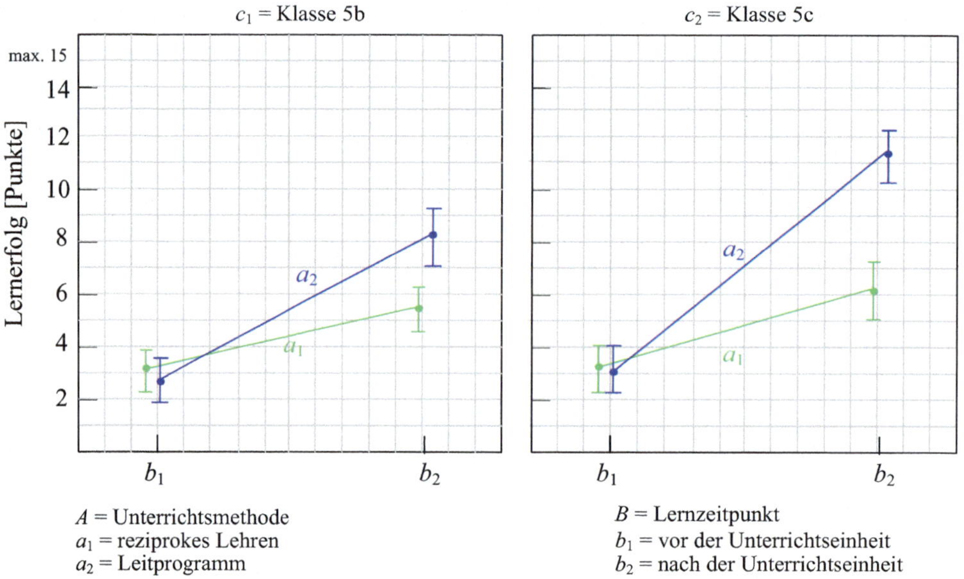

Abb. 6.6 Mittelwerte und 95 %-Konfidenzintervalle zu *analoges Suchen*

$$H_0^B : \mu_1 \geq \mu_2 \left(H_1^B : \mu_1 < \mu_2 \right);$$

iii) die Mittelwerte (Lernerfolg zu Begriffe/Definitionen, analogem Suchen, digitalem Suchen, Anwendungswissen) der Unterrichtsmethoden μ_1 unter c_1 (Klasse 9a) und μ_2 unter c_2 (Klasse 9b) sind gleich, das heißt:

$$H_0^C : \mu_1 = \mu_2 \left(H_1^C : \mu_1 \neq \mu_2 \right);$$

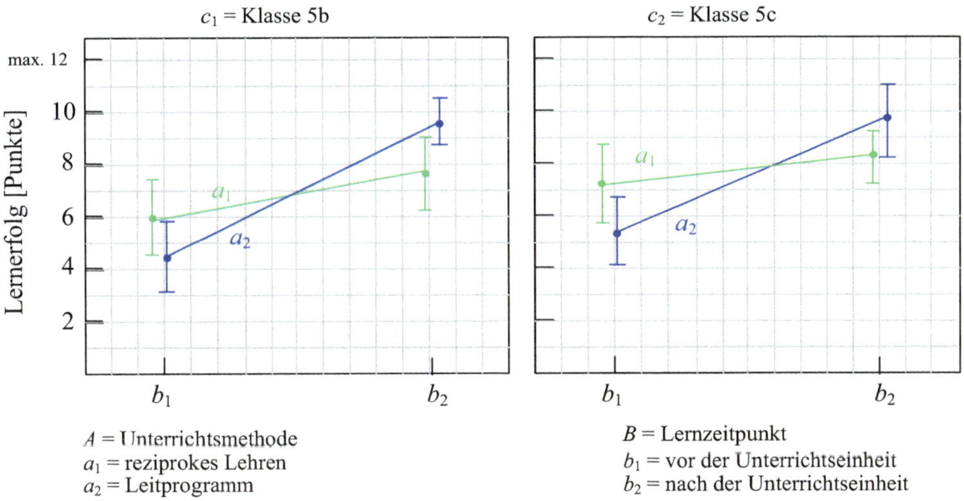

Abb. 6.7 Mittelwerte und 95 %-Konfidenzintervalle zu *digitales Suchen*

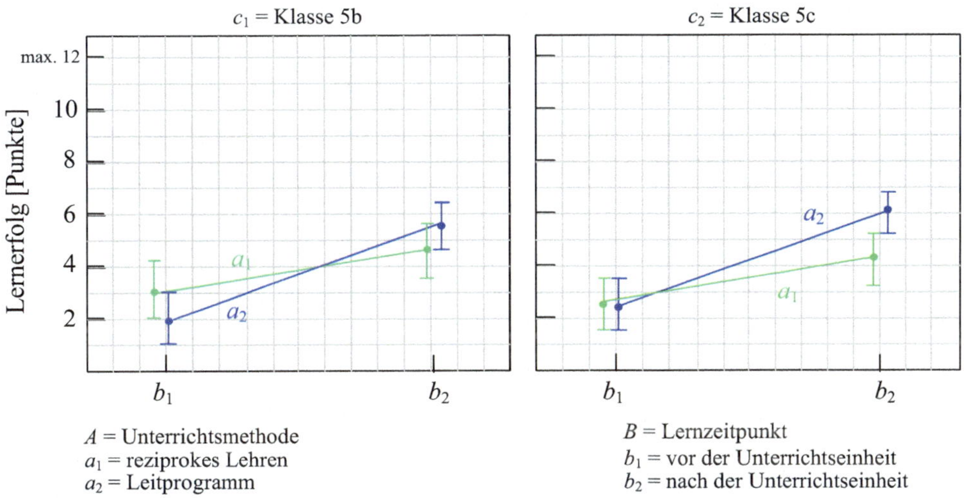

Abb. 6.8 Mittelwerte und 95 %-Konfidenzintervalle zu *Anwendungswissen*

iv) die Mittelwerte (Lernerfolg zu Begriffe/Definitionen, analogem Suchen, digitalem Suchen, Anwendungswissen) der Unterrichtsmethoden $\mu_{1\bullet 1}$, $\mu_{1\bullet 2}$, $\mu_{2\bullet 1}$, $\mu_{2\bullet 2}$ unter den 2 • 2 Stufen der Faktorkombinationen $A \bullet B$ sind gleich, das heißt:

$$H_0^{A\bullet B}: \mu_{1\bullet 1} = \mu_{1\bullet 2} = \mu_{2\bullet 1} = \mu_{2\bullet 2} \left(H_1^{A\bullet B}: \mu_{1\bullet 1} \neq \mu_{1\bullet 2} \neq \mu_{2\bullet 1} \neq \mu_{2\bullet 2} \right);$$

v) die Mittelwerte (Lernerfolg zu Begriffe/Definitionen, analogem Suchen, digitalem Suchen, Anwendungswissen) der Unterrichtsmethoden $\mu_{1\times1}, \mu_{1\times2}, \mu_{2\times1}, \mu_{2\times2}$ unter den 2×2 Stufen der Faktorkombinationen $A \times C$ sind gleich, das heißt:

$$H_0^{A\times C} : \mu_{1\times1} = \mu_{1\times2} = \mu_{1\times2} = \mu_{2\times2} \left(H_1^{A\times C} : \mu_{1\times1} \neq \mu_{1\times2} \neq \mu_{1\times2} \neq \mu_{2\times2} \right);$$

vi) die Mittelwerte (Lernerfolg zu Begriffe/Definitionen, analogem Suchen, digitalem Suchen, Anwendungswissen) der Unterrichtsmethoden $\mu_{1\bullet1}, \mu_{1\bullet2}, \mu_{2\bullet1}, \mu_{2\bullet2}$ unter den $2 \bullet 2$ Stufen der Faktorkombinationen $C \bullet B$ sind gleich, das heißt:

$$H_0^{C\bullet B} : \mu_{1\bullet1} = \mu_{1\bullet2} = \mu_{2\bullet1} = \mu_{2\bullet2} \left(H_1^{C\bullet B} : \mu_{1\bullet1} \neq \mu_{1\bullet2} \neq \mu_{2\bullet1} \neq \mu_{2\bullet2} \right);$$

vii) die Mittelwerte (Lernerfolg zu Begriffe/Definitionen, analogem Suchen, digitalem Suchen, Anwendungswissen) der Unterrichtsmethoden $\mu_{1\times1\bullet1}, \mu_{1\times1\bullet2}, \ldots, \mu_{2\times2\bullet2}$ unter den $2 \times 2 \bullet 2$ Stufen der Faktorkombinationen $A \times C \bullet B$ sind gleich, das heißt:

$$H_0^{A\times C\bullet B} : \mu_{1\times1\bullet1} = \mu_{1\times1\bullet2} = \ldots = \mu_{2\times2\bullet2} \left(H_1^{A\times C\bullet B} : \mu_{1\times1\bullet1} \neq \mu_{1\times1\bullet2} \neq \ldots \neq \mu_{2\times2\bullet2} \right).$$

Prüfung der Voraussetzungen. Für die varianzanalytische Auswertung eines SPF-2 × 2•2 Versuchsplans müssen Daten normalverteilt und varianzhomogen sein. Die Normalverteilung wurde mit dem Shapiro-Wilk-Test und die Varianzhomogenität mit dem Levene-Test geprüft. Der Shapiro-Wilk-Test lieferte signifikante Ergebnisse ($p < 0{,}05$), so dass die Voraussetzungen für die Durchführung einer parametrischen Varianzanalyse (ANOVA) nicht gegeben waren. Die Daten werden deshalb zunächst rangtransformiert und dann varianzanalytisch ausgewertet (vgl. zum Vorgehen bei Zendler 2018).

Die Tab. 6.5 bis 6.8 enthalten die univariaten, varianzanalytischen Ergebnisse für die Lernerfolge zu Begriffe/Definitionen, analogem Suchen, digitalem Suchen und Anwendungswissen.

Lernerfolg zu Begriffe/Definitionen

Tab. 6.5 Varianzanalyse zu *Begriffe/Definitionen*

Quelle der Variation	*SS*	*df*	*MS*	*F*	*p*	η^2
Zwischen						
A (Unterrichtsmethode)	8607,09	1	8607,09	19,01	<0,01	0,302
C (Klasse)	98,01	1	98,01	0,22	<0,65	0,005
$A \times C$	247,04	1	247,04	0,55	<0,46	0,012
Fehler	19918,85	44	452,70			
Innerhalb						
B (Lernzeitpunkt)	22724,26	1	22724,26	76,10	<0,01	0,634
$A \bullet B$	5340,17	1	5340,17	17,88	<0,01	0,289
$C \bullet B$	96,00	1	96,00	0,32	<0,57	0,007
$A \times C \bullet B$	490,51	1	490,51	1,64	<0,21	0,036
Fehler	13138,56	44	298,60			

Lernerfolg zu analogem Suchen

Tab. 6.6 Varianzanalyse zu *analogem Suchen*

Quelle der Variation	*SS*	*df*	*MS*	*F*	*p*	η^2
Zwischen						
A (Unterrichtsmethode)	580,17	1	580,17	1,74	<0,20	0,038
C (Klasse)	425,04	1	425,04	1,28	<0,27	0,028
A × C	13,50	1	13,50	0,04	<0,84	0,001
Fehler	14661,04	44	333,21			
Innerhalb						
B (Lernzeitpunkt)	33189,84	1	33189,84	75,12	<0,01	0,631
A • B	4469,01	1	4469,01	10,11	<0,01	0,187
C • B	0,01	1	0,01	0,00	<0,997	0,000
A × C • B	14,26	1	14,26	0,03	<0,86	0,001
Fehler	19441,13	44	441,84			

Lernerfolg zu digitalem Suchen

Tab. 6.7 Varianzanalyse zu *digitalem Suchen*

Quelle der Variation	*SS*	*df*	*MS*	*F*	*p*	η^2
Zwischen						
A (Unterrichtsmethode)	16,67	1	16,67	0,03	<0,87	0,001
C (Klasse)	1357,51	1	1357,51	2,50	<0,13	0,054
A × C	65,01	1	65,01	0,12	<0,73	0,003
Fehler	23892,31	44	543,01			
Innerhalb						
B (Lernzeitpunkt)	20650,67	1	20650,67	43,96	<0,01	0,500
A • B	5460,17	1	5460,17	11,62	<0,01	0,209
C • B	23,01	1	23,01	0,05	<0,83	0,001
A × C • B	2,34	1	2,34	< 0,01	<0,95	0,000
Fehler	20668,31	44	469,73			

Lernerfolg zum Anwendungswissen

Tab. 6.8 Varianzanalyse zum *Anwendungswissen*

Quelle der Variation	*SS*	*df*	*MS*	*F*	*p*	η^2
Zwischen						
A (Unterrichtsmethode)	620,17	1	620,17	1,35	<0,26	0,030
C (Klasse)	26,04	1	26,04	0,06	<0,82	0,001
A × C	468,17	1	468,17	1,02	<0,32	0,023
Fehler	20229,13	44	459,75			
Innerhalb						
B (Lernzeitpunkt)	28531,51	1	28531,51	66,13	<0,01	0,600
A • B	4469,01	1	4469,01	10,36	<0,01	0,191
C • B	2,34	1	2,34	0,01	<0,95	0,000
A × C • B	7,59	1	7,59	0,02	<0,90	0,000
Fehler	18984,54	44	431,47			

Die Prüfgrößen zur Überprüfung des Haupteffektes A (reziprokes Lehren gegenüber Leitprogramm) sind auf dem α-Niveau von 0,05 signifikant zum Lernerfolg für Begriffe/Definitionen ($F_{1,44} = 19{,}01$, $p < 0{,}01$), das heißt, die entsprechenden H_0^A werden zugunsten von H_1^A verworfen: Mit dem Leitprogramm wird ein höherer Lernerfolg erzielt als mit reziprokem Lehren bezüglich Begriffe/Definitionen. Aufgrund der empirischen F-Werte zum Lernerfolg für digitales Suchen, analoges Suchen und Anwendungswissen werden die entsprechenden H_0^A beibehalten.

Die Prüfgrößen zur Überprüfung des Haupteffektes B (vor der Unterrichtseinheit gegenüber nach der Unterrichtseinheit) sind auf dem α-Niveau von 0,05 signifikant zum Lernerfolg für Begriffe/Definitionen ($F_{1,44} = 76{,}10$, $p < 0{,}01$), analoges Suchen ($F_{1,44} = 75{,}12$, $p < 0{,}01$), digitales Suchen ($F_{1,44} = 43{,}96$ $p < 0{,}01$) und Anwendungswissen ($F_{1,44} = 66{,}13$, $p < 0{,}01$), das heißt, die entsprechenden H_0^B werden zugunsten von H_1^B verworfen: Das Wissen nach der Unterrichtseinheit ist für alle Aufgabenfelder höher als vor der Unterrichtseinheit.

Die Prüfgröße zur Überprüfung des Haupteffektes C (Klasse 5b gegenüber Klasse 5c) ist auf dem α-Niveau von 0,05 für kein Aufgabenfeld signifikant: Die beiden Klassen unterscheiden sich nicht.

Die Prüfgrößen zur Überprüfung der $A \bullet B$-Interaktion (Unterrichtsmethode • Lernzeitpunkt) sind auf dem α-Niveau von 0,05 signifikant zum Lernerfolg für Begriffe/Definitionen ($F_{1,44} = 17{,}88$, $p < 0{,}01$), analoges Suchen ($F_{1,44} = 10{,}11$, $p < 0{,}01$), digitales Suchen ($F_{1,44} = 11{,}62$, $p < 0{,}01$) und Anwendungswissen ($F_{1,44} = 10{,}36$, $p < 0{,}01$), das heißt, die entsprechenden H_0^B werden zugunsten von H_1^B verworfen, das heißt, reziprokes Lehren und Leitprogramm unterscheiden sich, was den Lernerfolg angeht, bezogen auf die Lernzeitpunkte.

Die Prüfgrößen zur Überprüfung der $A \times C$-Interaktion (Unterrichtsmethode × Klasse) sind auf dem α-Niveau von 0,05 nicht signifikant, das heißt, die entsprechenden $H_0^{A \times C}$ werden beibehalten: Die Unterrichtsmethoden unterscheiden sich nicht, bezogen auf die Schulklassen.

Die Prüfgrößen zur Überprüfung der $C \bullet B$-Interaktion (Klasse • Versuch sind auf dem α-Niveau von 0,05 nicht signifikant, das heißt, die entsprechenden $H_0^{C \bullet B}$ werden beibehalten: Die beiden Schulklassen unterscheiden sich nicht, was den Lernerfolg angeht, bezogen auf die Lernzeitpunkte.

Die Prüfgrößen zur Überprüfung der $A \times C \bullet B$-Interaktion (Unterrichtsmethode × Klasse • Lernzeitpunkte) sind auf dem α-Niveau von 0,05 nicht signifikant, das heißt, die entsprechenden $H_0^{A \times C \bullet B}$ werden beibehalten: Die Unterrichtsmethoden unterscheiden sich nicht, was den Lernerfolg angeht, bezogen auf die beiden Schulklassen und die beiden Lernzeitpunkte.

6.1.5 Diskussion

Das Hauptergebnis der vorliegenden Untersuchung besteht darin, dass – vor dem Hintergrund der empirischen Ergebnisse – die Forschungshypothese, im Informatikunterricht zum Thema *Ablauf von Suchanfragen* werde durch den Einsatz von Leitprogramm ein höherer Lernerfolg erzielt als mit reziprokem Lehren, beibehalten werden kann. Die Ergebnisse sind kompatibel mit den Befunden, die Hattie (2009b) anführt.

Methodenwirksamkeit. Hinsichtlich der Fragen 1 und 3 (vgl. Abschn. 1.3) liefert die deskriptive Datenauswertung folgendes Ergebnis: Prinzipiell geht aus der Studie hervor, dass das Lehren neuer Lerninhalte zum Thema *Ablauf von Suchanfragen* mit beiden Unterrichtsmethoden, Leitprogramm und reziprokem Lehren, zu einem Lernerfolg bei den Schülern führt. Im Methodenvergleich war das Leitprogramm dem reziproken Lehren in allen vier Themenbereichen überlegen.

Fraglich ist es, auf welche Ursachen dieser Befund zurückzuführen sein könnte. Zum Lernerfolg kann gesagt werden, dass laut Aussagen der Schüler die Materialien zum Leitprogramm motivierender und abwechslungsreicher waren als die zum reziproken Lehren. Während beim Leitprogramm die inhaltliche Erarbeitung mündlich in Partnerarbeit, schriftlich am Arbeitsblatt und handlungsorientiert am PC erfolgte, arbeiteten die Schüler beim reziproken Lehren überwiegend am Text und nahezu ohne PC. Zudem ging aus Unterrichtsbeobachtungen zum reziproken Lehren hervor, dass die Schüler bei der Durchführung der Unterrichtsmethode eine geringe Motivation hatten. Beim Leitprogramm könnten für den Lernerfolg möglicherweise die klare inhaltliche Ausrichtung und die Lernkontrollen nach jedem Lernpaket ursächlich gewesen sein. Die Schüler äußerten sich zu den Selbstkontrollen überwiegend positiv. Dies kann auch darauf zurückgeführt werden, dass die Lernkontrollen partiell am PC mit dem motivierenden Onlinetool *LearningApps.org* (LearningApps 2017) erfolgten.

Klassenunterschiede. Zu Frage 2 (vgl. Abschn. 1.3) kann Folgendes gesagt werden: Es hat sich gezeigt, dass nach dem Unterricht der erzielte Lernerfolg der Schüler in beiden Klassen nahezu gleich war. Gründe hierfür sind der relativ zeitgleiche und einheitliche, informatischen Inhalt. Unterschiede zwischen den Klassen ergaben sich nach Durchführung des Unterrichts lediglich zur Streuung der Lernerfolge. Dies könnte darauf zurückzuführen sein, dass die Gruppen in den einzelnen Klassen nach unterschiedlichen Kriterien zusammengesetzt waren (Klasse 5c nach Geschlecht; Klasse 5b nach Alphabet).

Themenbereiche. Aus der Untersuchung geht hervor, dass in den beiden Themenbereichen *Begriffe/Definitionen* und *analoges Suchen* größere Lernerfolge erzielt wurden als für die Themenbereiche *digitales Suchen* und *Anwendung.* Die Erklärungen dafür liegen möglicherweise zum einen am Schwierigkeitsniveau der abgefragten Aufgaben und am geschlossenen Fragentypus mit bereits vorgegebenen Antwortmöglichkeiten für *Begriffe/ Definitionen* und *analoges Suchen.* Der Themenbereich *analoges Suchen* sprach das praktische Sucherverhalten der Schüler an und bot – verglichen mit den anderen Themenbereichen – günstige Anknüpfungspunkte zu den einzelnen Ablaufschritten einer Suchmaschine an. Außerdem wurden die Schüler im Unterricht beider Unterrichtsmethoden dazu angehalten, die Suchschritte selbst praktisch an einem Rechercheauftrag auszuführen. Diese enaktive Form der Aufgabenbearbeitung fördert auf endeckende Art und Weise, das kognitive Verständnis der Schüler (Bruner 1971, S. 43 f.).

Ein etwas ungewöhnliches Ergebnis zeigt sich für die *Lerngruppe reziprokes Lehren* in Klasse 5c zum Themenbereich *Anwendung*. Das Wissen der Schüler scheint zwar generell zugenommen zu haben, allerdings sind die Ergebnisse nach dem Unterricht breiter gestreut. Mögliche Erklärung hierfür könnten zeitliche Bearbeitungsbegrenzungen im Unterricht und der Leistungstest sein. Im Unterricht war zu beobachten, dass zwei 4er-Gruppen gegen Ende Zeitprobleme hatten, aber auch im Leistungstest hatten einige Schüler zeitliche Not. Zumal die letzte Anwendungsaufgabe mehr Bearbeitungsaufwand beanspruchte.

Empfehlungen für den Informatikunterricht. Aus den gewonnenen Befunden lassen sich zum Thema *Ablauf von Suchanfragen* für das Fach Informatik folgende Empfehlungen aussprechen: (1) Für die Förderung von Begriffswissen sowie Herstellung von Alltagsverknüpfungen zum Fachinhalt sollte das Leitprogramm eingesetzt werden. (2) Bei der Schulung von Fähigkeiten wie dem Erkennen innerer Suchstrukturen und Zusammenhänge sowie dem Evaluieren von Suchmaschinen hinsichtlich Brauchbarkeit, Tragweite, Nutzen oder Grenzen ist es ratsam, das Leitprogramm dem reziproken Lehren vorzuziehen. (3) Außerdem ist das Leitprogramm in der Klassenstufe 5 für die Einführung von neuen informatischen Lehrinhalten zum genannten Thema zu empfehlen. (4) Darüber hinaus ist für das Angleichen von Schülerleistungen ebenfalls ein Unterricht mit dem Leitprogramm zu empfehlen. (5) Beim Einsatz von reziprokem Lehren ist aus motivationalen Aspekten daran zu denken, dass Bearbeitungsmaterial ansprechender und abwechslungsreicher zu gestalten sowie die Materialien in digitaler Form anzubieten. (6) Bei Themenausdehnung auf mehrere Schulstunden und mehrere Lernpakete ist eine Kombination aus beiden Unterrichtsmethoden denkbar. Beispielsweise könnte man die Methodenaktivitäten aus dem reziproken Lehren zur Erarbeitung von neuen Inhalten innerhalb eines Lernpaketes einsetzen.

Ergebnisvergleich zum bisherigen Forschungsstand. Die Befunde und Anregungen aus der einschlägigen Literatur zum Einsatz der Unterrichtsmethoden Leitprogramm und reziprokes Lehren im Informatikunterricht decken sich mit den hier ermittelten Befunden lediglich zum Teil.

Für das reziproke Lehren gilt: (1) Für informatische Inhalte hat die Unterrichtsmethode nicht die Bedeutsamkeit, die ihr bisweilen aus anderen Fächern zugesprochen wird (Rosenshine und Meister 1994; Spörer et al. 2009; Seuring und Spörer 2010; Hattie et al. 2013a; Koch und Spörer 2016). (2) Die Lehrerbewertung zum Einsatz der Methode in den fünf Wissensprozessen (Aufbauen, Durcharbeiten, Anwenden, Übertragen, Bewerten und Integrieren) kann nur bedingt bestätigt werden (Zendler und Klaudt 2015a).

Im Gegensatz zum reziproken Lehren können einige Effekte zum Leitprogramm aus bestehenden Untersuchungen bestätigt, teilweise übertroffen werden. Für das Leitprogramm gilt: (1) Der Befund, dass 75 % der Schüler unter Mastery-Learning-Bedingungen ein Leistungsniveau der besten 25 % der Schüler erreichen, wird in den Themenbereichen *Begriffe/Definitionen* sowie *analoges Suchen* übertroffen (Block 1971). (2) Der empfohlene Einsatz des Leitprogramms im Informatikunterricht kann für das Unterrichtsthema *Ablauf von Suchanfragen* mit den hier ermittelten Ergebnissen verifiziert werden (Hartmann et al. 2006; Zendler und Klaudt 2015a).

Ausblick. Die Forschungshypothese, dass im Informatikunterricht zum Thema *Ablauf von Suchanfragen* mit der Unterrichtsmethode Leitprogramm ein höherer Lernerfolg erzielt wird als mit der Unterrichtsmethode reziprokes Lehren, kann zwar mit der vorliegenden Studie gestützt werden. Es darf jedoch nicht der Eindruck entstehen, dass das reziproke Lehren überhaupt erfolglos ist und somit im Informatikunterricht überhaupt nicht einzusetzen wäre.

Für Folgeuntersuchungen lässt sich hinsichtlich der Durchführung von reziprokem Lehren im informatischen Kontext anmerken, dass eine Digitalisierung der Arbeitsmaterialien mit einer denkbar höheren Motivation seitens der Schüler verbunden wäre.

Die Ergebnisse der vorliegenden Studie haben nur eine eingeschränkte externe Validität auf Grund der geringen Anzahl der teilnehmenden Schüler. Um validere Aussagen treffen zu können, sollte die Untersuchung in mehr als zwei Klassen durchgeführt werden. Weitere Untersuchungen könnten zusätzliche Kriterien mit einbeziehen, aus denen sich der Lernerfolg zusammensetzt, wie beispielsweise der Umgang mit Computer und Internet oder Selbstständigkeit beim Arbeiten.

6.2 Planspiel vs. Computersimulation am Lerngegenstand *Algorithmus*

Andreas Zendler und Dieter Klaudt

Fünf Gründe lassen sich anführen, warum das Schulfach Informatik immer wichtiger wird: (1) die Belegung des Fachs Informatik führt zu unterschiedlichen Karrierewegen, (2) Denkweisen der Informatik sind in anderen Fachdisziplinen wichtig, (3) Informatik ist wichtig für die Wirtschaft, (4) Informatik unterstützt andere Wissenschaften und stellt Verbindungen zu diesen her, (5) Informatik lehrt das Lösen von Problemen sowohl gesellschaftlicher als auch wissenschaftlicher Art (vgl. Ericson 2008).

Für das Jahr 2020 arbeitet der *Towards 2020 Science*-Report (Emmott 2006) die Bedeutung der Informatik an der Schnittstelle mit anderen Wissenschaften heraus und betont die fundamentale Rolle von Informatikkonzepten wie Algorithmus, Prozess, Programm/Daten in der Wissenschaft überhaupt: „Several fundamental computer science concepts are already on their way to becoming household names in science, and many more will follow.“ (Shapiro et al. 2006, S. 24) Für das Konzeptpaar Programm/Daten konkretisieren die Autoren die Rolle von Informatikkonzepten: „(…) we expect core computer science concepts on interchangeability of program and data (…) to prove essential for the full understanding of the role of DNA as programs and data.“ (Shapiro et al. 2006, S. 25)

6.2.1 Lerngegenstand

Das Spektrum von Inhalten für den Informatikunterricht reicht von Nutzerschulungen über Programmierkurse bis hin zur Bearbeitung theoretischer Aufgabenstellungen. Die Unsicherheit von Lehrpersonen zeigt sich darin, dass Inhalte an den aktuellen Entwicklungen der jeweiligen Zeit ausgerichtet werden und auf kurzlebiges Produktwissen zurückgegriffen wird

(Hartmann und Nievergelt 2002). Die auf diese Weise vermittelten Inhalte werden jedoch durch die rasante Entwicklung im IT-Bereich schnell obsolet. Schülerinnen und Schüler sollten vielmehr Inhalte und Kompetenzen im Informatikunterricht erwerben, die längerfristig relevant sind, die sie im Alltag gebrauchen können und die in gewisser Weise für das Fach repräsentativ sind (Hubwieser und Friedrich 1998; Hubwieser und Müller 2000). Die Inhalte, die im Informatikunterricht behandelt werden sollen, wurden bislang in der informatikdidaktischen Diskussion überwiegend über den Begriff der fundamentalen Idee diskutiert (Schwill 1994), der ursprünglich von (Bruner 1960) eingeführt wurde. Eine fundamentale Idee ist nach Schwill ein Denk-, Handlungs-, Beschreibungs- oder Erklärungsschema, das vier Kriterien genügt: Es muss in vielen Bereichen der Disziplin relevant sein (Horizontalkriterium). Es muss auf jedem intellektuellen Niveau vermittelt werden können (Vertikalkriterium). Es muss über einen größeren Zeitraum hinweg bedeutsam sein (Zeitkriterium). Überdies muss es einen Bezug zum Alltag und zur Lebenswelt besitzen (Sinnkriterium).

In der einschlägigen Literatur werden mehrere Kataloge von Grundkonzepten oder von fundamentalen Ideen der Informatik bereitgestellt (Nievergelt 1980; Dörfler 1984; Lockemann 1986; Nievergelt 1990; Baumann 1998; Denning 2003; Loidl et al. 2005; Hartmann et al. 2006; Wursthorn 2005). Die veröffentlichten Kataloge haben indes einige Nachteile, wenn sie unter Validitätsgesichtspunkten analysiert werden: (1) sie beruhen auf der Einschätzung nur einer oder weniger Personen, (2) sie sind nicht empirisch abgesichert, (3) sie beziehen sich nur auf Teilgebiete der Informatik.

Zentrale Informatikkonzepte

Im Forschungsprogramm der experimentellen Informatikdidaktik am Institut für Mathematik und Informatik der Pädagogischen Hochschule Ludwigsburg wurde den gerade besprochenen Nachteilen (1) bis (3) begegnet. Insbesondere in drei empirischen Untersuchungen wurden Ergebnisse erarbeitet, die auf der Einschätzung mehrerer Experten beruhen, die empirisch abgesichert sind und sich auf die Teilgebiete der Informatik beziehen.

1. Inhaltskonzepte

In einer ersten Untersuchung (Zendler und Spannagel 2008), die vor dem Hintergrund des Ansatzes *Structure of the Discipline* durchgeführt wurde, bewerteten 37 Informatikprofessoren 49 Inhaltskonzepte der Informatik. Die Inhaltskonzepte waren vorher auf der Basis einer Häufigkeitsanalyse des ACM Computing Classification System (1998 Version) selektiert worden. Die Bewertung der Inhaltskonzepte wurde hinsichtlich des Horizontalkriteriums, des Vertikalkriteriums, des Zeitkriteriums und des Sinnkriteriums vorgenommen. Unter Verwendung einer clusteranalytischen Auswertung wurden die folgenden 15 zentralen Inhaltskonzepte ermittelt: *algorithm, computer, data, problem, information, system, language, program, test, communication, software, process, model, computation* und *structure.*

2. Prozesskonzepte

In einer zweiten Untersuchung (Zendler et al. 2008), die aus dem Blickwinkel des Ansatzes *Process as Content* durchgeführt wurde, bewerteten 24 Informatikprofessoren 44 Prozesskonzepte nach denselben Kriterien wie in der ersten Untersuchung. Die zweite

Untersuchung wurde auch analog zu dieser ausgewertet. Die Prozesskonzepte stammten aus der Liste von Costa und Liebmann (1997d), deren umfassende Trilogie (Costa und Liebmann 1997a, b, c) eine Renaissance des Ansatzes von Parker und Rubin (1966) darstellt. Die nachfolgenden 16 zentralen Prozesskonzepte wurden bestimmt: *problem solving and problem posing, analyzing, generalizing, finding relationships, classifying, investigating, ordering, communicating, presenting, categorizing, finding cause-and-effect relationships, comparing, collaborating, creating and inventing, transferring* und *questioning.*

3. Kombinationen von Inhalts- und Prozesskonzepten

In der aktuellen didaktischen Diskussion wird heute die Integration der beiden Ansätze *Structure of the Discipline* und *Process as Content* für wesentlich gehalten. Vor dem Hintergrund dieser Ansätze wurde erkannt, dass das Zusammenspiel von Inhalts- und Prozesskonzepten einen besonderen Stellenwert einnehmen muss. Vor diesem Hintergrund bewerteten in einer dritten Untersuchung (Zendler et al. 2011) Informatikprofessoren 15 Inhaltskonzepte mit Bezug zu 16 Prozesskonzepte auf einer sechsstufigen Skala von 0 („keine Bedeutung") bis 5 („sehr große Bedeutung") vorgenommen. Abb. 6.9 veranschaulicht die Ergebnisse als so genannte *Blaue Matrix.*

Sie visualisiert die Mittelwerte der Inhaltskonzepte bezüglich der Prozesskonzepte.

Die Inhaltskonzepte mit den fünf höchsten Werten im Gesamtmittelwert sind: *problem (3,14), information (3,13), model (3,11), algorithm (3,04)* und *data (2,94)*; diejenigen mit den fünf niedrigsten Werten sind: *program (2,57), test (2,56), communication (2,55), language (2,46)* und *computer (2,21).*

Die Prozesskonzepte mit den fünf höchsten Werten im Gesamtmittelwert sind: *analyzing (3,93), classifying (3,10), problem solving and problem posing (3,06), categorizing (3,01)* sowie *investigating (2,98)*; diejenigen mit den fünf niedrigsten Werten sind: *transferring (2,53), communicating (2,50), presenting*[1] *(2,50), collaborating (2,32)* und *ordering (1,79).*

***Algorithmus* im Kompetenzbereich Modellbildung**

Für die 15 Inhaltskonzepte und die 16 Prozesskonzepte ergaben sich nach clusteranalytischer Bestimmung vier Kompetenzbereiche: Informationstechnologie mit den beiden Inhaltskonzepten *data* und *information*, Computerkommunikation und -kooperation mit den beiden Inhaltskonzepten *computer* und *communication*, Softwaretechnologie mit den sieben Inhaltskonzepten *process, language, computation, system, test, program, software* sowie Modellbildung mit den vier Inhaltskonzepten *problem, model, structure* und *algorithm.*

Das Algorithmuskonzept hat eine große Bedeutung in der Informatik, insbesondere in Kombination mit den Prozesskonzepten *analyzing, creating and inventing* sowie *problem solving and posing.*

Algorithmen sind Rechenvorschriften, die eine Größe oder eine Menge von Größen als Eingabe verwenden und eine Größe oder eine Mange von Größen als Ausgabe erzeugen (vgl. Cormen und Leiserson 2009).

---

[1] Communicating *und* presenting *haben denselben Wert.*

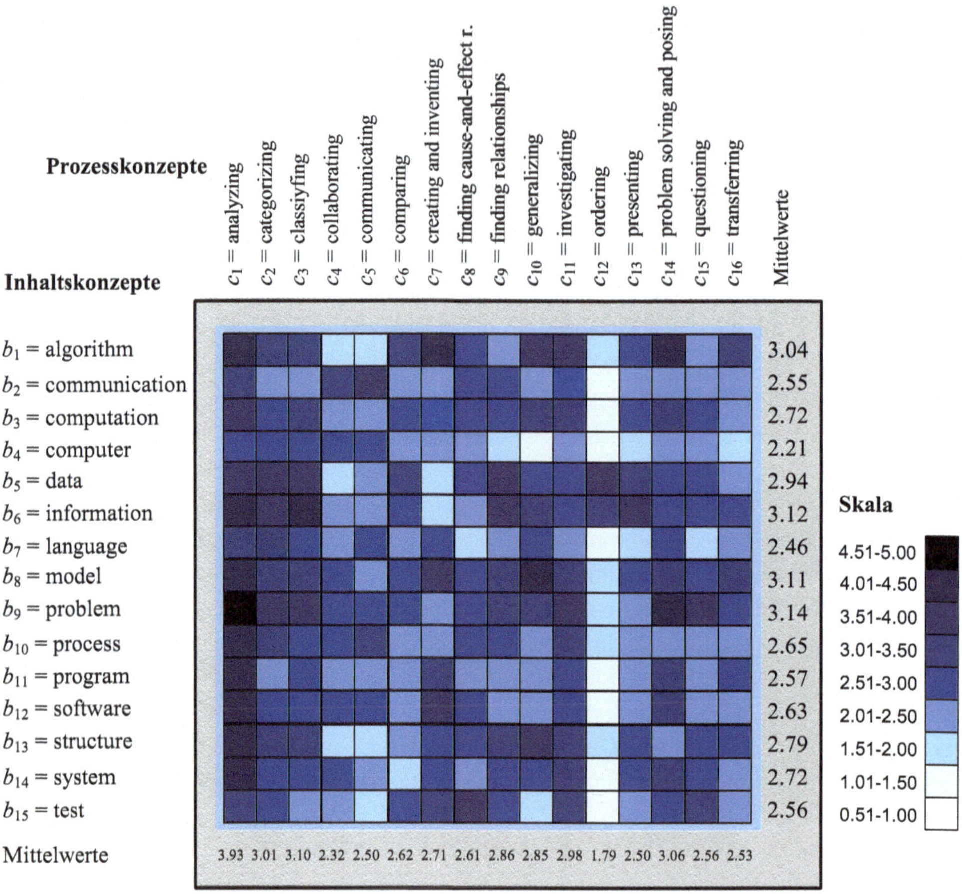

Abb. 6.9 Kombinationen von Inhalts- und Prozesskonzepten

Ist zum Beispiel eine Eingabefolge <31, 41, 59, 26, 63, 58> gegeben, so gibt ein Sortieralgorithmus die Folge <26, 31, 41, 58, 59, 63> als Ausgabe zurück.

Algorithmen lassen sich mit verschiedenen Notationsformen beschreiben, z. B. Pseudocode, Programmablaufplan, Programmcode, Nassi-Shneiderman-Diagramm. Die grundlegenden Bausteine von Algorithmen sind (die Bausteine sind in Nassi-Shneiderman-Notation visualisiert):

1. Sequenz: Folge von Anweisungen, die nacheinander abgearbeitet werden.

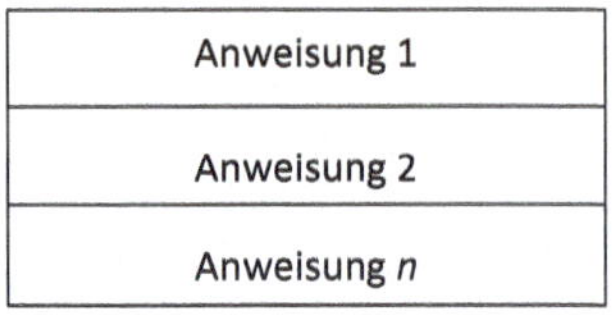

2. Verzweigung (zweiseitig): In Abhängigkeit von einer Bedingung wird entweder eine Anweisung(sfolge) 1 oder eine Anweisung(sfolge) 2 ausgeführt.

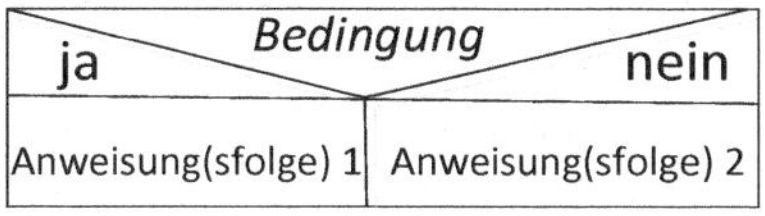

3. Iteration (mit vorangestellten Test): Eine Anweisung(sfolge) wird mehrfach wiederholt, solange eine Eingangsbedingung erfüllt ist.

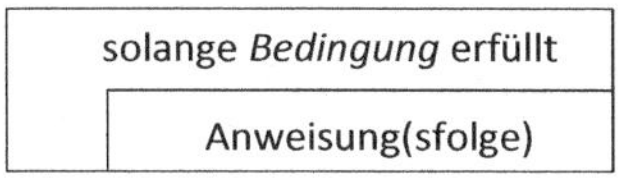

Die folgende Abb. zeigt den Sortieralgorithmus *Selection Sort* in der Notationsfom eines Nassi-Shneiderman-Diagramms; er benötigt die grundlegenden Bausteine eines Algorithmus: Sequenz, Verzweigung und Iteration.

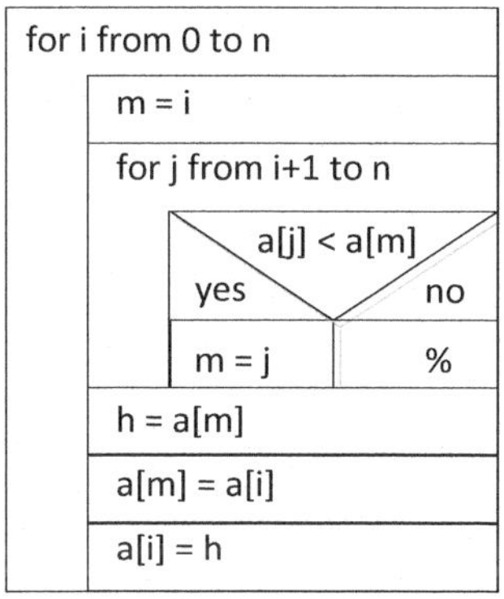

6.2.2 Fragestellung

Während für die meisten Unterrichtsfächer umfangreiche Standardwerke mit Methodenübersichten vorliegen, gibt es für die Informatikdidaktik kein solches Werk, das ausführlich den Einsatz von Unterrichtsmethoden für die Schule behandelt, weder in der deutsch- noch in der englischsprachigen Literatur.

Aktuell stellen Zendler und Klaudt (2014, 2016) eine Übersicht zu zwanzig Unterrichtsmethoden für den Informatikunterricht vor, welche im Einklang mit der Definition von Huber und Hader-Popp stehen, dass „unter Methode ein klar umrissener, begrifflich herauslösbarer, selbstständiger, wenn auch integrierter Bestandteil des Unterrichts verstanden (wird).“ (Huber und Hader-Popp 2007, S. 3)

Computersimulation und Planspiel sind zwei Unterrichtsmethoden, die empirisch oft untersucht wurden. Hattie (2009b) nennt unter der Kategorie *Simulationen & Simulationsspiele* acht Metaanalysen und 361 Einzeluntersuchungen. Für diese Kategorie gibt Hattie (2009b) relativ niedrige Effektgröße an ($d = 0{,}33$).

Für die Kategorie *Simulationen & Simulationsspiele* sind die empirischen Befunde uneinheitlich. VanSickle (1986) berichtet für diese Kategorie geringe Vorteile gegenüber Unterrichtsmethoden im Vorlesungsstil. Lernerfolge zur Entwicklung von Einstellungen konnten zum einen nachgewiesen werden (VanSickle 1986), zum anderen nicht (LeJeune 2002). In naturwissenschaftlichen Fächern zeigte LeJeune (2002), dass Lernerfolge das „tiefere Denken" („deeper thinking") (Hattie et al. 2013b, S. 271; Hattie 2009b, S. 231) betreffen, etwa die Fähigkeit, wissenschaftliche Fakten zu lernen oder wissenschaftliche Prozesse zu verstehen.

In der Studie von Hattie lassen sich in der Kategorie *Computerunterstützung* (Hattie et al. 2013b, S. 259–268, Tab. 17) Hinweise finden, dass das Geschlecht zu berücksichtigen sei, wenn computerunterstützt unterrichtet wird, allerdings werden keine konkreten Befunde genannt.

Allgemein zeigen die empirischen, dass Lernerfolge in den Kategorien *Simulationen & Simulationsspiele* sowie *Computerunterstützung* heterogen sind, wenn die Spezifika einzelner Unterrichtsmethoden nicht differenziert berücksichtigt werden. Dies unterstreichen auch die Ergebnisse zur Bewertung, wie Wissensprozesse durch die Unterrichtsmethoden Computersimulation und Planspiel unterstützt werden (vgl. oben).

Von Informatiklehrern haben die beiden Unterrichtsmethoden Computersimulation und Planspiel interessante Bewertungen erhalten, was die Unterstützung von Wissensprozessen (Aufbauen, Durcharbeiten, Anwenden, Übertragen, Bewerten, Integrieren) angeht (Zendler und Klaudt 2016). Die Unterrichtsmethode Computersimulation hat relativ hohe Bewertungen für die Wissensprozesse Aufbauen, Durcharbeiten Anwenden und Übertagen erhalten, während die Unterrichtsmethode Planspiel in der Bewertung dieser Wissensprozesse nicht gut abgeschnitten hat (vgl. Abb. 6.10).

Welche der beiden Unterrichtsmethoden im praktischen Unterrichtseinsatz tatsächlich lerneffektiv sind, lässt sich mit den Befunden und Einschätzungen nicht klären, auch nicht für den Informatikunterricht. Die vorliegende Studie konzentriert sich deshalb auf den

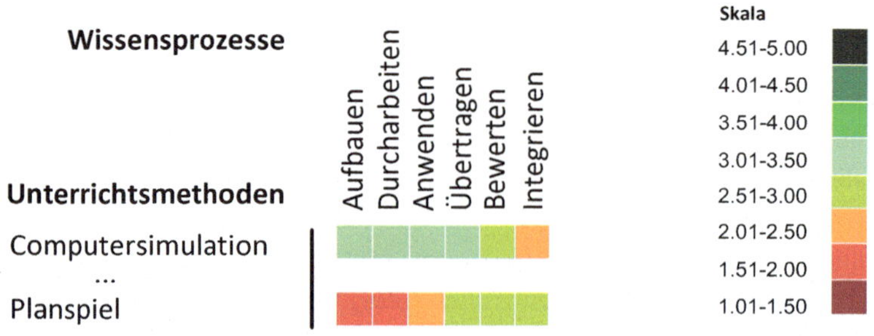

Abb. 6.10 Unterstützung von Wissensprozessen durch Computersimulation und Planspiel

empirischen Vergleich der Lernwirksamkeit beider Unterrichtsmethoden, um die Frage zu beantworten, wie lerneffektiv die beiden Methoden im konkreten Informatikunterricht sind.

Vor diesem Hintergrund verfolgt die vorliegende Studie folgende zwei Fragen zu klären:

Frage 1. Wie wirkt sich die Einführung neuer Lerninhalte zum Thema *Algorithmus* auf den Lernerfolg im Informatikunterricht aus, wenn die Lerninhalte mit Computersimulation bzw. mit einem Planspiel vermittelt werden?
Frage 2. Sind die Unterrichtsmethoden Computersimulation und Planspiel geschlechtsspezifisch einzusetzen, das heißt gibt es Unterschiede beim Lernerfolg, wenn Mädchen/Jungen mit der Unterrichtsmethode Computersimulation bzw. Planspiel unterrichtet werden?

Mit den aufgeworfenen Fragen sowie dem theoretischen Wissen und der empirischen Befunde, insbesondere wegen der Einschätzungen durch die Informatiklehrer zugunsten der Computersimulation, ist die folgende Forschungshypothese verbunden: „Im Informatikunterricht zum Thema *Algorithmus* wird unter Einsatz der Computersimulation ein höherer Lernerfolg erzielt als durch Einsatz des Planspiels".

6.2.3 Forschungsmethode

6.2.3.1 Versuchsdesign

Versuchsplan. Zur Überprüfung der Forschungshypothese wird ein SPF-2 × 2•2 Versuchsplan (Split Plot Factorial design, dreifaktorieller Versuchsplan mit Messwiederholungen für den Faktor *B*, siehe Abb. 6.11) eingesetzt (Kirk 2013). (1) Unter dem Faktor *A* werden die $p = 2$ Unterrichtsmethoden behandelt. (2) Faktor *B* ($q = 2$) repräsentiert den Lernzeitpunkt in der ersten Unterrichtsstunde bzw. in der dritten Unterrichtsstunde. (3) Faktor *C* ($r = 2$) repräsentiert das Geschlecht der Schüler. $s_1, \ldots, s_{4n}$ repräsentieren die einzelnen Schüler und Schülerinnen.

Unabhängige Variablen. Faktor *A* umfasst die Unterrichtsmethode, mit a_1 = Computersimulation, a_2 = Planspiel. Faktor *B* stellt den Lernzeitpunkt dar, mit: b_1 = in der ersten Unterrichtsstunde, b_2 = in der dritten Unterrichtsstunde. Faktor *C* repräsentiert das Geschlecht der Schüler: c_1 = männlich, c_2 = weiblich.

Abhängige Variablen. Für die Messung des Lernerfolgs wurde ein Testitem *Labyrinth* entwickelt, das Aussagen zu sieben Kriterien erlaubt. Die Kriterien beziehen sich auf: (1) while-Schleife, (2) if-Abfrage, (3) Genauigkeit, (4) Effizienz, (5) Endlichkeit, (6) Darstellung und (7) Fehler. Die maximale Punktzahl beträgt 9. Das Labyrinth selbst muss ohne Vorwissen und Hinweise beschrieben werden können. Dazu gehört, dass der Start- und Zielpunkt eindeutig erkennbar sein müssen (vgl. Abb. 6.12).

Poweranalyse. Mit einer Poweranalyse vom Typ II – *N* als Funktion von Power ($1-\beta$), Δ und α – wird die Stichprobengröße für den SPF-2 × 2•2 Versuchsplan (Mueller und

	b_1	b_2
a_1c_1	s_1 … s_n	s_1 … s_n
a_1c_2	s_{n+1} … s_{2n}	s_{n+1} … s_{2n}
a_2c_1	s_{2n+1} … s_{3n}	s_{2n+1} … s_{3n}
a_2c_2	s_{3n+1} … s_{4n}	s_{3n+1} … s_{4n}

A = Unterrichtsmethode
a_1 = Computersimulation
a_2 = Planspiel

B = Lernzeitpunkt
b_1 = in der ersten Unterrichtsstunde
b_2 = in der dritten Unterrichtsstunde

C = Geschlecht
c_1 = männlich
c_2 = weiblich

Abb. 6.11 Layout des verwendeten SPF-2 × 2•2 Versuchsplans

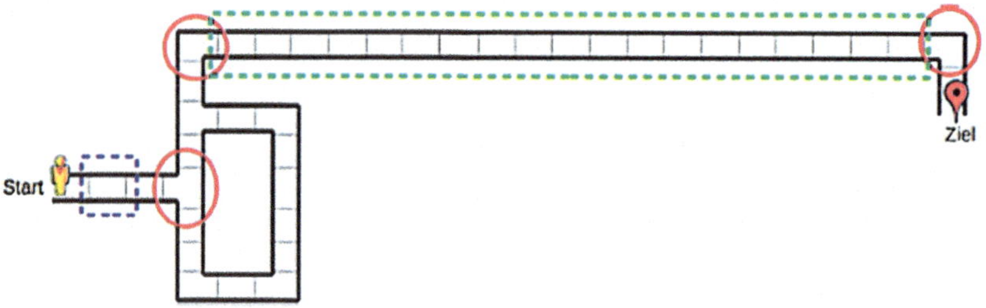

Abb. 6.12 Testitem *Labyrinth*

Barton 1989; Mueller et al. 1992) ermittelt: Die gewünschte Power ($1-\beta$) sei 0,99, nur große Effekte ($\Delta = 0{,}80$) bezogen auf die abhängige Variable werden als bedeutsam eingestuft, das Signifikanzniveau sei $\alpha = 0{,}05$. Dann benötigte man eine Gesamtstichprobe von ca. $N^* = 44$ Lernenden ($n_1^* = 22$ Lernende unter a_1, $n_2^* = 22$ Lernende unter a_2), wenn man die Powerberechnungen aus PASS 13 (NCSS 2017) mit Bezug zu ε-korrigierten F-Tests heranzieht (Mueller und Barton 1989; Mueller et al. 1992).

Operationale Testhypothese. Vor dem Hintergrund des Versuchsplans, der Festlegung der unabhängigen und der abhängigen Variablen lässt sich die operationale Testhypothese wie folgt formulieren:

„Im Informatikunterricht zum Thema *Algorithmus* wird unter Einsatz der Computersimulation ein höherer Lernerfolg erzielt als durch Einsatz des Planspiels, operationalisiert durch die auf einer neunstufigen Punkteskalen vorgenommene Testitembewertung mit Kriterien zu (1) while-Schleife, (2) if-Abfrage, (3) Genauigkeit, (4) Effizienz, (5) Endlichkeit, (6) Darstellung und (7) Fehler.“

6.2.3.2 Versuchsdurchführung

Der Unterricht wurde an der Realschule FES (Freie Evangelische Schule) Heidenheim in zwei Klassen der Klassenstufe 7 durchgeführt. Die zwei Klassen bestanden aus etwa 4 gleich großen Gruppen: In der Klasse 7b lernen 10 Schüler und 8 Schülerinnen unter Einsatz der Computersimulation; in der Klasse 7a lernen 9 Schüler und 11 Schülerinnen unter Einsatz des Planspiels.

Die FES Heidenheim hat sich explizit dafür entschieden, Informatik als eigenständiges Fach für alle Klassenstufen einzurichten; es wird eine Schulstunde pro Woche unterrichtet.

Für das Unterrichtsthema ist die Zielformulierung im Bildungsstandard Baden-Württemberg im Rahmen der informationstechnischen Grundbildung Ausgangspunkt: „Die Schülerinnen und Schüler können … Algorithmen und Kalküle zum Lösen von Standardaufgaben reflektiert einsetzen, … mit einem einfachen Programm-Algorithmus ein Problem lösen." (Ministerium für Kultus, Jugend und Sport des Landes Baden-Württemberg 2004, S. 195)

Bezug zur Gegenwart und Zukunft der Schüler

Laut der KIM-Studie (Medienpädagogischer Forschungsverbund Südwest 2014) ist Kindern im Alter von 12 bis 13 Jahren der Computer im Alltag so wichtig, dass 51 % nicht darauf verzichten wollten. Die Nutzung beschränkt sich oft auf soziale Netzwerke (inkl. Nachrichtensysteme wie WhatsApp) und Spiele. Die Kinder sind damit ständig von Algorithmen umgeben, ohne genauere Kenntnis darüber zu besitzen. Problematisch wird es hierbei, wenn technische Probleme auftreten.

Algorithmen kommen nicht nur bei informationstechnischen Geräten vor, sondern begegnen den Schülern bei vielen alltäglichen Dingen, wie etwa bei Bedienungsanleitungen, Kochrezepten, dem Spielen einer Melodie, dem Zähneputzen oder bei dem Lösen einer Mathematikaufgabe. Auch in ihrem späteren Leben werden die Schüler nicht an Algorithmen vorbeikommen. Neben Alltagsalgorithmen werden die Schüler später in fast jedem Beruf mit Handlungsanweisungen konfrontiert werden.

Man kann feststellen, dass das Thema Algorithmen weder nur Vorbereitung auf das Berufsleben ist, noch alleinig den persönlichen Alltag betrifft. Algorithmen sind in beiden Lebensbereichen wichtig und werden in Zukunft an Bedeutung gewinnen.

Unterricht mit drei Unterrichtsstunden

Der Unterricht in den beiden Klassen besteht jeweils aus drei Unterrichtsstunden. Der Unterrichtsinhalt für beide Klassen ist gleich, hat denselben Aufbau und die gleichen Bedingungen, abgesehen davon, dass er mit Hilfe unterschiedlicher Unterrichtsmethoden vermittelt wurde.

Erste Unterrichtsstunde. In der ersten Unterrichtsstunde stellte sich die Lehrperson vor und ließ die Schüler und Schülerinnen einen Fragebogen mit persönlichen Angaben ausfüllen. Mittels des Testitems (vgl. Abb. 6.13) konnte der Kompetenzstand zu Algorithmen bei jedem einzelnen Schüler abgefragt werden.

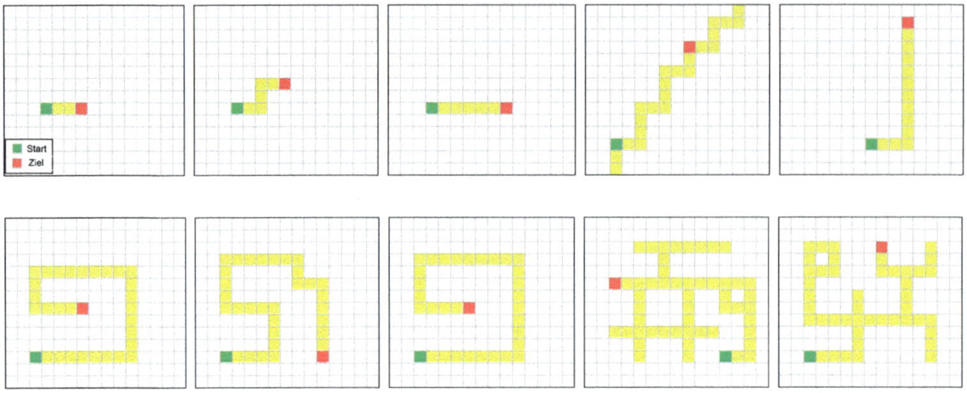

Abb. 6.13 Labyrinthe 1 bis 10

Zweite Unterrichtsstunde. Die zweite Unterrichtsstunde behandelte das zentrale Informatikkonzept Algorithmus. Dies wurde der Klasse 7b mit Hilfe der Unterrichtsmethode Computersimulation vermittelt, der Klasse 7a mit Hilfe der Unterrichtsmethode Planspiel. Im Unterricht der beiden Klasse wurden 10 Labyrinthe (vgl. Abb. 6.13) eingesetzt. In diesen Labyrinthen musste für ein Objekt der Weg von Start zum Ziel durch einen Algorithmus unter Verwendung der Bausteine Sequenz, Bedingung und Iteration beschrieben werden.

Dritte Unterrichtsstunde. In der dritten Informatikstunde fragte die Lehrperson zunächst durch einen abschließenden Fragebogen mit den Testitems den Lernerfolg zum Thema Algorithmus ab und führte die Schüler anschließend weiter in das Thema Algorithmus ein.

6.2.3.3 Durchführung des Unterrichts mit Computersimulation

Die Unterrichtsstunde wird analog zu den in Abschn. 2.1 beschriebenen Schritten der Computersimulation durchgeführt. Der Unterricht für die Klasse 7b wurde im IT-Raum durchgeführt. Das Simulationsprogramm „Blockly-Spiele:Labyrinth" (siehe Abb. 6.14) war auf allen Computern als Startseite des Webbrowsers eingerichtet.

Die Lehrperson stellte das Programm mit dem Aufbau kurz vor und erklärte die Aufgabe. Die Schüler arbeiteten daraufhin die einzelnen Labyrinth-Aufgaben Schritt für Schritt durch. Die bei der Computersimulation verwendeten Labyrinthe und Programmbausteine waren identisch zu denen des Planspiels. Begleitet wurden die Schüler am Computer durch das Programm, das neue Bausteine immer durch einen Hinweistext vorstellte und bei schwierigen Aufgaben nach mehreren Fehlversuchen einen Lösungshinweis gab. Die Möglichkeit, dass Schüler sich gegenseitig ihre Lösungen vorstellten, wurde eingeräumt. Somit entstanden teilweise Gruppen bis zu drei Personen die zusammenarbeiteten.

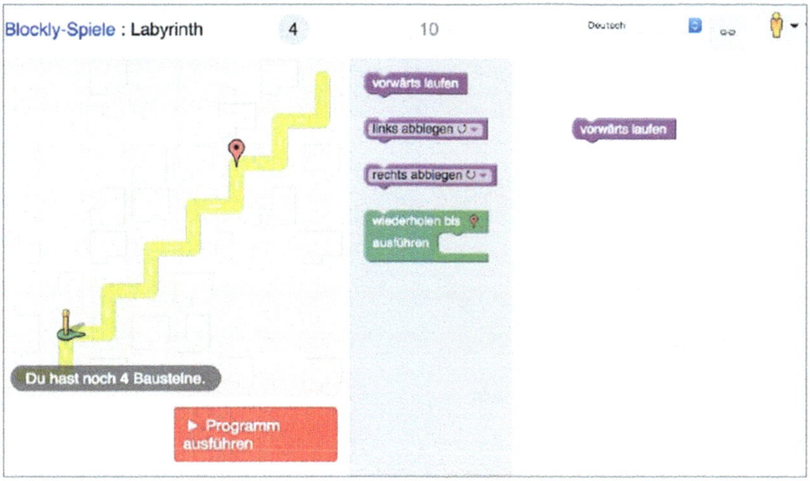

Abb. 6.14 Simulationsprogramm „Blockly-Spiele:Labyrinth"

Die Klasse 7b war am Ende der Unterrichtsstunde bei Labyrinth 9 angelangt. Einzelne Schüler bearbeiteten bereits Labyrinth 10.

6.2.3.4 Durchführung des Unterrichts mit Planspiel

Die Unterrichtsstunde wird analog zu den in Abschn. 2.13 beschriebenen Schritten zum Planspiel konzipiert. Der Unterricht der Klasse 7a fand in dem Foyer der Schule statt. Vorbereitend waren mehrere Labyrinthe auf dem Boden mit DIN A4 Blättern ausgelegt (siehe Abb. 6.15).

Weiterhin war eine mobile Pinnwand aufgebaut, auf der der Programmcode mit verschiedenen Bausteinen zusammengestellt werden konnte. Die beim Planspiel verwendeten Labyrinthe und Programmbausteine waren identisch zu denen des Planspiels. Die Bausteine waren von der Form, Farbe und Beschriftung identisch zu den Bausteinen der Computersimulation.

Der Unterricht bestand aus einer einführenden und vertiefenden Phase, die sich beide immer wieder abwechselten. Die erste Phase bestand darin, mit der gesamten Klasse neue Programmanweisungen kennenzulernen. Dabei stellte die Lehrperson neue Bausteine vor. Die gesamte Klasse versuchte mit den verfügbaren Bausteinen den Algorithmus der Pinnwand zusammenzustellen. Ein Schüler durfte dabei die Rolle des Roboters „Blockly" einnehmen und das Programm auf dem ausgelegten Labyrinth durchspielen. Die Lehrperson achtete darauf, dass „Blockly" die Handlungen gemäß des erstellten Algorithmus durchführt. Mögliche Fehler im Algorithmus wurden dabei bewusst durchgespielt, damit die Schüler durch die Fehler lernen und ihr Programm verbessern konnten.

In der zweiten Phase wurden Gruppen gebildet, die mit einem Spielplan und Spielfiguren weitere Labyrinth-Aufgaben lösen mussten. Dabei durften immer nur die bereits kennengelernten Programmierbausteine verwendet werden. Jedes Labyrinth besaß eine maximale Anzahl an Bausteinen, die für die Lösung verwendet werden durften. Die Begrenzung der

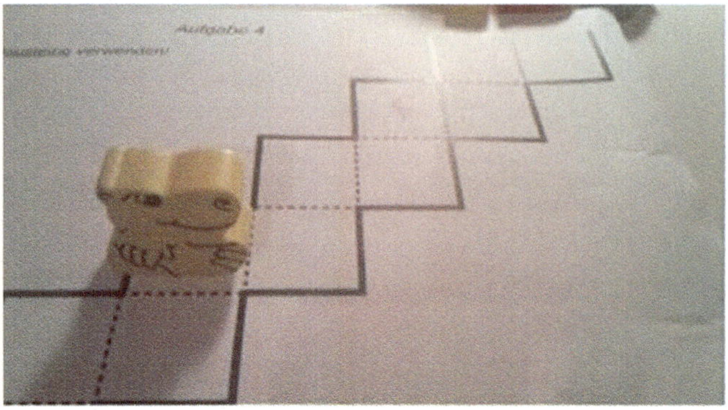

Abb. 6.15 Labyrinth aus DIN A4 Blättern

einsetzbaren Bausteine ist auch in der Computersimulation vorhanden. Die Lösungen der Gruppen wurden jeweils der Lehrperson vorgestellt und dadurch kontrolliert. Teilweise wurden Aufgaben aus der Gruppenphase auch nochmal mit der gesamten Klasse durchgesprochen.

Die Klasse 7a war am Ende der Unterrichtsstunde bei Labyrinth 8 angelangt.

6.2.4 Ergebnisse

Tab. 6.9 enthält den Datensatz zum SPF-2 × 2•2 Versuchsplan mit n_{11} = 10 Schülern und n_{12} = 8 Schülerinnen, n_{21} = 9 Schülern und n_{22} = 11 Schülerinnen. Von jedem Schüler werden 2 Datensätze erhoben: zum Lernerfolg bezüglich des Informatikkonzeptes Algorithmus. In der Tabelle sind die Mittelwerte und die Standardfehler der Mittelwerte enthalten.

6.2.4.1 Befunde zum Lernerfolg

Die Ergebnisse zum Lernerfolg veranschaulicht Abb. 6.16. Sie zeigt Mittelwerte des Datensatzes aus Tab. 6.9 sowie 95 %-Konfidenzintervalle. Es fällt auf, dass mit der Unterrichtsmethode Planspiel höhere Lernerfolge erzielt wurden als mit Computersimulation, insbesondere gilt dies eher für Schüler als für Schülerinnen. Die Lernerfolge sind für beide Unterrichtsmethoden relativ heterogen; dies zeigen die 95 %-Konfidenzintervalle.

6.2.4.2 Statistische Auswertung

Zur statistischen Überprüfung, ob durch Einsatz von Computersimulation ein höherer Lernerfolg erzielt werden kann als durch Einsatz des Planspiels, werden sieben statistische Hypothesen formuliert, die auf dem Signifikanzniveau von $\alpha = 0{,}05$ geprüft werden.

Statistische Hypothesen. Die sieben Nullhypothesen lauten:

Tab. 6.9 Datensatz zum SPF-2 × 2•2 Versuchsplan

		b_1	b_2			b_1	b_2
	s_1	2	2		s_{11}	2	2
	s_2	3	3		s_{12}	2	2
	s_3	2	2		s_{13}	2	0
	s_4	2	1		s_{14}	1	5
	s_5	2	2		s_{15}	3	4
	s_6	2	2		s_{16}	3	2
a_1c_1	s_7	3	3	a_1c_2	s_{17}	2	1
	s_8	7	6		s_{18}	3	3
	s_9	2	5				
	s_{10}	0	0				
	$\bar{x}$	2.5	2.6		$\bar{x}$	2.3	2.4
	$s_{\bar{x}}$	.38	.62		$s_{\bar{x}}$	.42	.70
		b_1	b_2			b_1	b_2
	s_{19}	0	7		s_{28}	2	3
	s_{20}	2	2		s_{29}	3	2
	s_{21}	2	9		s_{30}	1	3
	s_{22}	2	8		s_{31}	2	3
	s_{23}	2	9		s_{32}	3	3
	s_{24}	2	6		s_{33}	3	2
a_2c_1	s_{25}	2	7	a_2c_2	s_{34}	1	5
	s_{26}	2	1		s_{35}	2	5
	s_{27}	4	3		s_{36}	0	3
					s_{37}	2	4
					s_{38}	2	4
	$\bar{x}$	2.0	5.8		$\bar{x}$	1.9	3.4
	$s_{\bar{x}}$	.40	.66		$s_{\bar{x}}$	.36	.59

A = Unterrichtsmethode
a_1 = Computersimulation
a_2 = Planspiel

B = Zeitpunkt
b_1 = in der ersten Unterrichtsstunde
b_2 = in der dritten Unterrichtsstunde

C = Geschlecht
c_1 = männlich
c_2 = weiblich

Abhängige Variable:
Lernerfolg zum Konzept *Algorithmus*
(maximale Punktzahl: 9)

i) der Mittelwert (Lernerfolg) der Unterrichtsmethode μ_1 unter a_1 (Computersimulation) ist kleiner gleich dem Mittelwert (Lernerfolg) der Unterrichtsmethode a_2 (Planspiel), das heißt:

$$H_0^A : \mu_1 \leq \mu_2 \left(H_1^A : \mu_1 > \mu_2\right);$$

ii) der Mittelwert (Lernerfolg) der Unterrichtsmethoden μ_1 unter b_1 (in der ersten Unterrichtsstunde) ist größer gleich dem Mittelwert (Lernerfolg) μ_2 unter b_2 (in der dritten Unterrichtsstunde), das heißt:

$$H_0^B : \mu_1 \geq \mu_2 \left(H_1^B : \mu_1 < \mu_2\right);$$

iii) die Mittelwerte (Lernerfolg) der Unterrichtsmethoden μ_1 unter c_1 (männlich) und μ_2 unter c_2 (weiblich) sind gleich, das heißt:

$$H_0^C : \mu_1 = \mu_2 \left(H_1^C : \mu_1 \neq \mu_2\right);$$

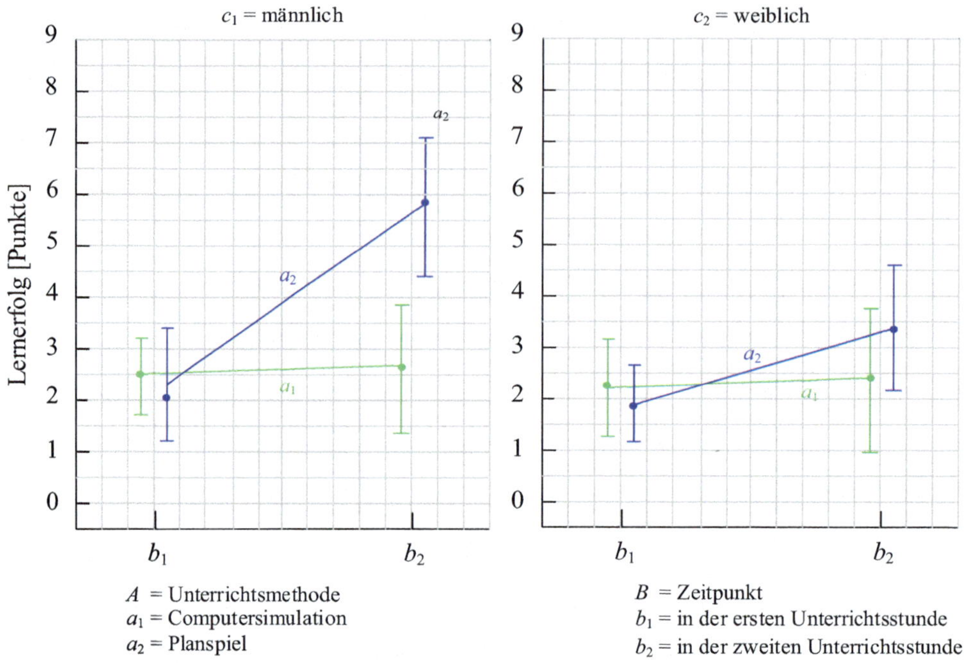

Abb. 6.16 Mittelwerte und 95 %-Konfidenzintervalle zum Lernerfolg

iv) die Mittelwerte (Lernerfolg) der Unterrichtsmethoden $\mu_{1\cdot1}$, $\mu_{1\cdot2}$, $\mu_{2\cdot1}$, $\mu_{2\cdot2}$ unter den 2 • 2 Stufen der Faktorkombinationen $A \cdot B$ sind gleich, das heißt:

$$H_0^{A\cdot B}: \mu_{1\cdot1} = \mu_{1\cdot2} = \mu_{2\cdot1} = \mu_{2\cdot2} \left(H_1^{A\cdot B}: \mu_{1\cdot1} \neq \mu_{1\cdot2} \neq \mu_{2\cdot1} \neq \mu_{2\cdot2}\right);$$

v) die Mittelwerte (Lernerfolg) der Unterrichtsmethoden $\mu_{1\times1}$, $\mu_{1\times2}$, $\mu_{2\times1}$, $\mu_{2\times2}$ unter den 2 × 2 Stufen der Faktorkombinationen $A \times C$ sind gleich, das heißt:

$$H_0^{A\times C}: \mu_{1\times1} = \mu_{1\times2} = \mu_{1\times2} = \mu_{2\times2} \left(H_1^{A\times C}: \mu_{1\times1} \neq \mu_{1\times2} \neq \mu_{1\times2} \neq \mu_{2\times2}\right);$$

vi) die Mittelwerte (Lernerfolg) der Unterrichtsmethoden $\mu_{1\cdot1}$, $\mu_{1\cdot2}$, $\mu_{2\cdot1}$, $\mu_{2\cdot2}$ unter den 2 • 2 Stufen der Faktorkombinationen C • B sind gleich, das heißt:

$$H_0^{C\cdot B}: \mu_{1\cdot1} = \mu_{1\cdot2} = \mu_{2\cdot1} = \mu_{2\cdot2} \left(H_1^{C\cdot B}: \mu_{1\cdot1} \neq \mu_{1\cdot2} \neq \mu_{2\cdot1} \neq \mu_{2\cdot2}\right);$$

vii) die Mittelwerte (Lernerfolg) der Unterrichtsmethoden $\mu_{1\times1\cdot1}$, $\mu_{1\times1\cdot2}$, …, $\mu_{2\times2\cdot2}$ unter den 2 × 2 • 2 Stufen der Faktorkombinationen $A \times C \cdot B$ sind gleich, das heißt:

$$H_0^{A\times C\cdot B}: \mu_{1\times1\cdot1} = \mu_{1\times1\cdot2} = \ldots = \mu_{2\times2\cdot2} \left(H_1^{A\times C\cdot B}: \mu_{1\times1\cdot1} \neq \mu_{1\times1\cdot2} \neq \ldots \neq \mu_{2\times2\cdot2}\right).$$

Prüfung der Voraussetzungen. Für die varianzanalytische Auswertung eines SPF-2 × 2•2 müssen Daten normalverteilt und varianzhomogen sein. Die Normalverteilung wurde mit dem Shapiro-Wilk-Test und die Varianzhomogenität mit dem Levene-Test geprüft. Beide Tests lieferten bis auf einzelne Ausnahmen keine signifikanten Ergebnisse ($p > 0{,}05$): die Daten werden deshalb varianzanalytisch ausgewertet.

Tab. 6.10 enthält die varianzanalytischen Ergebnisse für den Lernerfolg.

Die Prüfgröße zur Überprüfung des Haupteffektes *A* (Computersimulation gegenüber Planspiel) ist auf dem α-Niveau von 0,05 signifikant ($F_{1,34} = 4{,}39$, $p < 0{,}04$), das heißt, die entsprechende H_0^A wird zugunsten der H_1^A abgelehnt: Mit der Unterrichtsmethode Planspiel wird ein größerer Lernerfolg erzielt als mit der Unterrichtsmethode Computersimulation.

Die Prüfgröße zur Überprüfung des Haupteffektes *B* (in der ersten Unterrichtsstunde gegenüber in der ersten Unterrichtsstunde) ist auf dem α-Niveau von 0,05 signifikant ($F_{1,34} = 15{,}00$, $p < 0{,}01$), das heißt, die entsprechende H_0^B wird zugunsten von H_1^B verworfen: Zum zweiten Lernzeitpunkt wird ein höherer Lernerfolg erzielt.

Die Prüfgröße zur Überprüfung des Haupteffektes *C* (Jungen gegenüber Mädchen) ist auf dem α-Niveau von 0,05 nicht signifikant ($F_{1,34} = 3{,}53$, $p < 0{,}07$), das heißt, die entsprechende H_0^C wird nicht verworfen: Jungen und Mädchen unterscheiden sich nicht, was den Lernerfolg angeht.

Die Prüfgröße zur Überprüfung der *A* × *C*-Interaktion (Unterrichtsmethode × Geschlecht) ist auf dem α-Niveau von 0,05 nicht signifikant ($F_{1,34} = 1{,}64$, $p < 0{,}21$), das heißt, die entsprechende $H_0^{A \times C}$ wird nicht verworfen: Die Unterrichtsmethoden unterscheiden sich nicht, was den Lernerfolg angeht, bezogen auf das Geschlecht.

Die Prüfgröße zur Überprüfung der *A* • *B*-Interaktion (Unterrichtsmethode • Lernzeitpunkt) ist auf dem α-Niveau von 0,05 signifikant ($F_{1,34} = 12{,}63$, $p < 0{,}01$), das heißt, die entsprechende $H_0^{A \bullet B}$ wird verworfen: Die Unterrichtsmethode Computersimulation im Vergleich zur Unterrichtsmethode Planspiel unterscheidet sich, was den Lernerfolg angeht, bezogen auf die Lernzeitpunkte.

Tab. 6.10 Varianzanalyse für den Lernerfolg zum Informatikkonzept *Algorithmus*

Quelle der Variation	*SS*	*df*	*MS*	*F*	*p*	η^2
Zwischen						
A (Unterrichtsmethode)	12,95	1	12,95	4,39	<0,04	0,114
C (Geschlecht)	10,40	1	10,40	3,53	<0,07	0,094
A × C	4,83	1	4,83	1,64	<0,21	0,046
Fehler	100,26	34	2,95			
Innerhalb						
B (Lernzeitpunkt)	34,87	1	34,87	15,00	<0,01	0,306
A • B	29,36	1	29,36	12,63	<0,01	0,271
C • B	6,19	1	6,19	2,66	<0,11	0,073
A × C • B	6,46	1	6,46	2,78	<0,11	0,076
Fehler	79,03	34	2,32			

Die Prüfgröße zur Überprüfung der $C \bullet B$-Interaktion (Geschlecht • Lernzeitpunkt) ist auf dem α-Niveau von 0,05 nicht signifikant ($F_{1,34} = 2{,}66$, $p < 0{,}11$), das heißt, die entsprechende $H_0^{C \bullet B}$ wird nicht verworfen: Mädchen und Jungen unterscheiden sich nicht, was den Lernerfolg angeht, bezogen auf die Lernzeitpunkte.

Die Prüfgröße zur Überprüfung der $A \times C \bullet B$-Interaktion (Unterrichtsmethode × Geschlecht • Lernzeitpunkt) ist auf dem α-Niveau von 0,05 nicht signifikant ($F_{1,34} = 2{,}78$, $p < 0{,}11$), das heißt, die entsprechende $H_0^{A \times C \bullet B}$ wird nicht verworfen: Die Unterrichtsmethode Lernen durch Lehren im Vergleich zur Kontrollgruppe unterscheidet sich nicht, was den Lernerfolg angeht, bezogen auf Geschlecht und Lernzeitpunkte.

6.2.5 Diskussion

Das Hauptergebnis der vorliegenden Untersuchung besteht darin, dass die Forschungshypothese, im Informatikunterricht zum Thema *Algorithmus* werde durch Einsatz der Computersimulation ein höherer Lernerfolg erzielt als durch das Einsatz des Planspiels, verworfen werden muss. Die Befunde stellen ein wichtiges Ergebnis zur Ergänzung des Wissens über die Lerneffektivität von Unterrichtsmethoden im Informatikunterricht dar. Sie erweitern die Erkenntnisse von VanSickle (1986), LeJeune (2002), Hattie (2009b) sowie von Zendler und Klaudt (2016).

Frage 1 kann somit dahingehend beantwortet werden, dass sich die Einführung neuer Lerninhalte zum Thema *Algorithmus* mit der Unterrichtsmethode Planspiel besser vermittelt lässt als mit der Unterrichtsmethode Computersimulation

Mit der Unterrichtsmethode Planspiel wurden höhere Lernerfolge bei Schülern im Vergleich zu Schülerinnen erzielt (, wenn auch nicht signifikant). Damit ergibt sich als Antwort auf Frage 2, dass es vorteilhaft sein kann, die beiden Unterrichtsmethoden geschlechtsspezifisch einzusetzen. Insbesondere unter Einsatz des Planspiels lassen sich bei Jungen bessere Lernerfolge erzielen.

Für das relativ schlechte Abschneiden der Unterrichtsmethode Computersimulation können mehrere Erklärungen herangezogen werden. Zum einen wurde in der Durchführung der Methode zu wenig Wert auf den Schritt *Erweiterung der Wissensbasis* gelegt. Diese müsste viel stärker mit einer Präsentation und Reflexion der Lösungswege verbunden werden. Dadurch kann sichergestellt werden, dass die Schüler den Schritt nicht einfach übergehen. Zum anderen konnte beobachtet werden, dass die Schüler Handlungsanweisungen und Feedback des Programmes oftmals übersprungen hatten. Dadurch erschlossen sich neu eingeführte Programmierbausteine den Schülern nicht. In der Unterrichtsstunde wirkte sich das dadurch aus, dass sehr viele Schüler einfach nur verschiedene Kombinationen der Programmierbausteine ausprobierten, ohne den Algorithmus selbst verstehen zu wollen. Beim Planspiel konnte dagegen die Lehrperson in der *Konsultationsphase* direkt auf falsche Algorithmen hinweisen, Fehler anschaulich darstellen und Hinweise geben.

Die Untersuchung zeigt ein der Forschungshypothese entgegengesetztes Ergebnis, dass sich kein Lernerfolg einstellt, wenn mit der Computersimulation unterrichtet wird. Trotz dieses Ergebnisses darf daraus nicht geschlossen werden, dass die Methode Computersimulation erfolglos ist und somit keinen Platz im Informatikunterricht bekommen sollte.

Die Untersuchung von Zendler und Klaudt (2016) zeigt, dass die Methode Planspiel bislang von Informatiklehren ungünstig bewertet wurde. Das Ergebnis der vorliegenden Studie zeigt jedoch, dass sich mit der Unterrichtsmethode Planspiel gute Lernerfolge bei Schülerinnen und Schülern erzielen lassen.

Die Befunde einschränkend – der notwendige Stichprobenumfang in Bezug zu den poweranalytischen Berechnungen wurde nicht erreicht – muss festgehalten werden, dass die Ergebnisse wegen des kleinen Stichprobenumfangs eine geringe externe Validität besitzen. In nachfolgenden Arbeiten sollte versucht werden, die erhaltenen Befunde in anderen Kontexten des Informatikunterrichts mit größerem Stichprobenumfang zu prüfen, um zu gesicherten Empfehlungen für den Einsatz der Computersimulation und des Planspiels in der unterrichtlichen Praxis zu kommen.

6.3 Direkte Instruktion vs. WebQuest am Lerngegenstand *Information*

Katrin Klein, Dieter Klaudt und Andreas Zendler

Das 21. Jahrhundert – auch Informationszeitalter genannt – zeichnet sich durch eine stetig steigende Digitalisierung in allen Bereichen unseres Lebens aus. Vormals analoge Produkte werden nach und nach durch digitale Nachfolger abgelöst. Diese Entwicklung macht auch vor den Klassenzimmern nicht halt. Klassische Tafeln und Tageslichtprojektoren werden beispielsweise immer häufiger durch digitale Whiteboards abgelöst. Ein Besuch auf der Bildungsmesse *didacta* bestätigt, dass wir uns in einem solchen Umbruch befinden.

Als „modernes“ Medium zur Verbreitung von Informationen hat sich das Internet etabliert und durchdringt immer stärker unseren Alltag. Auf der Suche nach Informationen ist das Internet inzwischen häufig die erste Wahl. Die gesuchten Antworten sind meist nur wenige Mausklicks entfernt. Doch nicht alle Antworten erweisen sich auch als „wahr“. Die Recherche über das Internet ist mit neuen Herausforderungen und Kompetenzen verbunden. Beispielsweise wird uns deutlich mehr Differenzierungsvermögen abverlangt.

Mit dem Internet wandelt sich nicht nur die Art der Informationsbereitstellung, -verteilung und -gewinnung, sondern auch das Nutzungsverhalten der Menschen. Beispielsweise werden Informationen nicht mehr nur auf aktiven Abruf, wie beim Zeitung lesen oder Fernsehschauen, sondern immer öfter ohne explizierten Abruf in Echtzeit an die Menschen verteilt, wie über Push-Benachrichtigungen von sozialen Netzwerken über das Smartphone.

6.3.1 Lerngegenstand

Eine komfortable Möglichkeit, schnell auf Informationen zu navigieren, stellen so genannte Quick Response Codes (QR-Codes) dar (Abb. 6.17). QR-Codes sind eine Weiterentwicklung der Barcodes. Sie können im Gegensatz zu herkömmlichen Barcodes sowohl horizontal als auch vertikal Informationen enthalten (Hartz 2008; Schrödter 2014). Dadurch haben QR-Codes eine flexible und hohe Kapazität. Entwickelt wurde der QR-Code 1994 von der japanischen Firma Denso, einer Tochtergesellschaft von Toyota (Weber 2017).

QR-Codes kommen immer häufiger zum Einsatz, auf Visitenkarten, Werbeplakaten, Fahr-plänen oder auf Lebensmittelverpackungen. Um sie zu lesen bzw. zu scannen sind keine Spezialgeräte notwendig. Dank passender Apps können Smartphones solche QR-Codes (aus)lesen. Die Handykamera wird so zum QR-Codescanner.

Es können verschiedene Daten hinter einem QR-Code hinterlegt werden, zum Beispiel: Internetadressen, Bilder, einfache Texte, Kontaktdaten und Kalendereinträge (goQR.me 2017).

Die App auf dem Smartphone wertet nach dem Scannvorgang das jeweilige Muster aus und erkennt, um welche Form der Information es sich bei dem QR-Code handelt. Bei Internetadressen beispielsweise erfolgt eine Weiterleitung auf den jeweiligen Internetlink, da dieser im QR-Code hinterlegt ist. Das lästige Abtippen von langen Webadressen entfällt somit, was einen großen Vorteil der QR-Codes darstellt. Auch Kontaktdaten lassen sich auf diese Weise nach dem Scannen gleich im Smartphone einspeichern.

Zudem besitzt der QR-Code eine sogenannte Fehlerkorrektur. Der QR-Code ist dadurch selbst dann noch lesbar, wenn bis zu 30 % der Oberfläche des QR-Codes nicht erkannt werden kann (Weber 2017). Unter anderem kann dies bei Zerstörung oder Verschmutzung der Fall sein. Alle QR-Codes sind nach einem spezifischen Muster aufgebaut.

Jeder QR-Code besitzt in der oberen rechten und linken Ecke als auch in der unteren linken Ecke ein spezielles Quadrat. Dieses ist in der Abb. 6.18 rot markiert. Diese Quadrate geben die Begrenzung des QR-Codes an und dienen beim Scannvorgang zur Orientierung. Damit diese vom Scanner gut erkannt werden können, werden die Orientierungsecken am Übergang zum restlichen QR-Code-Inhalt frei gelassen – hier lila gekennzeichnet. Um die Zeilen und Spalten in dem QR-Code zu definieren, befindet sich zwischen den in Abb. 6.18 rot markierten Hauptpositionsmarkierungen eine Linie, aus einer Folge streng abwechselnder Felder

Abb. 6.17 Beispiel eines QR-Codes der Zeichenkette „QR-Code"

Abb. 6.18 Aufbau eines QR-Codes

(Bits), diese sind in Abb. 6.18 grün hervorgehoben. Bei feinkörnigeren QR-Codes findet sich eine zusätzliche Markierung, hier blau gekennzeichnet, welche eine weitere Hilfe für die Ausrichtung darstellt. Je feinkörniger der QR-Code, desto mehr Ausrichtungshilfen sind in dem Code zu erkennen, wie an dem zweiten und vierten QR-Code, zu sehen ist (Weber 2017).

6.3.2 Fragestellung

Künftige Generationen von Schüler wachsen unter den Einflüssen des Internets auf. Nicht nur im privaten Alltag der Schüler, sondern auch im späteren Berufsleben wird das Internet und der „richtige" Umgang mit Informationen aus dem Internet eine tragende Rolle spielen. Es ist berechtigterweise davon auszugehen, dass Schüler in Zukunft entsprechende Erwartungen an den Unterricht in Schulen stellen werden. Eine potenzielle Antwortmöglichkeit der Lehrkräfte stellt die Anwendung von neuen Unterrichtsmethoden dar, die auf die Herausforderungen der Digitalisierung eingehen. Eine solche Unterrichtsmethode ist beispielsweise das WebQuest.

WebQuest

Das WebQuest wurde von Bernie Dodge an der San Diego State University entwickelt und wird seit einigen Jahren dort auch intensiv weiterentwickelt. Auf den Internetseiten von Dodge (2018) findet sich eine umfangreiche Materialsammlung. Dodge (2018, Abs. 3) definiert das WebQuest wie folgt: „A WebQuest is an inquiry-oriented lesson format in which most or all the information that learners work with comes from the web." Das WebQuest ist auch bekannt als web based learning. Im Gegensatz zur direkten Instruktion ist das WebQuest eine schülerzentriertere Unterrichtsmethode, in der die Lehrperson zwar den Rahmen vorgibt aber ansonsten als Recherchecoach agiert. Diese Unterrichtsmethode soll den Schülern das Recherchieren näher bringen und bezieht somit Internet-basierte Dienste, wie zum Beispiel Wikipedia und Internettechnologien, wie E-Learning-Plattformen oder Cloud-Computing in den Lernprozess mit ein (Zendler und Klaudt 2015b).

Im Zusammenhang mit webbasiertem Lernen führt Hattie (2009b) vier Metaanalysen und 45 Einzeluntersuchungen auf. Webbasiertes Lernen hat bei Hattie eine Effektstärke von $d = 0{,}18$ und nimmt einen Platz im unteren Drittel seiner Rangliste der lerneffektivsten

Methoden ein. Olson und Wisher (2002) stellen fest, dass Studien bis 2002 eine hohe Variabilität in den empirischen Befunden aufweisen. In einer aktuelleren Studie betonen Alias et al. (2013), dass Studien zum Nachweis der Lerneffektivität des WebQuest immer noch fehlen.

Direkte Instruktion

Koch et al. (2001) stellen drei wesentliche Unterschiede zwischen der Internet-Didaktik, wozu die WebQuest-Methode gehört, und der konventionellen Didaktik, welcher die direkte Instruktion zugeordnet werden kann, dar. Zum einen bringt die Nutzung des Internets eine Fülle an Informationen und Material in den Unterricht hinein, zum anderen sind die Informationen und Materialien aus dem Internet meist nicht didaktisch aufbereitet. Als letzten Unterschied werden die technischen Voraussetzungen genannt, welche bei der Nutzung des Internets im Unterricht erfüllt sein müssen. Somit ist das Lernen mit dem Internet: informationsreich (*information rich*), fragenbasiert (*question based*) und werkzeugintensiv (*tools intensive*).

Allgemein kann man sagen, dass die direkte Instruktion eine lehrerzentrierte, expositorische Unterrichtsmethode darstellt, in der die Lehrperson das Unterrichtsgeschehen lenkt und eine zentrale Rolle einnimmt (Zendler und Klaudt 2015b).

Hattie (2012) nennt für die direkte Instruktion vier Metaanalysen und 304 Einzeluntersuchungen. Die Unterrichtsmethode hat bei Hattie eine Effektstärke von $d = 0{,}59$ und nimmt einen Platz im oberen Drittel seiner Rangliste der erfolgreichsten Unterrichtsmethoden ein. Die empirischen Befunde zeigen, dass Lernzuwächse mit direkter Instruktion ähnlich sind in Regelklassen, an Sonderschulen sowie für leistungsschwächere Lernende. Für das Lesen sind die Lernzuwächse höher als für die Mathematik (Adams und Engelmann 1996), spezifische Lehrpersoneneffekte konfundieren nicht mit den Effekten durch die Unterrichtsmethode (Fisher und Tarver 1997).

Positionierung von WebQuest und Direkter Instruktion

Der Einsatz des Internets stellt zwar einen großen, jedoch nicht den einzigen Unterschied zwischen direkter Instruktion und WebQuest dar. Im Hinblick auf das Ordnungsraster von Wiechmann (2008), in das die zwei Methoden eingeordnet sind (siehe Abb. 6.19), werden einige Unterschiede ersichtlich.

Im Bereich der Unterrichtssteuerung ist der Unterschied noch nicht sehr gravierend, ersichtlich ist jedoch auch hier schon, dass das WebQuest schülergelenkter als die direkte Instruktion ist. Schüler haben bei dem WebQuest vielfältige Möglichkeiten den Unterricht zu lenken, da sie mehr Freiräume besitzen. Sie haben die Chance zusätzliche Informationen über den Unterrichtsgegenstand herauszufinden und in den Unterricht einzubringen. Bei der direkten Instruktion gibt es kaum Freiräume für die Schüler, da der Unterricht stark von der Lehrperson gelenkt wird. Sie entscheidet welche Inhalte über den Unterrichtsgegenstand thematisiert werden.

Im Hinblick auf die Dimension des Vermittlungsstils wird der Unterschied der beiden Methoden am deutlichsten erkennbar. Während Schüler bei dem WebQuest etwas für sie

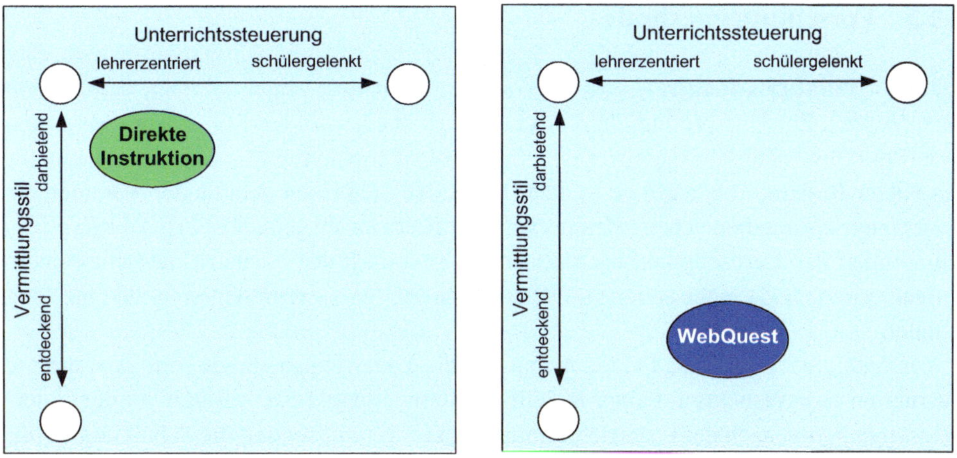

Abb. 6.19 Ordnungsschema mit direkter Instruktion und WebQuest, angelehnt an Wiechmann (2008)

„Neues" entdecken können, wird der Unterrichtsgegenstand bei der direkten Instruktion eher expositorisch vermittelt. Unterrichtsstunden mit direkter Instruktion sind planbarer als mit einem WebQuest.

Einschätzungen der Unterrichtsmethoden durch Informatiklehrer (vgl. Kap. 5) ergaben Hinweise, welche Unterrichtsmethoden für welche Wissensprozesse zu guten Lernzuwächsen bei Schülern führen könnte. Nach Einschätzung der Informatiklehrer eignen sich die direkte Instruktion und der WebQuest für die Wissensprozesse Aufbauen, Durcharbeiten und Anwenden – allerdings unterschiedlich gut.

Der Bildungsforscher Hattie (2012) fand in seiner Untersuchung allgemein heraus, dass die direkte Instruktion im Vergleich zum WebQuest bzw. webbasierten Lernen lerneffektiver ist.

Mit den Befunden und Einschätzungen lässt sich allerdings nicht klären, welche der beiden Unterrichtsmethoden im praktischen Unterrichtseinsatz tatsächlich lerneffektiv sind, zumal im Informatikunterricht. Die vorliegende Studie konzentriert sich deshalb auf den empirischen Vergleich der Lernwirksamkeit beider Unterrichtsmethoden, um die Frage zu beantworten, wie lerneffektiv die beiden Methoden im konkreten Informatikunterricht sind.

Vor diesem Hintergrund verfolgt die vorliegende Studie folgende drei Fragen zu klären:

Frage 1. Durch welche Unterrichtsmethode, direkte Instruktion oder WebQuest, werden zum Thema *QR-Code* größere Lernerfolge erzielt?
Frage 2. Gibt es Klassenunterschiede beim Lernerfolg, wenn der Unterrichtsinhalt zum Thema *QR-Code* mit direkte Instruktion bzw. einem Leitprogramm unterrichtet wird?

Mit den zwei Fragen ist folgende Forschungshypothese verbunden: „Im Informatikunterricht zum Thema *QR-Code* (Klassenstufe 9, Realschule) wird mit der Unterrichtsmethode Direkte Instruktion ein höherer Lernerfolg erzielt als mit der Unterrichtsmethode WebQuest".

6.3.3 Forschungsmethode

6.3.3.1 Versuchsdesign

Versuchsplan. Zur Überprüfung der Forschungshypothese wird ein SPF-2 × 2•2 Versuchsplan (Split Plot Factorial design, dreifaktorieller Versuchsplan mit Messwiederholungen für den Faktor *B*, siehe Abb. 6.20) verwendet (Kirk 2013). (1) Unter dem Faktor *A* werden die $p = 2$ Unterrichtsmethoden behandelt (es wird mit Halbklassen geplant). (2) Faktor *B* ($q = 2$) repräsentiert den Lernzeitpunkt nach der ersten bzw. nach der zweiten Unterrichtseinheit. (3) Faktor *C* ($r = 2$) repräsentiert die Schulklasse. $s_1, \ldots, s_{4n}$ repräsentieren die einzelnen Schüler.

Unabhängige Variablen. Faktor *A* umfasst die Unterrichtsmethode, mit a_1 = direkte Instruktion, a_2 = WebQuest. Faktor *B* stellt den Lernzeitpunkt dar, mit b_1 = vor der Unterrichtseinheit, b_2 = nach der Unterrichtseinheit. Faktor *C* repräsentiert die Schulklassen, mit c_1 = Klasse 9a, c_2 = Klasse 9b.

Abhängige Variablen. Zur Bewertung der Schülerleistungen vor und nach der Unterrichtseinheit wurde ein Multiple-Choice mit 14 Fragen eingesetzt mit jeweils vier Antwortmöglichkeiten. Alle Fragen beziehen sich auf den Unterrichtsinhalt des QR-Codes. Eine Frage lautet beispielsweise: Wer kann alles einen QR-Code scannen? Pro Frage ist nur eine Antwort richtig. Darauf werden die Schüler vor dem Ausfüllen der Tests hingewiesen. Fragen, bei denen Schüler versehentlich mehr als eine Antwort angekreuzt haben, werden als falsch bewertet; ebenso werden Fragen als falsch bewertet, die mit keinem Kreuz versehen und dadurch unbeantwortet bleiben (zur Entwicklung eines Multiple-Choice-Fragebogens vgl. Krebs (2004, 2008).

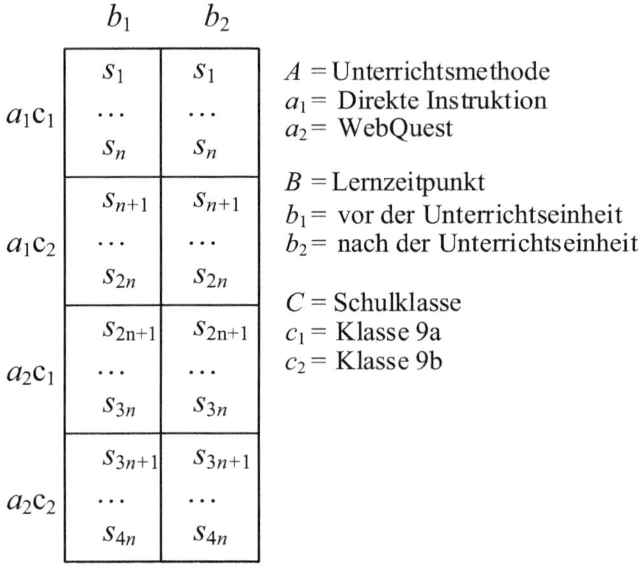

Abb. 6.20 Layout des SPF-2 × 2•2 Versuchsplans

Poweranalyse. Mit einer Poweranalyse vom Typ II – N als Funktion von Power ($1-\beta$), Δ und α – wird die Stichprobengröße für den SPF-2 × 2•2 Versuchsplan (Mueller und Barton 1989; Mueller et al. 1992) ermittelt: Die gewünschte Power ($1-\beta$) sei 0,99, nur große Effekte ($\Delta = 0{,}80$) bezogen auf die abhängige Variable werden als bedeutsam eingestuft, das Signifikanzniveau sei $\alpha = 0{,}05$. Dann benötigte man eine Gesamtstichprobe von ca. $N^* = 44$ Lernenden ($n_1^* = 22$ Lernende unter a_1, $n_2^* = 22$ Lernende unter a_2), wenn man die Powerberechnungen aus PASS 13 (NCSS 2017) mit Bezug zu ε-korrigierten F-Tests heranzieht (Mueller und Barton 1989; Mueller et al. 1992).

Operationale Testhypothese. Vor dem Hintergrund des Versuchsplans, der Festlegung der unabhängigen und der abhängigen Variablen lässt sich die operationale Testhypothese wie folgt formulieren: „Im Informatikunterricht zum Thema *QR-Code* wird durch direkte Instruktion ein höherer Lernerfolg erzielt als durch das WebQuest, operationalisiert durch die auf 14-stufigen Punkteskalen vorgenommenen Aufgabenbewertungen zu QR-Codes.“

6.3.3.2 Versuchsdurchführung

Der Unterricht wurde in zwei 9. Klassen durchgeführt. Beide Klassen (Klasse 9a und 9b) werden in zwei Gruppen (Halbklassen) aufgeteilt. Eine Gruppe lernt mit der Unterrichtsmethode direkte Instruktion, die andere mit einem WebQuest.

Alle, in den vier Gruppen, teilnehmenden Schüler halten ihr Vorwissen, jeweils eine Woche vor der Unterrichtsstunde, mit Hilfe des Vortests schriftlich fest. Der Nachtest hingegen wird direkt im Anschluss an die Unterrichtsstunde vollzogen. Dies dient dazu, dass die Untersuchung nicht vom Erinnerungsvermögen der Schüler beeinflusst wird.

6.3.3.3 Durchführung des Unterrichts mit direkter Instruktion

Die Unterrichtsstunde wird analog zu den in Abschn. 2.3 beschriebenen Schritten der direkten Instruktion konzipiert. Nach einer kurzen Begrüßung projiziert die Lehrperson einen QR-Code mit Hilfe eines Beamers an die Wand. Die Schüler sollen beschreiben was sie sehen. Vermutlich wird der Begriff QR-Code bereits in dieser Phase fallen. Gemeinsam mit den Schülern wird eine Mind-Map über den QR-Code am Whiteboard entworfen. Als Einstieg wird eine Mind-Map gewählt, weil so das Vorwissen der Schüler zum Unterrichtsthema QR-Code transparent wird. Zudem bietet die Mind-Map die Möglichkeit am Ende der Stunde eine Bilanz zu ziehen und die Mind-Map mit dazu gelerntem Wissen zu ergänzen. Es wird außerdem ersichtlich bei welchen Punkten bei der anschließenden Demonstrations- bzw. Präsentationsphase der Lehrperson angeknüpft werden kann. Dies stellt den ersten Schritt der direkten Instruktion dar – der Einstieg.

Im Anschluss folgt die Demonstrationsphase, welche von der Lehrperson durchgeführt wird. Mit Hilfe einer PowerPoint-Präsentation soll das Thema QR-Code in kleinen Schritten an die Schüler vermittelt werden. Es geht hierbei um den Aufbau, die Anwendungsfelder und die Gefahren von QR-Codes. Eingestiegen in diese Demonstrationsphase wird mit einem Video. Dieses gibt einen groben Überblick über das Unterrichtsthema und motiviert die Schüler. Hierbei lernen sie schon einiges an Fakten über den QR-Code, welche anschließend mit Hilfe der PowerPoint-Präsentation vertieft und ergänzt werden. In dieser

Phase werden, von der Lehrperson ausgehend, kurze Fragen mit einer kurzschrittigen Rückmeldungen an die Schüler gerichtet. Hierbei wird überprüft, ob die Schüler den jeweiligen Punkt verstanden haben. Die Lehrperson achtet darauf, dass möglichst alle Schüler einmal dran kommen. Nachdem am Ende der Demonstrationsphase erläutert wird, wie ein QR-Code generiert werden kann, präsentiert die Lehrperson den Schülern eine geeignete Internetseite zur Generierung solcher Codes (goQR.me 2017).

Nachdem die Schüler über den QR-Code Bescheid wissen und somit die Grundlagen erlernt haben, wird gemeinsam ein QR-Code mit Hilfe des Computers generiert. Die Schüler starten ihren Computer und rufen die Internetseite auf, welche die Lehrperson bereits in der Demonstrationsphase präsentiert hat. Die Lehrperson geht die einzelnen Schritte mit den Schülern durch, damit diese im Anschluss in der Lage sind einen QR-Code in einer individuellen Übung selbst zu generieren. Nachdem im Plenum ein QR-Code generiert wurde, sind die Schüler nun zur Eigenarbeit angeregt.

Beim individuellen Üben generiert jede Schülerin bzw. jeder Schüler einen eigenen QR-Code. Hierbei vertiefen die Schüler ihr bereits erworbenes Wissen. Beispielsweise können sie erkennen, dass je länger bzw. größer die Information, welche sich hinter ihrem QR-Code verbirgt, desto feinkörniger und größer wird der QR-Code. Der erstellte QR-Code der Schüler wird in einer Word-Datei gespeichert und anschließend gedruckt. Da an den meisten Schulen, so auch an der Realschule Korntal-Münchingen, ein Handy-Verbot ausgesprochen ist, sollen die Schüler ihren persönlichen QR-Code zu Hause mit Hilfe eines Smartphones scannen. Die Lehrperson gibt noch Tipps, welche App am besten verwendet werden sollte. Die Ergebnisse des Scannvorgangs können in der Folgestunde thematisiert und besprochen werden.

Am Ende der Unterrichtsstunde wird nochmals zum Einstieg Bezug genommen und Bilanz gezogen. Die Mind-Map, welche am Anfang der Unterrichtsstunde in einem Unterrichtsgespräch mit den Schülern erstellt wurde, wird nun nochmals herangezogen. Mit einer zweiten Farbe wird die Mind-Map nun mit dazugelerntem Wissen ergänzt. Möglicherweise werden auch Punkte des Einstieges von den Schülern korrigiert. Durch das Unterrichtsgespräch am Ende der Stunde, wird den Schülern klar vor Augen gebracht, was sie heute gelernt haben.

6.3.3.4 Durchführung des Unterrichts mit WebQuest

Die Unterrichtsstunde wird analog zu den in Abschn. 2.20 beschriebenen Schritten zum WebQuest konzipiert. Aus Zeitgründen fällt die Entscheidung auf einen kurzen Einstieg und zwar einer einfachen Begrüßung der Schüler durch die Lehrperson. Dann bietet die Lehrperson eine kurze Gesamtschau über den Lerninhalt der Unterrichtsstunde dar. Sie gibt einen kurzen Überblick der Teilgebiete des QR-Codes, über die im Anschluss recherchiert werden sollen. Hierbei projiziert die Lehrperson, wie bei der direkten Instruktion, einen QR-Code mit Hilfe eines Beamers an die Wand.

Im Anschluss erläutert die Lehrperson, in einem kurzen Lehrervortrag, die Aufgabenstellung. Sie zeigt den Schülern die zu benutzende Materialsammlung, welche sich in einem Word-Dokument befindet. In dieser Datei sind alle wichtigen Internetlinks zusammengestellt, über die die Schüler Informationen über den QR-Code finden können. Außerdem beinhaltet diese Word-Datei einige Fragen an denen sich die Schüler orientieren können. Sie dienen als Hilfestellung und zur Strukturierung des Unterrichtsthemas. Diese Fragen sollen, mit den vorgegebenen Internetlinks, in den dafür vorgesehenen Textfeldern beantwortet werden. Nachdem die Schüler die Möglichkeit bekommen haben Fragen zu stellen und alle Unklarheiten geklärt sind, beginnt die wohl längste Phase des WebQuest – die Recherchephase.

Die Schüler sollen sich nun in Einzelarbeit über den QR-Code informieren. Mit Hilfe eines Tausch-Ordners bekommen die Schüler das Word-Dokument zur Verfügung gestellt. Da bei der Benutzung des Internets, speziell bei Internetrecherchen, höchstwahrscheinlich große Unterschiede bei den Schulklassen zu erkennen sind, bekommen schnelle Schüler die Möglichkeit mit Hilfe einer freien Internetsuche (ohne vorgegebene Internetlinks) weitere Informationen über den QR-Code zu sammeln, welche sie anschließend ihren Mitschülerinnen und Mitschülern mitteilen können. Nachdem die Schüler mit der Recherche am Ende sind und wenn möglich alle Fragen beantwortet haben, sollen sie in Einzel- oder in Partnerarbeit eine kurze PowerPoint-Präsentation erstellen. An dieser Stelle sollen die Schüler ihre Rechercheergebnisse aufbereiten und darstellen. Hierbei können sie sich an den Fragen des Word-Dokuments orientieren.

Bevor die Rechercheergebnisse präsentiert werden, wird im Plenum reflektiert, wie es den Schülern bei der Internetrecherche ergangen ist und wo Schwierigkeiten aufgetreten sind. Probleme und Schwierigkeiten werden im Plenum besprochen. Hierbei kann zusammengetragen werden, auf was bei einer Internetrecherche geachtet werden sollte.

In der letzten Phase präsentieren, durch die Lehrperson ausgewählte Schüler bzw. Gruppen, ihre Ergebnisse mit Hilfe der selbst erstellten PowerPoint-Präsentation. Durch diese Präsentationen lässt sich unter anderem überprüfen, ob die Schüler verstanden haben, was sie zuvor dem Internet entnommen haben. Die anderen Schüler ergänzen ihre eigenen Ergebnisse, falls sie zusätzliche oder andere Informationen herausgefunden haben. So ist es auch nicht ausgeschlossen, dass eine kleine Diskussion entsteht, in der die Schüler ihre Ergebnisse gut begründet darlegen.

6.3.4 Ergebnisse

Tab. 6.11 enthält den erhaltenen Datensatz für den SPF-2 × 2•2 Versuchsplan mit $n_{11} = 12$ Schülern und $n_{12} = 12$ der Klasse 9a, $n_{21} = 14$ und $n_{22} = 13$ Schülern der Klasse 9b. Von den Schülern werden jeweils Datensätze zum Wissen (Punkte im Multiple-Choice-Fragebogen) vor der Unterrichtseinheit und nach Unterrichtseinheit erhoben. In der Tab. 6.11 sind Mittelwerte und die Standardfehler der Mittelwerte enthalten.

Für die Analyse der empirischen Daten wird folgendes Vorgehen durchgeführt: (1) zunächst werden die Daten deskriptiv dargestellt, (2) dann wird eine dreifaktorielle Varianzanalyse entsprechend des SPF-2 × 2•2 Versuchsplans gerechnet.

Tab. 6.11 Datensatz zum SPF-2 × 2•2 Versuchsplan

		b_1	b_2			b_1	b_2
	s_1	8	12		s_{25}	9	11
	s_2	6	13		s_{26}	9	12
	s_3	10	14		s_{27}	7	12
	s_4	5	13		s_{28}	2	8
	s_5	6	14		s_{29}	4	12
	s_6	3	14		s_{30}	5	14
a_1c_1	s_7	6	13	a_2c_1	s_{31}	10	10
	s_8	4	13		s_{32}	4	13
	s_9	8	13		s_{33}	10	7
	s_{10}	5	14		s_{34}	2	9
	s_{11}	9	13		s_{35}	5	14
	s_{12}	7	14		s_{36}	4	12
					s_{37}	10	14
					s_{38}	5	9
	$\bar{x}$	6.4	13.3		$\bar{x}$	6.1	11.2
	$s_{\bar{x}}$	.69	.43		$s_{\bar{x}}$	.37	.40
		b_1	b_2			b_1	b_2
	s_{13}	7	11		s_{39}	9	13
	s_{14}	5	12		s_{40}	11	12
	s_{15}	2	13		s_{41}	11	14
	s_{16}	10	14		s_{42}	11	12
	s_{17}	6	12		s_{43}	7	10
a_1c_2	s_{18}	7	14	a_2c_2	s_{44}	8	11
	s_{19}	6	13		s_{45}	10	13
	s_{20}	4	14		s_{46}	8	14
	s_{21}	6	13		s_{47}	10	13
	s_{22}	9	13		s_{48}	10	13
	s_{23}	7	13		s_{49}	6	13
	s_{24}	11	N/A		s_{50}	5	14
					s_{51}	12	N/A
	$\bar{x}$	6.3	12.91		$\bar{x}$	8.8	12.67
	$s_{\bar{x}}$	.71	.45		$s_{\bar{x}}$	.69	.43

A = Unterrichtsmethode
a_1 = Direkte Instruktion
a_2 = WebQuest

B = Zeitpunkt
b_1 = vor der Unterrichtseinheit
b_2 = nach der Unterrichtseinheit

C = Schulklasse
c_1 = Klasse 9a
c_2 = Klasse 9b

Abhängige Variable
Lernerfolg

6.3.4.1 Befunde zum Lernerfolg

Die Ergebnisse zum Lernerfolg unter Einbeziehung des Klassenkontextes veranschaulicht Abb. 6.21. Sie zeigt Mittelwerte sowie 95 %-Konfidenzintervalle zum Lernerfolg.

Für den Lernerfolg kann festgestellt werden. In beiden Klassen werden große Lernerfolge erzielt, sowohl mit direkter Instruktion als auch mit WebQuest; in beiden Klassen werden mit direkter Instruktion höhere Lernerfolge erzielt als mit dem WebQuest. Für beide Unterrichtsmethoden sind die Lernerfolge relativ homogen, wie die 95 %-Konfidenzintervalle zeigen.

Der größte Lernerfolg wird bei dem Teil der Klasse 9a erreicht, die mit direkter Instruktion unterrichtet werden. Die durchschnittliche Gesamtpunktzahl vor der Unterrichtseinheit liegt bei 6,4 richtigen Antworten, nach der Unterrichtseinheit werden im Durchschnitt

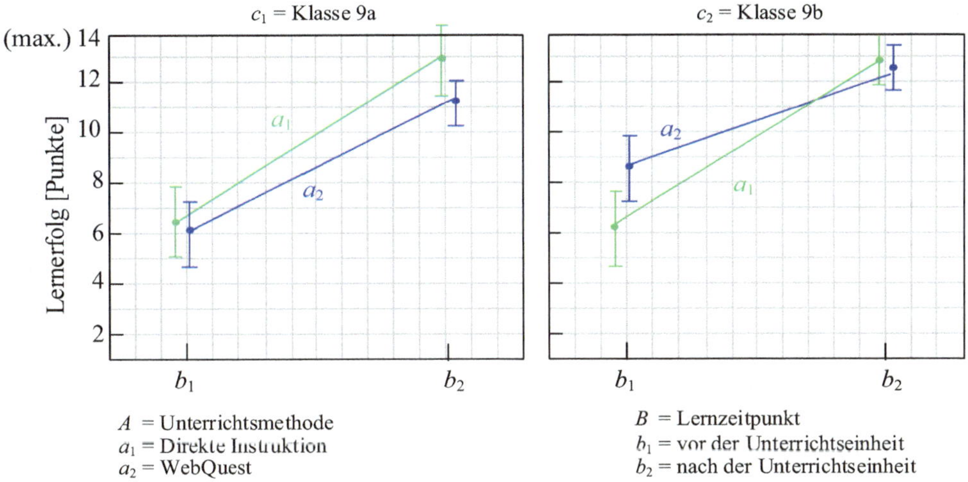

Abb. 6.21 Mittelwerte zum Lernerfolg (Einbeziehung des Klassenkontextes)

13,3 von 14 Aufgaben richtig gelöst. Daraus ergibt sich ein rechnerischer Lernerfolg von 6,9. Eine besonders hohe durchschnittliche Gesamtpunktzahl vor der Unterrichtseinheit fällt der Klasse 9b auf, die mit dem WebQuest unterrichtet worden ist. Mit durchschnittlich 8,8 richtigen Antworten im vor der Unterrichtseinheit besitzen diese Schüler ein erheblich größeres Vorwissen über den QR-Code als die restlichen Halbklassen. Das Vorwissen der Schülerinnen und Schüler in den anderen Halbklassen ist annähernd gleich (durchschnittliche Gesamtpunktzahl von 6,4, 6,3 und 6,1). Bei Betrachtung der Konfidenzintervalle ist festzuhalten, dass Vorwissen bei den Halbklassen vor der Unterrichtseinheit heterogener ist als nach der Unterrichtseinheit.

6.3.4.2 Statistische Auswertung

Zur statistischen Überprüfung, ob mit direkter Instruktion ein höherer Lernerfolg erzielt wird als mit WebQuest, werden sieben statistische Hypothesen formuliert, die auf dem Signifikanzniveau von $\alpha = 0{,}05$ geprüft werden.

Statistische Hypothesen. Die sieben statistischen Nullhypothesen lauten:

i) der Mittelwert (Lernerfolg) der Unterrichtsmethode μ_1 unter a_1 (direkte Instruktion) ist kleiner gleich dem Mittelwert (Lernerfolg) der Unterrichtsmethode μ_2 unter a_2 (WebQuest), das heißt:

$$H_0^A : \mu_1 \leq \mu_2 \left(H_1^A : \mu_1 > \mu_2 \right);$$

ii) der Mittelwert (Lernerfolg) der Unterrichtsmethoden μ_1 unter b_1 (vor der Unterrichtseinheit) ist größer gleich dem Mittelwert (Lernerfolg) μ_2 unter b_2 (nach der Unterrichtseinheit), das heißt:

$$H_0^B : \mu_1 \geq \mu_2 \left(H_1^B : \mu_1 < \mu_2 \right);$$

iii) die Mittelwerte (Lernerfolg) der Unterrichtsmethoden μ_1 unter c_1 (Klasse 9a) und μ_2 unter c_2 (Klasse 9b) sind gleich, das heißt:

$$H_0^C : \mu_1 = \mu_2 \left(H_1^C : \mu_1 \neq \mu_2 \right);$$

iv) die Mittelwerte (Lernerfolg) der Unterrichtsmethoden $\mu_{1\bullet 1}$, $\mu_{1\bullet 2}$, $\mu_{2\bullet 1}$, $\mu_{2\bullet 2}$ unter den 2 • 2 Stufen der Faktorkombinationen $A \bullet B$ sind gleich, das heißt:

$$H_0^{A\bullet B} : \mu_{1\bullet 1} = \mu_{1\bullet 2} = \mu_{2\bullet 1} = \mu_{2\bullet 2} \left(H_1^{A\bullet B} : \mu_{1\bullet 1} \neq \mu_{1\bullet 2} \neq \mu_{2\bullet 1} \neq \mu_{2\bullet 2} \right);$$

v) die Mittelwerte (Lernerfolg) der Unterrichtsmethoden $\mu_{1\times 1}$, $\mu_{1\times 2}$, $\mu_{2\times 1}$, $\mu_{2\times 2}$ unter den 2 × 2 Stufen der Faktorkombinationen $A \times C$ sind gleich, das heißt:

$$H_0^{A\times C} : \mu_{1\times 1} = \mu_{1\times 2} = \mu_{1\times 2} = \mu_{2\times 2} \left(H_1^{A\times C} : \mu_{1\times 1} \neq \mu_{1\times 2} \neq \mu_{1\times 2} \neq \mu_{2\times 2} \right);$$

vi) die Mittelwerte (Lernerfolg) der Unterrichtsmethoden $\mu_{1\bullet 1}$, $\mu_{1\bullet 2}$, $\mu_{2\bullet 1}$, $\mu_{2\bullet 2}$ unter den 2 • 2 Stufen der Faktorkombinationen C • B sind gleich, das heißt:

$$H_0^{C\bullet B} : \mu_{1\bullet 1} = \mu_{1\bullet 2} = \mu_{2\bullet 1} = \mu_{2\bullet 2} \left(H_1^{C\bullet B} : \mu_{1\bullet 1} \neq \mu_{1\bullet 2} \neq \mu_{2\bullet 1} \neq \mu_{2\bullet 2} \right);$$

vii) die Mittelwerte (Lernerfolg) der Unterrichtsmethoden $\mu_{1\times 1\bullet 1}$, $\mu_{1\times 1\bullet 2}$, …, $\mu_{2\times 2\bullet 2}$ unter den 2 × 2 • 2 Stufen der Faktorkombinationen $A \times C \bullet B$ sind gleich, das heißt:

$$H_0^{A\times C\bullet B} : \mu_{1\times 1\bullet 1} = \mu_{1\times 1\bullet 2} = \ldots = \mu_{2\times 2\bullet 2} \left(H_1^{A\times C\bullet B} : \mu_{1\times 1\bullet 1} \neq \mu_{1\times 1\bullet 2} \neq \ldots \neq \mu_{2\times 2\bullet 2} \right).$$

Prüfung der Voraussetzungen. Für die varianzanalytische Auswertung eines SPF-2 × 2•2 Versuchsplans müssen Daten normalverteilt und varianzhomogen sein. Die Normalverteilung wurde mit dem Shapiro-Wilk-Test und die Varianzhomogenität mit dem Levene-Test geprüft. Der Shapiro-Wilk-Test lieferte signifikante Ergebnisse ($p < 0{,}05$), so dass die Voraussetzungen für die Durchführung einer parametrischen Varianzanalyse (ANOVA) nicht gegeben waren. Die Daten werden deshalb zunächst rangtransformiert und dann varianzanalytisch ausgewertet (vgl. zum Vorgehen bei Zendler 2018).

Tab. 6.12 enthält die varianzanalytischen Ergebnisse zum Lernerfolg in Bezug zu den Vorwissensaufgaben (nach Rangtransformation).

Die Prüfgröße zur Überprüfung des Haupteffektes A (direkte Instruktion gegenüber WebQuest) ist auf dem α-Niveau von 0,05 nicht signifikant ($F_{1,45} = 0{,}45$, $p < 0{,}51$), das heißt, die entsprechende H_0^A wird beibehalten: Mit direkter Instruktion wird kein höherer Lernerfolg erzielt als mit WebQuest.

Die Prüfgröße zur Überprüfung des Haupteffektes B (vor der Unterrichtseinheit gegenüber nach der Unterrichtseinheit) ist auf dem α-Niveau von 0,05 signifikant ($F_{1,45} = 221{,}20$, $p < 0{,}01$), das heißt, die entsprechende H_0^B wird zugunsten von H_1^B verworfen: Der Lernerfolg nach der Unterrichtseinheit ist höher als vor der Unterrichtseinheit.

Tab. 6.12 Varianzanalyse zum Lernerfolg [Punkte im Multiple-Choice-Test]

Quelle der Variation	*SS*	*df*	*MS*	*F*	*p*	η^2
Zwischen						
A (Unterrichtsmethode)	107,71	1	107,71	0,45	<0,51	0,010
C (Klasse)	981,93	1	981,93	4,12	<0,05	0,084
A × *C*	2109,83	1	2109,83	8,86	<0,01	0,164
Fehler	10720,54	45	238,23			
Innerhalb						
B (Lernzeitpunkt)	54887,50	1	54887,50	221,20	<0,01	0,831
A • *B*	2520,13	1	2520,13	10,16	<0,01	0,184
C • *B*	112,70	1	112,70	0,45	<0,51	0,010
A × *C* • *B*	4,87	1	4,87	0,02	<0,89	<0,001
Fehler	11166,22	45	11166,2			

Die Prüfgröße zur Überprüfung des Haupteffektes *C* (Klasse 9a gegenüber Klasse 9b) ist auf dem α-Niveau von 0,05 signifikant ($F_{1,45} = 4{,}12$, $p < 0{,}05$), das heißt, die entsprechende H_0^C wird beibehalten: Die beiden Klassen unterscheiden nicht, was den Lernerfolg betrifft.

Die Prüfgröße zur Überprüfung der *A* • *B*-Interaktion (Unterrichtsmethode • Lernzeitpunkt) ist auf dem α-Niveau von 0,05 signifikant ($F_{1,45} = 10{,}16$, $p < 0{,}01$), das heißt, die entsprechende $H_0^{A \bullet B}$ wird nicht beibehalten: Direkte Instruktion und WebQuest unterscheiden sich, was den Lernerfolg angeht, bezogen auf die Lernzeitpunkte.

Die Prüfgröße zur Überprüfung der *A* × *C*-Interaktion (Unterrichtsmethode × Klasse) ist auf dem α-Niveau von 0,05 signifikant ($F_{1,45} = 8{,}86$, $p < 0{,}01$), das heißt, die entsprechende $H_0^{A \times C}$ wird nicht beibehalten: Die Unterrichtsmethoden unterscheiden sich, bezogen auf die Schulklassen.

Die Prüfgröße zur Überprüfung der *C* • *B*-Interaktion (Klasse • Versuch) ist auf dem α-Niveau von 0,05 nicht signifikant ($F_{1,45} = 0{,}45$, $p < 0{,}51$), das heißt, die entsprechende $H_0^{C \bullet B}$ wird beibehalten: Die beiden Schulklassen unterscheiden sich nicht, was den Lernerfolg angeht, bezogen auf die Lernzeitpunkte.

Die Prüfgröße zur Überprüfung der *A* × *C* • *B*-Interaktion (Unterrichtsmethode × Klasse • Lernzeitpunkte) ist auf dem α-Niveau von 0,05 nicht signifikant ($F_{1,45} = 4{,}87$, $p < 0{,}89$), das heißt, die entsprechende $H_0^{A \times C \bullet B}$ wird beibehalten: Die Unterrichtsmethoden unterscheiden sich nicht, was den Lernerfolg angeht, bezogen auf die beiden Schulklassen und die beiden Lernzeitpunkte.

6.3.5 Diskussion

Das Hauptergebnis der vorliegenden Untersuchung besteht darin, dass – vor dem Hintergrund der empirischen Ergebnisse – die Forschungshypothese, im Informatikunterricht zum Thema QR-Code wird durch den Einsatz von direkter Instruktion ein höherer Lernerfolg erzielt als mit WebQuests, beizubehalten ist. Die Ergebnisse sind kompatibel mit den Befunden zur direkten Instruktion und zum web-basierten Unterricht (Fisher und Tarver 1997; Olson und Wisher 2002; Hattie 2012; Alias et al. 2013; Zendler und Klaudt 2015b). Sie stellen ein wichtiges Ergebnis zur Ergänzung des Wissens über die Lerneffektivität von Unterrichtsmethoden im Informatikunterricht dar.

Bei der Durchführung der empirischen Untersuchung zeigte es sich, dass es sich bei der Digitalisierung der Klassenzimmer nicht nur um ein theoretisches Konstrukt, sondern um einen realen Wandel handelt. Es war deutlich spürbar, dass die Schüler offen und motiviert mit den neuen Medien gearbeitet haben. Um dieser Tatsache als Lehrperson gerecht zu werden, bietet sich der Einsatz neuer Unterrichtsmethoden an, welche explizit die neuen Medien mit einbeziehen.

Die Auswertung zeigte, dass die direkte Instruktion im Vergleich zum WebQuest im Hinblick auf den durchschnittlichen Lernerfolg der Schüler besser abschneidet.

Für den praktischen Einsatz der zwei untersuchten Unterrichtsmethoden lassen sich folgende Empfehlung aussprechen: Vor allem bei der Einführung neuer Inhalte im Informatikunterricht, wie etwa dem Stellenwertsystem bietet sich die direkte Instruktion an, weil die Lehrperson Wissen direkt an die Schüler vermitteln muss. Bei aktuellen Themen im Informatikunterricht bietet sich das WebQuest an, weil durch den Interneteinsatz die Daten (meist) aktuell sind; Schüler müssen dann nicht mit veralteten Daten arbeiten, wie sie in Schulbüchern aufgrund deren Verweilzeit in Schulen vorliegen. Das WebQuest kann eine zusätzliche Motivation für Schüler darstellen, sich mit aktuellen Themen auseinanderzusetzen. Zudem vertiefen sie sie den Umgang mit Computer und Internet.

Abschließend bleibt festzuhalten, dass ein vielfältiger Einsatz an Unterrichtsmethoden im Schulalltag der Schüler erfolgen sollte, weil Schüler unterschiedlich lernen. Somit können unterschiedliche Unterrichtsmethoden verschiedene Zugänge zum jeweiligen Unterrichtsinhalt ermöglichen. Wie wirksam Unterrichtsmethoden im Hinblick auf den Lernerfolg der Schüler ist, hängt auch damit zusammen, inwieweit die Schüler den Einsatz unterschiedlicher Methoden gewohnt sind.

Die Ergebnisse haben nur eine eingeschränkte externe Validität auf Grund der geringen Anzahl an teilnehmenden Schülern. Um validere Aussagen treffen zu können, sollte die Untersuchung in mehr als zwei Klassen durchgeführt werden. Zudem sollte ein Unterrichtsinhalt gewählt werden, bei dem alle Schüler in etwa über das gleiche Vorwissen verfügen. Weitere Untersuchungen könnten zusätzliche Kriterien mit einbeziehen, aus denen sich der Lernerfolg zusammensetzt, wie beispielsweise der Umgang mit Computer und Internet oder Selbstständigkeit beim Arbeiten.

Literatur

Adams, G. L. & Engelmann, S. (1996). *Research on direct instruction: 20 years beyond DISTAR.* Seattle: Educational Achievement Systems.

Alias, N., Siraj, S., Nazri, M., Rahman, A., Ujang, A., Gelamdin, R. B. & Said, A. M. (2013). Research and trends in the studies of WebQuest from 2005 to 2012: A content analysis of publications in selected journals. Procedia – *Social and Behavioral Sciences, 103*, 763–772.

Baumann, R. (1998). Fundamentale Ideen der Informatik – gibt es das? In B. Koerber & I.-R. Peters (Hrsg.), *Informatische Bildung in Deutschland. Perspektiven für das 21. Jahrhundert* (S. 89–107). Berlin, Germany: LOG IN Verlag.

BITKOM (2015). *Internet ist wichtige Informationsquelle für Schüler*. https://www.bitkom.org/Presse/Presseinformation/Internetist-wichtige-Informationsquelle-fuer-Schueler.html. Zugegriffen im Juni 2017

BITKOM (2016). *Internetrecherche gehört zum Schul-Alltag*. https://www.bitkom.org/Presse/Presseinformation/Internetrecherchegehoert-zum-Schul-Alltag.html. Zugegriffen am 01.10.2017

Block, J. H. (1971). *Operating Procedures for Mastery Learning. In Mastery learning*: Theory and practice (S. 64–76). New York: Holt Rinehart Winston.

Bloom, B. S. (1973). Individuelle Unterschiede in der Schulleistung: Ein überholtes Problem? In W. Edelstein & D. Hopf (Hrsg.), B*edingungen des Bildungsprozesses. Psychologische und pädagogische Forschungen zum Lehren und Lernen in der Schule* (S. 251–270). Stuttgart: Klett.

Bruner, J. S. (1960*). The process of education*. Cambridge, MA: Harvard University Press.

Bruner, J. S. (1971). Über kognitive Entwicklung. In J. S. Bruner, R. R. Olver & P. M. Greenfield (Hrsg.), *Studien zur kognitiven Entwicklung: Eine kooperative Untersuchung am Center for Cognitive Studies der Havard-Universität.* Stuttgart: Klett-Cotta.

Cormen, T. H. & Leiserson, C. E. (2009). *Introduction to algorithms*. München: Oldenbourg.

Costa, A. L. & Liebmann, R. M. (Hrsg.) (1997a). *Envisioning process as content. Toward a renaissance curriculum*. Thousand Oaks, CA: Corwin Press.

Costa, A. L. & Liebmann, R. M. (Hrsg.) (1997b). *The process-centered school. Sustaining a renaissance community.* Thousand Oaks, CA: Corwin Press.

Costa, A. L. & Liebmann, R. M. (Hrsg.) (1997c). *Supporting the spirit of learning. When process is content.* Thousand Oaks, CA: Corwin Press.

Costa, A. L. & Liebmann, R. M. (Hrsg.) (1997d). Toward renaissance curriculum. In L. A. Costa & R. M. Liebmann (Hrsg.), *Envisioning process as content. Toward a renaissance curriculum* (S. 1–20). Thousand Oaks, CA: Corwin Press.

Denning, P. J. (2003). Great principles of computing. *Communications of the ACM, 46*(11), 15–20.

Dodge, B. (2018). *WebQuest.Org: Welcome. What is a WebQuest.* http://webquest.org/. Zugegriffen am 01.10.2017

Dörfler, W. (1984). Fundamentale Ideen der Informatik und Mathematikunterricht. *Didaktik Reihe der Österreichischen Mathematischen Gesellschaft, 10*, 19–40.

Emmott, S. (2006). *Towards 2020 science*. Cambridge, UK: Microsoft.

Ericson, B. (2008). *Ensuring exemplary teaching in an essential discipline. Addressing the crisis in computer science teacher certification.* New York, NY: ACM.

Fisher, T. A. & Tarver, S. G. (1997). Meta-analysis of studies of mathematics curricula designed around big ideas. *Effective School Practices, 16*, 71–79.

Frey, K. & Frey-Eiling, A. (2010). *Ausgewählte Methoden der Didaktik.* Zürich: vdf Hochschulverlag.

GI – Gesellschaft für Informatik e. V. (2008). *Grundsätze und Standards für die Informatik in der Schule: Bildungsstandards Informatik für die Sekundarstufe I.* http://www.informatikstandards.de/docs/bildungsstandards_2008.pdf. Zugegriffen am 01.10.2017

goQR.me. (2017). *QR Code Generator*. http://goqr.me/de/. Zugegriffen am 01.10.2017

Hartmann, W. & Nievergelt, J. (2002). Informatik und Bildung zwischen Wandel und Beständigkeit. *Informatik Spektrum, 25*(6), 465–476.

Hartmann, W., Näf, M. & Schäuble, P. (2000). *Informationsbeschaffung im Internet. Grundlegende Konzepte verstehen und umsetzen* (2. Auflage). Zürich: Orell Füssli.

Hartmann, W., Näf, M. & Reichert, R. (2006). *Informatikunterricht planen und durchführen*. Berlin, Heidelberg: Springer.

Hartz, W. (2008). *Basiswissen QR-Code*. http://qrcode.wilkohartz.de. Zugegriffen am 01.10.2017

Hattie, J. (2009a). *Visible learning for teachers: Maximizing impact on learning*. London: Routledge.

Hattie, J. (2009b). *Visible learning*. New York: Routledge.

Hattie, J. (2012). *Visible learning for teachers: Maximizing impact on learning*. London: Routledge.

Hattie, J., Beywl, W. & Zierer, K. (2013). *Lernen sichtbar machen*. Baltmannsweiler: Schneider-Verl. Hohengehren.

Hattie, J., Beywl, W. & Zierer, K. (2013). *Lernen sichtbar machen*. München: Schneider.

Huber, S. G. & Hader-Popp, S. (2007). Unterrichtsentwicklung durch Methodenvielfalt im Unterricht fördern: das Methodenatelier als schulinterne Fortbildung. *PraxisWissen Schulleitung, 30.31*, 1–12.

Hubwieser, P. & Friedrich, S. (1998). Teaching informatics as a subject. In G. Marshall & M. J. Ruohonen (Hrsg.), *Capacity building for IT in education in developing countries, IFIP TC3 WG3.1, 3.4 & 2.5 Working Conference on Capacity Building for IT in Education in Developing Countries* (S. 291–295), 19–25 August 1997, Harare, Zimbabwe. London, UK: Chapman & Hall.

Hubwieser, P. & Müller, P. (2000). Informatics as a mandatory subject at secondary schools in Bavaria. In *EDEN* (Hrsg.), *Proceedings of the EDEN Conference "Open classrooms in the digital age"*, Barcelona, Spain. Budapest, Hungary (S. 129–140).

Keller, F. S. (1968). Good-bye, teacher... *Journal of Applied Behaviour of Analysis, 1*, 79–89.

Kimmel, B. (2016). klicksafe – wie finde ich, was ich suche? www.klicksafe.de. Zugegriffen am 01.10.2017

Kirk, R. E. (2013). *Experimental design: Procedures for the behavioral sciences* (4th Edition). Pacific Grove, CA: Brooks/Cole Publishing Company.

Koch, H. & Spörer, N. (2016). Förderung der Lesekompetenz mittels reziproken Lehrens: Implementation und Wirksamkeit im Regelunterricht. *Zeitschrift für Pädagogische Psychologie, 30*(4), 213–225.

Koch, H., Neckel, H. & Czermak, J. M. (2001). *Unterrichten mit Internet & Co: Methodenhandbuch für die Sekundarstufe I und II.* Berlin: Cornelsen Scriptor.

Krebs, R. (2004). *Anleitung zur Herstellung von MC-Fragen und MC-Prüfungen für die ärztliche Ausbildung.* Universität Bern.

Krebs, R. (2008). *Multiple Choice Fragen? Ja, aber richtig.* Universität Bern.

LearningApps (2017). *LearningApps.org*. https://learningapps.org. Zugegriffen am 01.10.2017

LeJeune, J. V. (2002). *A meta-analysis of outcomes from the use of computer-simulated experiments in science education.* Dissertation., Texas A&M University.

Lockemann, P. C. (1986). Konsistenz, Konkurrenz, Persistenz – Grundbegriffe der Informatik? *Informatik Spektrum, 9,* 300–305.

Loidl, S., Mühlbacher, J. & Schauer, H. (2005). Preparatory knowledge: Propaedeutic in informatics. In R. T. Mittermeir (Hrsg.), *From computer literacy to informatics fundamentals* (S. 105–115). Berlin,

Medienpädagogischer Forschungsverbund Südwest (2014). *KIM-Studie*. http://www.mpfs.de/index.php?id=646. Zugegriffen am 01.10.2017

Ministerium für Kultus, Jugend und Sport des Landes Baden-Württemberg (2004). *Bildungsplan Realschule 2004.* http://www.bildung-staerkt-menschen.de/service/downloads/Bildungsplaene/Realschule/Realschule_Bildungsplan_Gesamt.pdf. Zugegriffen am 01.10.2017

Mueller, K. E. & Barton, C. N. (1989). Approximate power for repeated-measures ANOVA lacking sphericity. *Journal of the American Statistical Association, 84*(406), 549–555.

Mueller, K. E., LaVange, L. E., Ramey, S. L. & Ramey, C. T. (1992). Power calculations for general linear multivariate models including repeated measures applications. *Journal of the American Statistical Association, 87*(420), 1209–1226.

NCSS (2017). PASS 15. http://www.ncss.com. Zugegriffen am 01.10.2017

Nievergelt, J. (1980). Computer science education: An emerging consensus on basic concepts. In S. H. Lavington (Hrsg.), *Information processing 80* (S. 927–933). Amsterdam: North Holland.
Nievergelt, J. (1990). Computer science for teachers: A quest for classics and how to present them. In D. H. Norrie & H. W. Six (Hrsg.*), Computer assisted learning, Lecture Notes in computer science 438* (S. 2–15). Berlin, Germany: Springer.
Olson, T. M. & Wisher, R. A. (2002). The effectiveness of web-based Instruction: An initial inquiry *The International Review of Research in Open and Distributed Learning*, 3(2), Article No. 10.
Palincsar, A. S. & Brown, A. L. (1984). Reciprocal teaching of comprehension – fostering and comprehension – monitoring activities. *Cognition and Instruction, 1*(2), 117–175.
Palincsar, A. S., Brown, A. L. & Campione, J. C. (1996). First-grade dialogues for knowledge acquisition and use. In C. A. Stone, E. A. Forman & N. Minick (Hrsg.), *Contexts for learning. Sociocultural dynamics in children's development* (S. 43–57). New York, Tokyo: Oxford University Press.
Parker, J. C. & Rubin, L. J. (1966). *Process as content. Curriculum design and the application of*
Rosenshine, B. & Meister, C. (1994). Reciprocal teaching: A review of the research. *Review of Education Research, 64*(4), 479–530.
Schneeberger, M. (2009). *Verstehen und Lösen von mathematischen Textaufgaben im Dialog*. Müns ter: Waxmann.
Schrödter, C. (2014). Von der Information zum QR-Code und wieder zurück. Beilage zu *LOG IN, 178/179*, 3–37.
Schroeder, U. & van den Boom, N. J. (2007). ali – Aachener eLeitprogramme und ELearning. In S. Schubert, *Didaktik der Informatik in Theorie und Praxis. INFOS 2007* (S. 329–330). Siegen: Bonner Köllen.
Schwill, A. (1994). Fundamental ideas of computer science. *EATCS Bulletin, 53*, 274–295.
Seuring, V. A. & Spörer, N. (2010). Reziprokes Lehren in der Schule: Förderung von Leseverständnis, Leseflüssigkeit und Strategieanwendung. *Zeitschrift für Pädagogische Psychologie, 24*(3/4), 191–205.
Shapiro, E., Harel, D., Bishop, C. & Muggleton, S. (2006). The fundamental role of computer science concepts in science. In S. Emmott (Hrsg.), *Towards 2020 science* (S. 24–25). Redmond, CA: Microsoft.
Spörer, N., Brunstein, J. C. & Kieschke, U. (2009). Improving students' reading comprehension skills: Effects of strategy instruction and reciprocal teaching. *Learning and Instruction, 19*(3), 272–286.
Sundermann, B. & Selter, C. (2006). *Beurteilen und Fördern im Mathematikunterricht*. Berlin: Cornelsen Scriptor.
SwissEduc. (2017). *Unterrichtsmaterialien für die Sekundarstufe*. www.swisseduc.ch. Zugegriffen am 01.10.2017
VanSickle, R. L. (1986). A quantitative review of research on instructional simulation gaming: a twenty year perspective. *Theory and Research in Social Education*, 14(3), 245–264.
Weber, S. (2017). *QR Codes*. http://www.swisseduc.ch/informatik/theoretische_informatik/qr_codes/docs/unterlagen_lernende.pdf. Zugegriffen am 01.10.2017
Wiechmann, J. (2008). Unterrichtsmethoden – vom Nutzen der Vielfalt. In J. Wiechmann (Hrsg.), *Zwölf Unterrichtsmethoden. Vielfalt für die Praxis* (S. 13–23). Weinheim: Beltz.
Wiechmann, J. & Wildhirt, S. (2015). Unterrichtsmethoden – vom Nutzen der Vielfalt. In J. Wiechmann & S. Wildhirt (Hrsg.), *Zwölf Unterrichtsmethoden* (6. Auflage, S. 11–19). Weinheim: Beltz.
Wursthorn, B. (2005). Fundamental concepts of computer science in a Logo-environment. In G. Gregorczyk, A. Walat, W. Kranas & M. Borowiecki (Hrsg.), *Digital tools for lifelong learning. Proceedings of the tenth European Logo Conference* (S. 219–227). Warsaw, Poland: Centre for Informatics and Technology in Education.
Zendler, A. (Hrsg.) (2018). *Empirische Didaktik / Fachmethodik, Band 3: Statistische Auswertungsverfahren für die Unterrichtsforschung mit Anwendungsbeispielen*. Berlin: epubli.

Zendler, A. & Klaudt, D. (2014). *Unterrichtsmethoden für den Informatikunterricht.* Berlin: epubli.

Zendler, A. & Klaudt, D. (2015a). Zwanzig Unterrichtsmethoden für den Informatikunterricht: Bewertung des Lernvorgangs durch Informatiklehrer. *Notes on Educational Informatics – Section A: Concepts and Techniques, 11*(1), 37–63.

Zendler, A. & Klaudt, D. (2015b). *Instructional methods to computer science education as investigated by computer science teachers. Journal of Computer Science, 11*(8), 915–927.

Zendler, A. & Klaudt, D. (2016) Instructional methods to computer science education as investigated by computer science teachers. *Journal of Computer Science,11*(8), 915–927.

Zendler, A. & Spannagel, C. (2008). Empirical foundation of central concepts for computer science education. ACM *Journal on Educational Resources in Computing, 8*(2), Article No. 6.

Zendler, A., Spannagel, C. & Klaudt, D. (2008). Process as content in computer science education: empirical determination of central processes. *Computer Science Education, 18*(4), 231–245.

Zendler, A., Spannagel, C. & Klaudt, D. (2011). Marrying content and process in computer science education. *IEEE Transactions on Education, 54*(3), 387–397.

Zendler, A. Seitz, C., Fest, A. & Klaudt, D. (2018). Unterrichtsmethoden im Kontext bedeutsamer Lerntheorien. In A. Zendler (Hrsg.), *Elemente der empirischen Informatikdidaktik* (S. 263–284). Berlin: epubli.

Ausblick

7

Andreas Zendler

Das vorliegende Buch behandelte Unterrichtsmethoden für den Informatikunterricht. Zunächst wurde im ersten Kapitel ein Überblick über relevante Unterrichtsmethoden gegeben, im anschließenden zweiten Kapitel wurden 20 konkrete Unterrichtsmethoden skizziert, die dann im dritten Kapitel exemplifiziert wurden. Die darauf folgenden Kapitel konzentrierten sich auf den Einsatz von Unterrichtsmethoden im Informatikunterricht. Die Schwerpunkte liegen zum einen auf der Bewertung der Unterrichtsmethoden in Bezug zu Wissensprozessen und zu Lerntheorien, zum anderen auf paarweisen Vergleichen der Lernwirksamkeit zu ausgewählten Unterrichtsmethoden.

Die erhaltenen Befunde, zusammen mit den aus der Literatur bekannten Ergebnissen, lassen es zu, eine vorläufige Theorie zur Lernwirksamkeit von Unterrichtsmethoden zu konstruieren. Die nachfolgende Abbildung veranschaulicht diese vorläufige Theorie, in der je nach Abstraktionsgrad fundamentale, zentrale und elementare unterrichtsmethodische Hypothesen unterschieden werden. Die Hypothesen stehen in der Beziehung einer „Entailment"-Relation (Bunge 1967) zueinander, das heißt, fundamentale Hypothesen umfassen zentrale Hypothesen, und zentrale Hypothesen umfassen elementare Hypothesen.

Die fundamentalen Hypothesen lauten:

- F1 = „Unterrichtsmethoden unterscheiden sich in der Unterstützung von Wissensprozessen beim Lernvorgang",
- F2 = „Unterrichtsmethoden profitieren im Unterrichtseinsatz von Lerntheorien".

A. Zendler (✉)
University of Education Ludwigsburg, Ludwigsburg, Deutschland
E-Mail: zendler@ph-ludwigsburg.de

A. Zendler (Hrsg.), *Unterrichtsmethoden für den Informatikunterricht*,
https://doi.org/10.1007/978-3-658-20675-8_7

Die zentralen Hypothesen sind:

- Z1.*Informatik* = „Unterrichtsmethoden unterscheiden sich in der Unterstützung von Wissensprozessen beim Lernvorgang im Fach Informatik",
- Z2.*Informatik* = „Unterrichtsmethoden sind für informatische Inhalte unterschiedlich geeignet".
- (Z1.<x> = „Unterrichtsmethoden unterscheiden sich in der Unterstützung von Wissensprozessen beim Lernvorgang im Fach <x>" [*x* ::= *Mathematik, Chemie, Deutsch,* …]),

Die elementaren Hypothesen heißen:

- E1.*Informatik* = „Im Informatikunterricht lassen sich mit dem Leitprogramm gegenüber dem reziproken Lehren größere Lernerfolge erzielen",
- E2.*Informatik* = „Im Informatikunterricht lassen sich mit dem Planspiel gegenüber der Computersimulation größere Lernerfolge erzielen",
- E3.*Informatik* = „Im Informatikunterricht lassen sich mit der direkten Instruktion gegenüber dem WebQuest größere Lernerfolge erzielen".

Die elementaren Hypothesen ließen sich noch weiter detaillieren in Bezug zu den einzelnen Wissensprozessen *Aufbauen, Bearbeiten, Anwenden, Übertragen, Bewerten* und *Integrieren.* Darauf wird allerdings verzichtet, solange nicht umfassende Ergebnisse zu Lernerfolgen aus authentischen Lehr-/Lernszenarien vorliegen, die zwei oder mehrere Unterrichtsmethoden vergleichend untersuchen (Abb. 7.1).

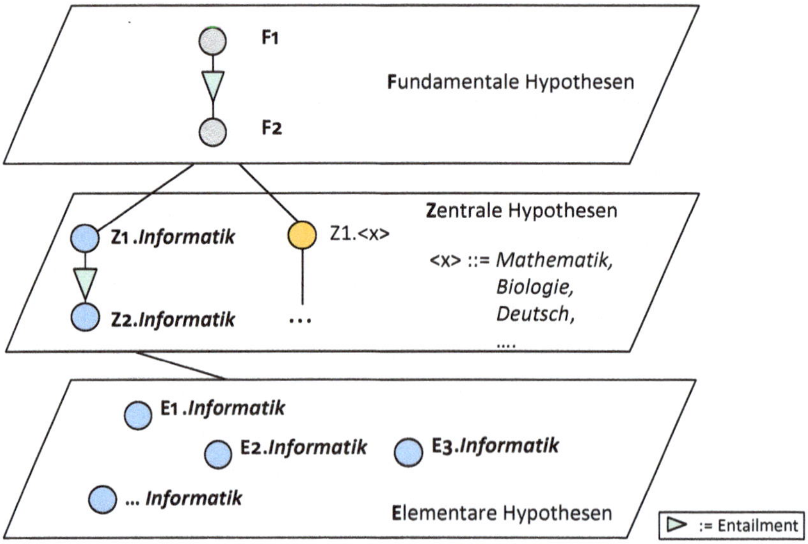

Abb. 7.1 Konstruktion einer vorläufigen Theorie zur Lernwirksamkeit von Unterrichtsmethoden

Die hier dargestellte vorläufige Theorie zur Lernwirksamkeit von Unterrichtsmethoden für das Fach Informatik ist ein erster Versuch, Aussagen zu Unterrichtsmethoden, Wissensprozessen, Lerntheorien und Lerneffektivität zusammenzufassen. In der vorläufigen Theorie fehlen natürlich noch etliche Aussagen. Doch lassen sich aus der vorläufigen Theorie jetzt schon eine Vielzahl von neuen Fragestellungen ableiten, deren empirisch gestützte Antworten die Theorie erweitern werden. Fragestellungen für das Unterrichtsfach Informatik sind zum Beispiel: welche Unterrichtsmethoden sind lernwirksam?, welche Lerninhalte lassen sich mit welchen Unterrichtsmethoden unterrichten?, welche Unterrichtsmethoden lassen sich in welchen Jahrgangsstufen einsetzen?, welche Unterrichtsmethoden sind für Mädchen geeignet, welche für Jungen?, mit welchen Unterrichtemethoden lassen sich gute Behaltensleistungen (über einen längeren Zeitraum) erzielen?

Literatur

Bunge, M. (1967). *Scientific research* (Vol. I: The search for system. S. 403). New York: Springer.

Stichwortverzeichnis

A. Zendler (Hrsg.), *Unterrichtsmethoden für den Informatikunterricht*,
https://doi.org/10.1007/978-3-658-20675-8

Printed by Printforce, the Netherlands